CAD/CAM/CAE 系列
入门与提高 丛书

AutoCAD 2022 中文版
入门与提高
园林设计

张晓敏　王敏◎编著

清華大學出版社
北京

内 容 简 介

本书结合实例全面讲述了利用 AutoCAD 2022 进行园林设计的全过程,包括 AutoCAD 园林设计基础知识、各种典型园林的绘制方法、社区公园和某图书馆园林设计方法等,内容全面具体。全书共分为 3 篇 11 章,其中第 1 篇为基础知识,包括第 1~5 章,第 1 章为园林设计基本概念,第 2 章为 AutoCAD 2022 入门,第 3 章为二维绘图命令,第 4 章为编辑命令,第 5 章为辅助绘图工具;第 2 篇为园林单元设计,包括第 6~9 章,第 6 章为园林建筑,第 7 章为园林小品,第 8 章为园林水景图绘制,第 9 章为园林绿化;第 3 篇为综合设计实例,包括第 10 章和第 11 章,第 10 章为高层住宅小区园林规划,第 11 章为住宅小区园林绿化设计。

本书既适用于 AutoCAD 软件的初、中级读者,也适用于已经学过 AutoCAD 先前版本的用户作为 AutoCAD 学习的实例提高书籍,还适合用作大、中专院校园林相关专业的计算机辅助设计课堂教材和辅助教材。

图书在版编目(CIP)数据

AutoCAD 2022 中文版入门与提高:园林设计/张晓敏,王敏编著.—北京:清华大学出版社,2022.7

(CAD/CAM/CAE 入门与提高系列丛书)

ISBN 978-7-302-61090-8

Ⅰ. ①A… Ⅱ. ①张… ②王… Ⅲ. ①园林设计－计算机辅助设计－AutoCAD 软件 Ⅳ. ①TU986.2-39

中国版本图书馆 CIP 数据核字(2022)第 101003 号

责任编辑:秦 娜 赵从棉
封面设计:李召霞
责任校对:赵丽敏
责任印制:丛怀宇

出版发行:清华大学出版社
　　　网　　　址:http://www.tup.com.cn,http://www.wqbook.com
　　　地　　　址:北京清华大学学研大厦 A 座　　　邮　　编:100084
　　　社 总 机:010-83470000　　　邮　　购:010-62786544
　　　投稿与读者服务:010-62776969,c-service@tup.tsinghua.edu.cn
　　　质量反馈:010-62772015,zhiliang@tup.tsinghua.edu.cn
印 装 者:北京同文印刷有限责任公司
经　　销:全国新华书店
开　　本:185mm×260mm　　印　张:23.5　　字　数:539 千字
版　　次:2022 年 9 月第 1 版　　印　次:2022 年 9 月第 1 次印刷
定　　价:89.80 元

产品编号:097119-01

AutoCAD 不仅具有强大的二维平面绘图功能,而且具有出色的、灵活可靠的三维建模功能,是进行园林设计最有力的工具与途径之一。使用 AutoCAD 进行园林制图,不仅可以利用人机交互界面实时地进行修改,快速地把个人的意见反映到设计中,而且可以感受修改后的效果,从多个角度任意进行观察,是园林设计的得力工具。

一、本书特点

市面上的 AutoCAD 园林设计学习书籍比较多,但读者要挑选一本自己中意的书却很困难,真是"乱花渐欲迷人眼"。那么,本书为什么能够让您在"众里寻他千百度"之际,于"灯火阑珊"处"蓦然回首"呢?那是因为本书有以下五大特色。

☑ 作者权威

本书由张晓敏、王敏编著,作者有多年的计算机辅助园林设计领域工作经验和教学经验。本书是作者总结多年的设计经验以及教学的心得体会,历时多年精心编著,力求全面细致地展现 AutoCAD 2022 在园林设计应用领域的各种功能和使用方法。

☑ 实例专业

本书中引用的实例都来自园林设计工程实践,实例典型,真实实用。这些实例经过作者精心提炼和改编,不仅保证了读者能够学好知识点,更重要的是能帮助读者掌握实际的操作技能。

☑ 提升技能

本书从全面提升园林设计与 AutoCAD 应用能力的角度出发,结合具体的案例来讲解如何利用 AutoCAD 2022 进行园林设计,真正让读者懂得计算机辅助园林设计,从而独立地完成各种园林设计。

☑ 内容全面

本书在有限的篇幅内,包罗了 AutoCAD 常用的功能以及常见的园林设计类型讲解,涵盖了 AutoCAD 绘图基础知识、园林设计基础技能、园林单元设计,综合园林设计等知识。"秀才不出屋,能知天下事"。读者只要有本书在手,就能够精通 AutoCAD 园林设计知识。本书不仅有透彻的讲解,还有非常典型的工程实例。通过实例的演练,能够帮助读者找到一条学习 AutoCAD 园林设计的捷径。

☑ 知行合一

本书结合典型的园林设计实例详细讲解 AutoCAD 2022 园林设计的知识要点,让读者在学习案例的过程中潜移默化地掌握 AutoCAD 2022 软件操作技巧,同时培养了工程设计实践能力。

二、本书组织结构和主要内容

本书以最新的 AutoCAD 2022 版本为演示平台,全面介绍 AutoCAD 园林设计从基础到实例的全部知识,帮助读者从入门走向精通。全书分为 11 章。分别介绍园林设计基本概念、AutoCAD 2022 入门、二维绘图命令、编辑命令、辅助绘图工具、园林建筑、园林小品、园林水景图绘制、园林绿化、高层住宅小区园林规划和住宅小区园林绿化设计。

三、本书的配套资源

本书通过二维码提供极为丰富的学习配套资源,期望读者朋友在最短的时间学会并精通这门技术。

1.配套教学视频

本书专门制作了 27 个经典中小型案例,8 个大型综合工程应用案例,54 节教材实例同步微视频,读者可以先看视频,像看电影一样轻松愉悦地学习本书内容,然后对照课本加以实践和练习,可以大大提高学习效率。

2.AutoCAD 应用技巧、疑难解答等资源

(1)AutoCAD 应用技巧大全:汇集了 AutoCAD 绘图的各类技巧,对提高作图效率很有帮助。

(2)AutoCAD 疑难问题汇总:疑难解答的汇总,对入门者非常有用,可以扫除学习障碍,让学习少走弯路。

(3)AutoCAD 经典练习题:额外精选了不同类型的练习,读者朋友只要认真去练,到一定程度就可以实现从量变到质变的飞跃。

(4)AutoCAD 常用图库:作者多年工作,积累了内容丰富的图库,读者可以拿来就用,或者稍加修改就可以使用,对于提高作图效率极为重要。

(5)AutoCAD 快捷键命令速查手册:汇集了 AutoCAD 常用快捷命令,熟记可以提高作图效率。

(6)AutoCAD 快捷键速查手册:汇集了 AutoCAD 常用快捷键,绘图高手通常会直接用快捷键。

(7)AutoCAD 常用工具按钮速查手册:熟练掌握 AutoCAD 工具按钮的使用方法也是提高作图效率的方法之一。

(8)软件安装过程详细说明文本和教学视频。利用此说明文本或教学视频,读者可以解决让人烦恼的软件安装问题。

(9)AutoCAD 官方认证考试大纲和模拟考试试题。本书完全参照官方认证考试大纲编写,模拟试题利用作者独家掌握的考试题库编写而成。

3.10 套大型图纸设计方案及长达 12 小时同步教学视频

为了帮助读者拓展视野,特意赠送 10 套设计图纸集,图纸源文件,视频教学录像(动画演示),总长 12 个小时。

4.全书实例的源文件和素材

本书附带了很多实例,包含实例和练习实例的源文件和素材,读者可以安装AutoCAD 2022 软件,打开并进行操作。

四、关于本书的服务

1．关于本书的技术问题或有关本书信息的发布

读者如遇到有关本书的技术问题，可以将问题发到邮箱 714491436@qq.com，我们将及时回复。

2．安装软件的获取

按照本书上的实例进行操作练习，以及使用 AutoCAD 进行工程设计与制图时，需要事先在电脑上安装相应的软件。读者可从网络中下载相应软件，或者从软件经销商处购买。QQ 交流群也会提供下载地址和安装方法教学视频，需要的读者可以关注。

本书由河北省农业厅的张晓敏和王敏编著，Autodesk 中国认证考试中心首席专家胡仁喜博士审校。书中主要内容来自于作者几年来使用 AutoCAD 的经验总结，也有部分内容取自于国内外有关文献资料。虽然作者几易其稿，但由于时间仓促，加之水平有限，书中纰漏与失误在所难免，恳请广大读者批评指正。

作　者

2022 年 3 月

0-1

目 录

Contents

第1篇　基 础 知 识

第3篇 综合设计实例

1

第1篇 基础知识

第 1 章

园林设计基本概念

本章导读

> 园林是指在一定地域内,运用工程技术和艺术手段,通过因地制宜地改造地形、整治水系、栽种植物、营造建筑和布置园路等方法创作而成的优美的游憩境域。

学习要点

◆ 概述

◆ 园林设计的原则

◆ 园林布局

◆ 园林设计的程序

◆ 园林设计图的绘制

1.1 概 述

园林设计的目标是给人类提供美好的生活环境。

1.1.1 园林设计的意义

从中国《汉书》《淮南子》《山海经》记载的"悬圃""归墟",到西方《圣经》中的伊甸园，从建章太液池到拙政园、颐和园，再到近日的各种城市公园和绿地，人类历史实现了从理想自然到现实自然的转化。有人说园林工作者从事的是上帝的工作，按照中国的说法，可以说园林工作者从事的是老祖宗盘古的工作，通过"开天辟地"，为大家提供美好的生活环境。

1.1.2 当前我国园林设计状况

近年来，随着人们生活水平的不断提高，园林行业受到了更多的关注，园林行业的发展也更为迅速，在科技队伍建设、设计水平、行业发展等各方面都取得了巨大的成就。

在科研进展上，建设部早在20世纪80年代初就制定了"园林绿化"科研课题，进行系统研究，并逐步落实；风景名胜和大地景观的科研项目也有所进展。另外，经过多年不懈的努力，园林行业的发展也取得了很大的成绩，建设部在1992年颁布的《城市园林绿化产业政策实施办法》中，明确了风景园林在社会经济建设中的作用，是国家重点扶持的产业。园林科技队伍建设步伐在加快，各省市都有相关的科研单位和大专院校。

但是，园林设计中也存在一些不足，比如盲目模仿现象，一味追求经济效益和迎合领导的意图，还有一些不负责任的现象。

面对我国园林行业存在的一些现象，应尽快制定符合我国园林行业发展形势的法律、法规及各种规章制度；积极拓宽我国园林行业的研究范围，开发出高质量系列产品，用于园林建设；积极贯彻"以人为本"的思想，尽早实行公众参与式的设计，设计出符合人们要求的园林作品；最后，在园林作品设计上，严格制止盲目模仿、抄袭的现象，使园林作品符合自身特点，突出自身特色。

1.1.3 我国园林发展方向

1. 生态园林的建设

随着环境的恶化和人们环境保护意识的提高，以生态学原理与实践为依据建设生态园林将是园林行业发展的趋势，其理念是"创造多样性的自然生态环境，追求人与自然共生的乐趣，提高人们的自然志向，使人们在观察自然、学习自然的过程中，认识到对生态环境保护的重要性"。

2. 园林城市的建设

现在城市园林化已逐步提高到人类生存的角度，园林城市的建设已成为我国城市发展的阶段性目标。

Note

1.2 园林设计的原则

园林设计的最终目的是要创造出景色如画、环境舒适、健康文明的游憩境域。一方面要满足人们精神文明的需要；另一方面要满足人们良好休息、娱乐的物质文明需要。在园林设计中，必须遵循"适用、经济、美观"的原则。

其中，"适用"包含两层意思：一层意思是指正确选址，因地制宜，巧于因借；另一层意思是园林的功能要适合于服务对象。在考虑"适用"的前提下，要考虑经济问题，尽量在投资少的情况下建设出质量高的园林。最后在"适用""经济"的前提下，尽可能做到"美观"，满足园林布局、造景的艺术要求。

在园林设计过程中，"适用""经济""美观"三者之间不是孤立的，而是紧密联系不可分割的整体。应在适用和经济的前提下，尽可能做到"美观"，统一考虑三者关系，最终创造出理想的园林设计艺术作品。

具体而言，园林设计应遵循以下基本原则。

1．主景与配景设计原则

在各种艺术创作中，首先应确定主题、副题，重点、一般，主角、配角，主景、配景等关系。所以，在进行园林布局时，首先应确定主题思想，考虑主要的艺术形象，也就是考虑园林主景。主要景物通过次要景物的配置、陪衬、烘托，得到加强。

为了表现主题，在园林和建筑艺术中主景突出通常采用下列手法：

1）中轴对称

在布局中，首先确定某方向一轴线，轴线上方通常安排主要景物，在主景前方两侧，常常配置一对或若干对的次要景物，以陪衬主景，如天安门广场、凡尔赛宫等。

2）主景升高

主景升高犹如鹤立鸡群，这是普通、常用的艺术手段。主景升高往往与中轴对称方法共用，如美国华盛顿纪念性园林景观、北京人民英雄纪念碑等。

3）环拱水平视觉四合空间的交汇点

园林中，环拱四合空间主要出现在宽阔的水平面景观，或四周由群山环抱盆地类型的园林空间，如杭州西湖中的三潭印月等。自然式园林中四周由土山和树林环抱的林中草地，也是环拱的四合空间。四周配杆林带，在视觉交汇点上布置主景，即可起到主景突出的作用。

4）构图重心位能

三角形、圆形图案等重心为几何构图的中心，往往是处理主景突出的最佳位置，能起到较好的位能效应。自然山水园的视觉重心忌居正中。

5）渐变法

渐变法即园林景物布局，采用渐变的方法，从低到高，逐步升级，由次要景物到主景，级级引入，通过园林景观的序列布置，引人入胜，引出主景。

2．对比与调和原则

对比与调和是布局中运用统一与变化的基本规律，创作景物形象的具体表现。采用骤变的景象,以产生唤起兴致的效果。调和的手法,主要通过布局形式、造园材料等方面的统一、协调来表现。

在园林设计中,对比手法主要应用于空间对比、疏密对比、虚实对比、藏露对比、高低对比、曲直对比等。主景与配景本身就是"主次对比"的一种对比表现形式。

3．节奏与韵律原则

在园林布局中,常使同样的景物重复出现,这种同样的景物重复出现和布局,就是节奏与韵律在园林中的应用。韵律可分为连续韵律、渐变韵律、交错韵律、起伏韵律等处理方法。

4．均衡与稳定原则

在园林布局中均以静态或依靠动势求得均衡,或称为拟对称的均衡。对称的均衡为静态均衡,一般在主轴两边景物以相等的距离、体量、形态组成均衡,即气态均衡。拟对称均衡,是主轴不在中线上,两边的景物在形体、大小、与主轴的距离都不相等,但两景物又处于动态的均衡之中。

5．尺度与比例原则

任何物体,不论任何形状,必有三个方向,即长、宽、高的度量,比例就是研究三者之间的关系。任何园林景观都要研究双重的三个关系:第一重是景物本身的三维空间;第二重是整体与局部。园林中的尺度,指园林空间中各个组成部分与具有一定自然尺度的物体的比较。功能、审美和环境特点决定园林设计的尺度。尺度分为可变尺度和不可变尺度两种。不可变尺度是按一般人体的常规尺寸确定的尺度。可变尺度,如建筑形体、雕像的大小、桥景的幅度等,都要依具体情况而定。园林中常应用的是夸张尺度,夸张尺度往往是将景物放大或缩小,以达到造园造景效果的需要。

1.3 园 林 布 局

园林的布局,就是在选定园址的基础上,根据园林的性质、规模、地形条件等因素进行全园的总布局,通常称为总体设计。总体设计是一个园林艺术的构思过程,也是园林的内容与形式统一的创作过程。

1.3.1 立意

立意是指园林设计的总意图,即设计思想。要做到"神仪在心,意在笔先""情因景生,景为情造"。在园林创作过程中,选择园址,或依据现状确定园林主题思想,把园景的几个方面打造成不可分割的有机整体。而造园的立意最终要通过具体的园林艺术创造出一定的园林形式,通过精心布局得以实现。

1.3.2 布局

园林布局是指在园林选址、构思的基础上,设计者在孕育园林作品过程中所进行的思维活动。主要包括选取、提炼题材;酝酿、确定主景、配景;功能分区;景点、游赏线分布；探索采用的园林形式。

园林的形式需要根据园林的性质、当地的文化传统、意识形态等来决定。构成园林的五大要素分别为地形、植物、建筑、广场与道路以及园林小品。园林的布置形式可以分为三类：规则式园林、自然式园林、混合式园林。

1. 规则式园林

规则式园林又称为整形式、建筑式、图案式或几何式园林。在18世纪英国风景式园林产生以前，西方园林基本上以规则式园林为主，其中以文艺复兴时期意大利台地建筑式园林和17世纪法国勒诺特平面图案式园林为代表。这类园林，以建筑和建筑式空间布局作为园林风景表现的主要题材。规则式园林具有以下特点。

（1）中轴线：全园在平面规划上有明显的中轴线，基本上依中轴线进行对称式布置，园地的划分大都成为几何形体。

（2）地形：在平原地区，由不同标高的水平面及缓倾斜的平面组成；在山地及丘陵地，由阶梯式的大小不同的水平台地、倾斜平面及石级组成。

（3）水体设计：外形轮廓均为几何形；多采用整齐式驳岸，园林水景的类型以整形水池、壁泉、整形瀑布及运河等为主，其中常以喷泉作为水景的主题。

（4）建筑布局：园林不仅个体建筑采用中轴对称均衡的设计，建筑群和大规模建筑组群的布局也采用中轴对称均衡的手法，以主要建筑群和次要建筑群形式的主轴和副轴控制全园。

（5）道路广场：园林中的空旷地和广场外形轮廓均为几何形。封闭式的草坪、广场空间，以对称建筑群或规则式林带、树墙包围。道路均为直线、折线或几何曲线组成，构成方格形或环状放射形、中轴对称或不对称的几何布局。

（6）种植设计：园内花卉布置用以图案为主题的模纹花坛和花境为主，有时布置成大规模的花坛群，树木配置以行列式和对称式为主，并运用大量的绿篱、绿墙以区划和组织空间。树木整形修剪以模拟建筑体形和动物形态为主，如绿柱、绿塔、绿门、绿亭和用常绿树修剪而成的鸟兽等。

（7）园林小品：常采用盆树、盆花、瓶饰、雕像为主要景物。雕像的基座为规则式，雕像位置多配置于轴线的起点、终点或交点上。

2. 自然式园林

自然式园林又称为风景式、不规则式、山水派园林等。我国园林，从周秦时代开始，无论大型的帝皇苑囿和小型的私家园林，多以自然式山水园林为主，古典园林中以北京颐和园、三海园林，承德避暑山庄，苏州拙政园、留园为代表。我国自然式山水园林，从唐代开始影响日本的园林，从18世纪后半期传入英国，从而引起了欧洲园林对古典形式主义的革新运动。自然式园林具有以下特点。

（1）地形：平原地带，为自然起伏的和缓地形与人工堆置的若干自然起伏的土丘相结合，其断面为和缓的曲线。在山地和丘陵地，则利用自然地形地貌，除建筑和广场地基以外不做人工阶梯形的地形改造工作，原有破碎切割的地形地貌也加以人工整理，使其自然。

（2）水体：其轮廓为自然的曲线，岸为各种自然曲线的倾斜坡度，如有驳岸，也是自然山石驳岸,园林水景的类型以溪涧、河流、自然式瀑布、池沼、湖泊等为主。常以瀑布为水景主题。

(3)建筑:园林内个体建筑为对称或不对称均衡的布局,其建筑群和大规模建筑组群多采取不对称均衡的布局。全园不以轴线控制,而以主要导游线构成的连续构图控制全园。

(4)道路广场:园林中的空旷地和广场的轮廓为自然形成的封闭性空间,以不对称的建筑群、土山、自然式的树丛和林带包围。道路平面和剖面由自然起伏曲折的平曲线和竖曲线组成。

(5)种植设计:园林内种植不成行列式,以反映自然界植物群落自然之美,花卉布置以花丛、花群为主,不用模纹花坛。树木配植以孤立树、树丛、树林为主,不用规则修剪的绿篱,以自然的树丛、树群、树带来区划和组织园林空间。树木整形不做建筑、鸟兽等体形模拟,而以模拟自然界苍老的大树为主。

(6)园林其他景物:除建筑、自然山水、植物群落为主景以外,其余尚采用山石、假石、桩景、盆景、雕刻为主要景物,其中雕像的基座为自然式,雕像位置多配置于透视线集中的焦点。

自然式园林在中国的历史悠长,绝大多数古典园林都是自然式园林。体现在游人如置身于大自然之中,足不出户而游遍名山名水。

3.混合式园林

所谓混合式园林,主要是指规则式、自然式交错组合,全园没有或形不成控制全园的轴线,只有局部景区,建筑以中轴对称布局;或全园没有明显的自然山水骨架,形不成自然格局。

在园林规则中,原有地形平坦的可规划成规则式园林;原有地形起伏不平,丘陵、水面多的可规划成自然式园林。大面积园林,以自然式为宜,小面积以规则式较经济。如四周环境为规则式,宜规划为规则式;如四周环境为自然式,则宜规划成自然式。相应的,园林的设计方法有三种:轴线法、山水法、综合法。

1.3.3 园林布局基本原则

1.构园有法,法无定式

园林设计所牵涉的范围广泛、内容丰富,所以我们在设计的时候要根据园林内容和园林的特点,采用一定的表现形式。形式和内容确定后还要根据园址的原状,通过设计手段创造出具有个性的园林。

2.功能明确,组景有方

园林布局是园林综合艺术的最终体现,所以园林必须有合理的功能分区。以颐和园为例,有宫廷区、生活区、苑林区三个分区,苑林区又可分为前湖区、后湖区。

在合理的功能分区基础上,组织游赏路线,创造构图空间,安排景区、景点,创造意境、情景,是园林布局的核心内容。游赏路线就是园路,园路的职能之一便是组织交通、引导游览路线。

3. 因地制宜,景以境出

因地制宜的原则是造园最重要的原则之一,应在园址现状基础上进行布景设点,最大限度地发挥现有地形地貌的特点,以达到虽由人作、宛自天开的境界。要注意根据不同的地基条件进行布局安排,高方欲就亭台,低凹可开池沼,稍高的地形堆土使其成假山,而在低洼地上再挖深使其变成池湖。颐和园即在原来的"翁山""翁山泊"上建成,圆明园则在"丹棱沜"上设计建造,避暑山庄则是在原来的山水基础上建造出来的风景式自然山水园。

4. 掇山理水,理及精微

人们常用"挖湖堆山"来概括中国园林创作的特征。

理水,首先要沟通水系,即"疏水之去由,察源之来历",忌水出无源或死水一潭。

掇山,挖湖后的土方即可用来堆山。在堆山的过程中,可根据工程技术要求,设计成土山、石山、土石混合山等不同类型。

5. 建筑经营,时景为精

园林建筑既有使用价值,又能与环境组成景致,供人们与游览和休憩。其设计方法概括起来主要有六个方面:立意、选址、布局、借景、尺度与比例、色彩与质感。中国园林的布局手法有以下几点。

(1)山水为主,建筑配合:建筑有机地与周围结合,创造出别具特色的建筑形象。在五大要素中,山水是骨架,建筑是眉目。

(2)统一中求变化,对称中有异象:对于建筑的布局来讲,就是除了主从关系外,还要在统一中求变化,在对称中求灵活。如佛香阁东、西两侧的湖山碑和铜亭,位置对称,但碑体和铜亭的高度、造型、性质、功能等却截然不同,然而正是这样截然不同的景物却在园中得到完美的统一。

(3)对景顾盼,借景有方:在园林中,观景点和在具有透景线的条件下所面对的两景物之间形成对景。一般透景线穿过水面、草坪,或仰视、俯视空间,两景物之间互为对景,如拙政园内的远香堂对雪香云蔚亭,留园内的涵碧山房对可亭,退思园内的退思草堂对闹红一舸等。借景出现在《园冶》的最后一句话,它是丰富园景的重要手法之一。如从颐和园借景园外的玉泉塔,拙政园从绣绮亭和梧竹幽居一带西望北寺塔。

6. 道路系统,顺势通畅

园林中,道路系统的设计是十分重要的内容,道路的设计形式决定了园林的形式,表现了不同的园林内涵。道路既是园林划分不同区域的界线,又是连接园林各不同区域活动内容的纽带。在园林设计过程中,除应考虑上述内容外,还要使道路与山体、水系、建筑、花木之间构成有机的整体。

7. 植物造景,四时烂漫

植物造景是园林设计全过程中十分重要的组成部分之一。后面的相关章节会对种植设计进行简单介绍。植物造景是一门学问,详细的种植设计可以参照苏雪痕编写的《植物造景》。

1.4　园林设计的程序

园林设计的程序主要包括以下几个步骤。

1.4.1　园林设计的前提工作

（1）掌握自然条件、环境状况及历史沿革。
（2）图纸资料如地形图、局部放大图、现状图、地下管线图等。
（3）现场踏勘。
（4）编制总体设计任务文件。

1.4.2　总体设计方案阶段

主要设计图纸内容：位置图、现状图、分区图、总体设计方案图、地形图、道路总体设计图、种植设计图、管线总体设计图、电气规划图、园林建筑布局图。

鸟瞰图：直接表达公园设计的意图，通过钢笔画、水彩画、水粉画等均可。

总体设计说明书：总体设计方案除了图纸，还要求一份文字说明，全面地介绍设计者的构思、设计要点等内容。

1.5　园林设计图的绘制

1.5.1　园林设计总平面图

1. 园林设计总平面图的内容

园林设计总平面图是设计范围内所有造园要素的水平投影图，它能表明在设计范围内的所有内容。园林设计总平面图是园林设计的最基本图纸，能够反映园林设计的总体思想和设计意图，是绘制其他设计图纸及施工、管理的主要依据，主要包括以下内容：

（1）规划用地区域现状及规划的范围；
（2）对原有地形地貌等自然状况的改造和新的规划设计意图；
（3）竖向设计情况；
（4）景区景点的设置、景区出入口的位置，各种造园素材的种类和位置；
（5）比例尺，指北针，风玫瑰。

2. 园林设计总平面图的绘制

（1）选择合适的比例，常用的比例有1：200，1：500，1：1000等。

（2）绘制图中设计的各种造园要素的水平投影。其中，地形用等高线表示，并在等高线的断开处标注设计的高程。设计地形的等高线用实线绘制，原地形的等高线用虚线绘制；道路和广场的轮廓线用中实线绘制；建筑用粗实线绘制其外轮廓线，园林植物用图例表示；水体驳岸用粗线绘制，并用细实线绘制水底的坡度等高线；山石用粗线绘制其外轮廓。

（3）标注定位尺寸和坐标网进行定位。尺寸标注是指以图中某一原有景物为参照物，标注新设计的主要景物和该参照物之间的相对距离；坐标网是以直角坐标的形式进行定位，有建筑坐标网和测量坐标网两种形式，园林上常用建筑坐标网，即以某一点为"零点"，并以水平方向为 B 轴，垂直方向为 A 轴，按一定距离绘制出方格网。坐标网用细实线绘制。

（4）编制图例图。图中应用的图例，都应在图上的位置编制图例表说明其含义。

（5）绘制指北针，风玫瑰，注写图名、标题栏、比例尺等。

（6）编写设计说明。设计说明是用文字的形式进一步表达设计思想，或作为图纸内容的补充等。

1.5.2 园林建筑初步设计图

1．园林建筑初步设计图的内容

园林建筑是指在园林中与园林造景有直接关系的建筑，园林建筑初步设计图须绘制出平面图、立面图、剖面图，并标注出主要控制尺寸，图纸要能反映建筑的形状、大小和周围环境等内容，一般包括建筑总平面图、建筑平面图、建筑立面图、建筑剖面图等。

2．园林建筑初步设计图的绘制

建筑总平面图：要反映新建建筑的形状、所在位置、朝向及室外道路、地形、绿化等情况，以及该建筑与周围环境的关系和相对位置。绘制时，首先要选择合适的比例，其次要绘制图例，建筑总平面图是用建筑总平面图例表达其内容的，其中的新建建筑、保留建筑、拆除建筑等都有对应的图例。接着要标注标高，即新建建筑首层平面的绝对标高、室外地面及周围道路的绝对标高及地形等高线的高程数字。最后要绘制比例尺、指北针、风玫瑰、图名、标题栏等。

建筑平面图：用来表示建筑的平面形状、大小、内部的分隔和使用功能，墙、柱、门窗、楼梯等的位置。绘制时，首先要确定比例，然后绘制定位轴线，接着绘制墙、柱的轮廓线、门窗细部，然后进行尺寸标注、注写标高，最后绘制指北针、剖切符号、图名、比例等。

建筑立面图：主要用于表示建筑的外部造型和各部分的形状及相互关系等，如门窗的位置和形状，阳台、雨棚、台阶、花坛、栏杆等的位置和形状。绘制顺序依次为选择比例，绘制外轮廓线、主要部位的轮廓线、细部投影线，尺寸和标高标注，绘制配景，注写比例、图名等。

建筑剖面图：表示房屋的内部结构及各部位标高，剖切位置应选择在建筑的主要部位或构造较特殊的部位。绘制顺序依次为选择比例，主要控制线、主要结构的轮廓线、细部结构、尺寸和标高标注，注写比例、图名等。

1.5.3 园林施工图绘制的具体要求

园林制图是表达园林设计意图最直接的方法，是每个园林设计师必须掌握的技能。园林 AutoCAD 制图是风景园林景观设计的基本语言，AutoCAD 园林制图可参照《房屋建筑制图统一标准》(GB/T 50001—2017)作为制图的依据。在园林图纸中,对制图的基本内容都有规定。这些内容包括图纸幅面、标题栏及会签栏、线宽及线型、汉字、字符、数字、符号和标注等。

一套完整的园林施工图一般包括封皮、目录、设计说明、总平面图、施工放线图、竖向设计施工图、植物配置图、照明电气图、喷灌施工图、给排水施工图、园林小品施工详图、铺装剖切断面等。

1. 文字部分

文字部分应该包括封皮、目录、总说明、材料表等。

(1)封皮的内容包括工程名称、建设单位、施工单位、时间、工程项目编号等。

(2)目录的内容包括图纸的名称、图别、图号、图幅、基本内容、张数等。图纸编号以专业为单位,各专业各自编排各专业的图号;对于大、中型项目,应按照以下专业进行图纸编号:园林、建筑、结构、给排水、电气、材料附图等;对于小型项目,可以按照以下专业进行图纸编号:园林、建筑及结构、给排水、电气等。每一专业图纸应该对图号加以统一标示,以方便查找,如建筑结构施工可以缩写为"建施"(JS),给排水施工可以缩写为"水施"(SS),种植施工图可以缩写为"绿施"(LS)。

(3)设计说明主要针对整个工程需要说明的问题。如设计依据、施工工艺、材料数量、规格及其他要求。其具体内容如下。

- 设计依据及设计要求:应注明采用的标准图集及依据的法律规范。
- 设计范围。
- 标高及标注单位:应说明图纸文件中采用的标注单位,采用的是相对坐标还是绝对坐标,如为相对坐标,应说明采用的依据以及与绝对坐标的关系。
- 材料选择及要求:对各部分材料的材质要求及建议;一般应说明的材料包括饰面材料、木材、钢材、防水疏水材料、种植土及铺装材料等。
- 施工要求:强调需注意工种配合及对气候有要求的施工部分。
- 经济技术指标:施工区域总的占地面积,绿地、水体、道路、铺地等的面积及占地百分比、绿化率及工程总造价等。

除了总的说明外,在各个专业图纸之前,还应该配备专门的说明,有时施工图纸中还应该配有适当的文字说明。

2. 施工放线

施工放线应该包括施工总平面图、各分区施工放线图、局部放线详图等。

1)施工总平面图

(1)施工总平面图主要内容如下:

- 指北针(或风玫瑰图),绘图比例(比例尺),文字说明,景点、建筑物或者构筑物的名称标注,图例表。
- 道路、铺装的位置、尺度,主要点的坐标、标高以及定位尺寸。
- 小品主要控制点坐标及小品的定位、定形尺寸。
- 地形、水体的主要控制点坐标、标高及控制尺寸。
- 植物种植区域轮廓。

- 对无法用标注尺寸准确定位的自由曲线园路、广场、水体等,应给出该部分局部放线详图,用放线网表示,并标注控制点坐标。

（2）施工总平面图绘制的要求如下。

- 布局与比例

图纸应按上北下南方向绘制,根据场地形状或布局,可向左或右偏转,但不宜超过45°。施工总平面图一般采用1∶500、1∶1000、1∶2000的比例进行绘制。

- 图例

《总图制图标准》(GB/T 50103—2010)中列出了建筑物、构筑物、道路、铁路以及植物等的图例,具体内容见相应的制图标准。如果由于某些原因必须另行设定图例时,应该在总图上绘制专门的图例表进行说明。

- 图线

在绘制总图时应该根据具体内容采用不同的图线,具体内容参照《总图制图标准》(GB/T 50103—2010)。

- 单位

施工总平面图中的坐标、标高、距离宜以米(m)为单位,并应至少取至小数点后两位,不足时以0补齐。详图宜以毫米(mm)为单位,如不以毫米(mm)为单位,应另加说明。

建筑物、构筑物、铁路、道路方位角(或方向角)和铁路、道路转向角的度数,宜注写到秒(s),如有特殊情况,应另加说明。

道路纵坡度、场地平整坡度、排水沟沟底纵坡度宜以百分计,并应取至小数点后一位,不足时以0补齐。

- 坐标网格

坐标分为测量坐标和施工坐标。测量坐标为绝对坐标,测量坐标网应画成交叉十字线,坐标代号宜用"X、Y"表示。施工坐标为相对坐标,相对零点通常选用已有建筑物的交叉点或道路的交叉点,为区别于绝对坐标,施工坐标用大写英文字母A、B表示。

施工坐标网格应以细实线绘制,一般画成100m×100m或者50m×50m的方格网,当然也可以根据需要调整,比如采用30m×30m的网格。对于面积较小的场地,可以采用5m×5m或者10m×10m的施工坐标网。

- 坐标标注

坐标宜直接标注在图上,如图面无足够位置,也可列表标注,如坐标数字的位数太多时,可将前面相同的位数省略,其省略位数应在附注中加以说明。

建筑物、构筑物、铁路、道路等应标注下列部位的坐标:建筑物、构筑物的定位轴线(或外墙线)或其交点;圆形建筑物、构筑物的中心;挡土墙墙顶外边缘线或转折点。表示建筑物、构筑物位置的坐标,宜标注其三个角的坐标,如果建筑物、构筑物与坐标轴线平行,可标注对角坐标。

平面图上有测量和施工两种坐标系统时,应在附注中注明两种坐标系统的换算公式。

- 标高标注

施工图中标注的标高应为绝对标高,如标注相对标高,则应注明相对标高与绝对标高的关系。

建筑物、构筑物、铁路、道路等应按以下规定标注标高：建筑物室内地坪，标注图中±0.00处的标高，对不同高度的地坪，分别标注其标高；建筑物室外散水，标注建筑物四周转角或两对角的散水坡脚处的标高；构筑物标注其有代表性的标高，并用文字注明标高所指的位置；道路标注路面中心交点及变坡点的标高；挡土墙标注墙顶和墙脚标高，路堤、边坡标注坡顶和坡脚标高，排水沟标注沟顶和沟底标高；场地平整标注其控制位置标高；铺砌场地标注其铺砌面标高。

（3）施工总平面图绘制步骤如下：

- 绘制设计平面图。
- 根据需要确定坐标原点及坐标网格的精度，绘制测量和施工坐标网。
- 标注尺寸、标高。
- 绘制图框、比例尺、指北针，填写标题、标题栏、会签栏，编写说明及图例表。

2）施工放线图

施工放线图内容主要包括道路、广场铺装、园林建筑小品、放线网格（间距为1m、5m或10m不等）、坐标原点、坐标轴、主要点的相对坐标、标高（等高线、铺装等），如图1-1所示。

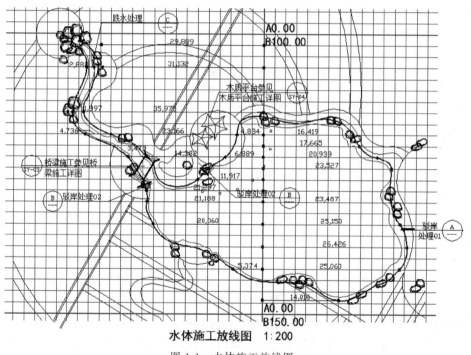

水体施工放线图 1:200

图1-1 水体施工放线图

3）局部放线详图

对于无法用标注尺寸准确定位的自由线园路、广场等，应做该部分放线详图，用放线网表示，但须有控制点坐标。

3. 土方工程

土方工程应该包括竖向施工图、土方调配图。

Note

1）竖向施工图

竖向设计指的是在一块场地中进行垂直于水平方向的布置和处理，也就是地形高程设计。

（1）竖向施工图的内容如下：

- 指北针、图例、比例、文字说明、图名。文字说明中应该包括标注单位、绘图比例、高程系统的名称、补充图例等。
- 现状与原地形标高，地形等高线，设计等高线的等高距一般取 $0.25\sim0.50\text{m}$，当地形较为复杂时，需要绘制地形等高线放样网格。
- 最高点或者某些特殊点的坐标及该点的标高，如道路的起点、变坡点、转折点和终点等的设计标高（道路在路面中、阴沟在沟顶和沟底）、纵坡度、纵坡距、纵坡向、平曲线要素、竖曲线半径、关键点坐标；建筑物、构筑物室内外设计标高；挡土墙、护坡或土坡等构筑物的坡顶和坡脚的设计标高；水体驳岸、岸顶、岸底标高，池底标高，水面最低、最高及常水位。
- 地形的汇水线和分水线，或用坡向箭头标明设计地面坡向，指明地表排水的方向、排水的坡度等。
- 绘制重点地区、坡度变化复杂地段的地形断面图，并标注标高、比例尺等。
- 当工程比较简单时，竖向施工平面图可与施工放线图合并。

（2）竖向施工图的具体要求如下：

- 计量单位。通常标高的标注单位为米（m），如果有特殊要求，应该在设计说明中注明。
- 线型。竖向设计图中比较重要的就是地形等高线，设计等高线用细实线绘制，原有地形等高线用细虚线绘制，汇水线和分水线用细单点长划线绘制。
- 坐标网格及其标注。坐标网格采用细实线绘制，网格间距取决于施工的需要及图形的复杂程度，一般采用与施工放线图相同的坐标网体系。对于局部的不规则等高线，或者单独作出施工放线图，或者在竖向设计图纸中局部缩小网格间距，提高放线精度。竖向设计图的标注方法同施工放线图，针对地形中最高点、建筑物角点或者特殊点进行标注。
- 地表排水方向和排水坡度。利用箭头表示排水方向，并在箭头上标注排水坡度，对于道路或者铺装等区域，除了要标注排水方向和排水坡度，还要标注坡长，一般排水坡度标注在坡度线的上方，坡长标注在坡度线的下方。

其他方面的绘制要求与施工总平面图相同。

2）土方调配图

在土方调配图上，要注明挖填调配区、调配方向、土方数量和每对挖填之间的平均运距。图中的土方调配仅考虑场内挖方、填方平衡，如图 1-2 所示（A 为挖方，B 为填方）。

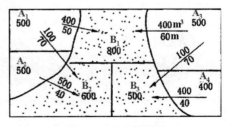

图 1-2　土方调配图

（1）建筑工程应该包括建筑设计说明，建筑构造作法一览表，建筑平面图、立面图、剖面图，建筑施工详图等。

（2）结构工程应该包括结构设计说明，基础图，基础详图，梁、柱详图，结构构件详图等。

（3）电气工程应该包括电气设计说明，主要设备材料表，电气施工平面图、施工详图、系统图、控制线路图等。大型工程应按强电、弱电、火灾报警及其智能系统分别设置目录。

（4）照明电气施工图的内容主要包括灯具形式、类型、规格、布置位置、配电图（电缆电线型号规格，连接方式，配电箱数量、形式规格等）等。

电位走线只需标明开关与灯位的控制关系，线型宜用细圆弧线（也可适当用中圆弧线），不需标明各种强、弱电的插座走线。

要有详细的开关（一联、二联、多联）、电源插座、电话插座、电视插座、空调插座、宽带网插座、配电箱等图标及位置（插座高度未注明的一律距地面 300mm，有特殊要求的要在插座旁注明标高）。

- 给排水工程应该包括给排水设计说明，给排水系统总平面图、详图，给水、消防、排水、雨水系统图，喷灌系统施工图。
- 喷灌、给排水施工图内容主要包括给水、排水管的布设、管径、材料以及喷头、检查井、阀门井、排水井、泵房等。
- 园林绿化工程应该包括植物种植设计说明、植物材料表、种植施工图、局部施工放线图、剖面图等。如果采用乔、灌、草多层组合，分层种植设计较为复杂，应该绘制分层种植施工图。

植物配置图的主要内容包括植物种类、规格、配置形式以及其他特殊要求，其主要目的是为苗木购买、苗木栽植提高准确的工程量，如图 1-3 所示。

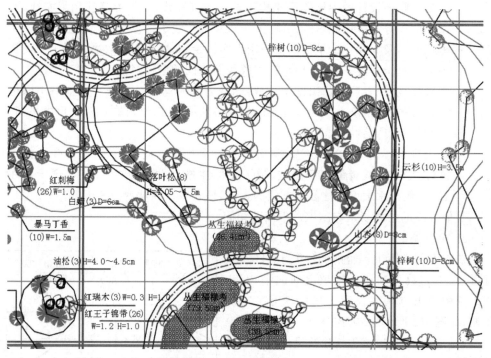

图 1-3　植物配置图

4．现状植物的表示

1）行列式栽植

对于行列式的种植形式（如行道树、树阵等），可用尺寸标注出株行距，始末树种植点与参照物的距离。

2）自然式栽植

对于自然式的种植形式（如孤植树），可用坐标标注种植点的位置，或采用三角形标注法进行标注。孤植树往往对植物的造型、规格的要求较严格，应在施工图中表达清楚，除利用立面图、剖面图表示以外，还可与苗木表相结合，用文字加以标注。

5．图例及尺寸标注

1）片植、丛植

施工图应绘出清晰的种植范围边界线，标明植物名称、规格、密度等。对于边缘线呈规则的几何形状的片状种植，可用尺寸标注方法标注，为施工放线提供依据；而对边缘线呈不规则的自由线的片状种植，应绘坐标网格，并结合文字标注。

2）草皮种植

草皮是用打点的方法表示，标注应标明其草坪名、规格及种植面积。

3）常见图例

在园林设计中，经常使用各种标准化的图例来表示特定的建筑景点或常见的园林植物，如表1-1所示。

表1-1　园林设计常见图例

图例	名称	图例	名称	图例	名称	图例	名称
	溶洞		垂丝海棠		龙柏		水杉
	温泉		紫薇		银杏		金叶女贞
	瀑布跌水		含笑		鹅掌楸		鸡爪槭
	山峰		龙爪槐		珊瑚树		芭蕉
	森林		茶梅＋茶花		雪松		杜英
	古树名木		桂花		小花月季球		杜鹃
	墓园		红枫		小花月季		花石榴
	文化遗址		四季竹		杜鹃		蜡梅
	民风民俗		白(紫)玉兰		红花继木		牡丹
	桥		广玉兰		龟甲冬青		鸢尾
	景点		香樟		长绿草		苏铁
	规划建筑物		原有建筑物		剑麻		葱兰

第 2 章

AutoCAD 2022入门

本章开始循序渐进地介绍 AutoCAD 2022 绘图的有关基本知识,讲述如何设置图形的系统参数、样板图,熟悉建立新的图形文件、打开已有文件的方法等,为读者以后进入系统学习准备必要的前提知识。

学 习 要 点

◆ 操作环境设置
◆ 文件管理
◆ 基本输入操作
◆ 图层设置
◆ 绘图辅助工具

2.1 操作环境设置

AutoCAD 2022 为用户提供了交互性良好的 Windows 风格操作界面,也提供了方便的系统定制功能,用户可以根据需要和喜好灵活地设置绘图环境。

2.1.1 操作界面

AutoCAD 2022 的操作界面是 AutoCAD 显示、编辑图形的区域,其操作界面如图 2-1 所示,包括标题栏、十字光标、快速访问工具栏、绘图区、功能区、坐标系,命令行,状态栏、布局标签、导航栏等。

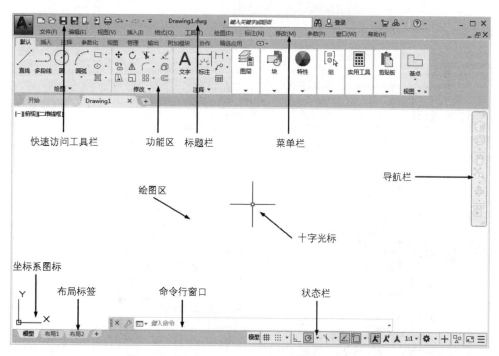

图 2-1 AutoCAD 2022 中文版的操作界面

注意:安装 AutoCAD 2022 后,在绘图区中右击,打开快捷菜单,如图 2-2 所示。①选择"选项"命令,打开"选项"对话框,②选择"显示"选项卡,如图 2-3 所示,③将窗口元素对应的"颜色主题"中设置为"明",④单击"确定"按钮,退出对话框,其操作界面如图 2-4 所示。

2.1.2 配置绘图系统

由于每台计算机所使用的显示器、输入设备和输出设备的类型不同,用户喜好的风格及计算机的目录设置也是不同的,所以每台计算机都是独特的。一般来讲,使用 AutoCAD 2022 的默认配置就可以绘图,但为了使用用户的定点设备或打印机,以及为提高绘图的效率,AutoCAD 2022 推荐用户在开始作图前先进行必要的配置。

图 2-2　快捷菜单

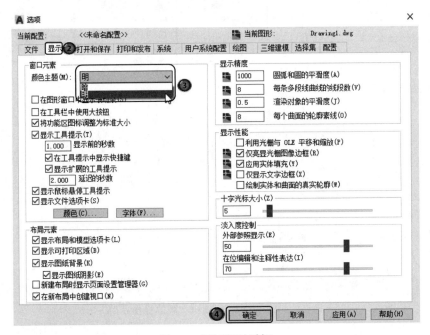

图 2-3　"选项"对话框

1．执行方式

命令行：PREFERENCES。

菜单：工具→选项（其中包括一些常用的命令，如图 2-5 所示）。

右键菜单：选项（单击鼠标右键，系统打开右键菜单，其中包括一些最常用的命令，如图 2-6 所示。）

2．选项说明

执行上述命令后，系统自动打开"选项"对话框。用户可以在该对话框中选择有关选项，对系统进行配置。下面只就其中主要的几个选项卡进行说明，其他配置选项在后

Note

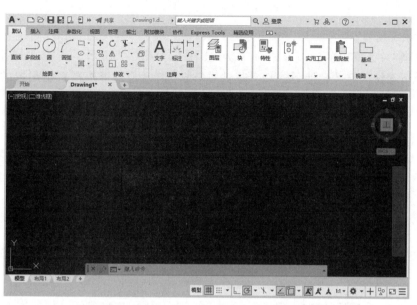

图 2-4 AutoCAD 2022 中文版的"明"操作界面

图 2-5 "工具"下拉菜单

图 2-6 "选项"右键菜单

面用到时再作具体说明。

1）系统配置

"选项"对话框中的第五个选项卡为"系统"，如图 2-7 所示。该选项卡用来设置 AutoCAD 系统的有关特性，其中"常规选项"选项组确定是否选择系统配置的有关基本选项。

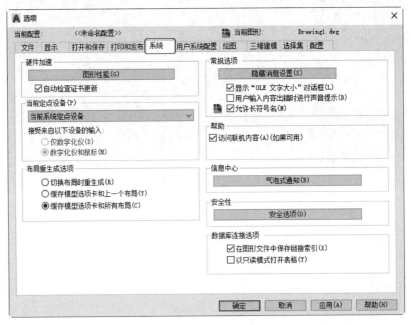

图 2-7　"系统"选项卡

2）显示配置

"选项"对话框中的第二个选项卡为"显示"，该选项卡控制 AutoCAD 2022 窗口的外观，如图 2-8 所示。该选项卡设定屏幕菜单、屏幕颜色、光标大小、滚动条显示与否、固定命令行窗口中文字行数、AutoCAD 2022 的版面布局设置、各实体的显示分辨率以及 AutoCAD 运行时的其他各项性能参数的设定等。

其中部分设置如下。

（1）修改图形窗口中十字光标的大小

光标的长度系统预设为屏幕大小的百分之五，用户可以根据绘图的实际需要更改其大小。改变光标大小的方法为：

在绘图窗口中选择工具菜单中的"选项"命令。屏幕上将弹出系统配置对话框。❶打开"显示"选项卡，❷在"十字光标大小"区域的编辑框中直接输入数值，或者拖动编辑框后的滑块，即可以对十字光标的大小进行调整，如图 2-8 所示。

此外，还可以通过设置系统变量 CURSORSIZE 的值，实现对十字光标大小的更改。方法是在命令行输入：

命令：↙
输入 CURSORSIZE 的新值 < 5 >:

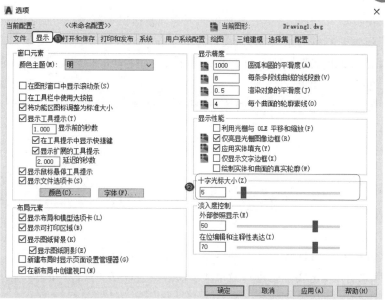

图 2-8　"选项"对话框中的"显示"选项卡

在提示下输入新值即可,默认值为 5%。

(2) 修改绘图窗口的颜色

在默认情况下,AutoCAD 的绘图窗口是黑色背景、白色线条,这不符合绝大多数用户的习惯,因此修改绘图窗口颜色是大多数用户都需要进行的操作。

修改绘图窗口颜色的步骤为:

① 选择"工具"下拉菜单中的"选项",打开"选项"对话框,打开如图 2-8 所示的"显示"选项卡,单击"窗口元素"区域中的"颜色"按钮,❶ 将打开如图 2-9 所示的"图形窗口颜色"对话框。

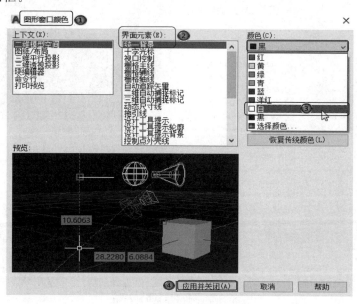

图 2-9　"图形窗口颜色"对话框

② 在"界面元素"中选择要更换颜色的元素，②这里选择"统一背景"元素，③单击"颜色"下拉列表框右侧的下拉箭头，在打开的下拉列表中，选择需要的窗口颜色，④然后单击"应用并关闭"按钮，此时 AutoCAD 的绘图窗口变成了窗口背景色，通常按视觉习惯选择白色为窗口颜色。

注意：在设置实体显示分辨率时，请务必记住，显示质量越高，即分辨率越高，计算机计算的时间越长，千万不要将其设置的太高。显示质量设定在一个合理的程度上是很重要的。

2.2 文件管理

本节将介绍有关文件管理的一些基本操作方法，包括新建文件、打开已有文件、保存文件、删除文件等，这些都是进行 AutoCAD 2022 操作最基础的知识。

2.2.1 新建文件

1. 执行方式

命令行：NEW。

菜单：文件→新建。

工具栏：标准→新建 。

2. 操作格式

执行上述命令后，系统打开如图 2-10 所示的"选择样板"对话框，在"文件类型"下

图 2-10 "选择样板"对话框

拉列表框中有3种格式的图形样板,扩展名分别是.dwt、.dwg和.dws。一般情况下,.dwt文件是标准的样板文件,通常将一些规定的标准性的样板文件设成.dwt文件;.dwg文件是普通的样板文件;而.dws文件是包含标准图层、标注样式、线型和文字样式的样板文件。

2.2.2 打开文件

1. 执行方式

命令行:OPEN。

菜单:文件→打开。

工具栏:标准→打开 。

2. 操作格式

执行上述命令后,打开"选择文件"对话框(图2-11),在"文件类型"列表框中,用户可选.dwg文件、.dwt文件、.dxf文件和.dws文件。其中,.dxf文件是用文本形式存储的图形文件,能够被其他程序读取,许多第三方应用软件都支持.dxf格式。

图2-11 "选择文件"对话框

2.2.3 保存文件

1. 执行方式

命令名:QSAVE(或SAVE)。

菜单:文件→保存。

工具栏:标准→保存 。

2．操作格式

执行上述命令后，若文件已命名，则 AutoCAD 2022 自动保存；若文件未命名（即为默认名 Drawing1．dwg），则系统打开"图形另存为"对话框（图 2-12），用户可以命名保存。在"保存于"下拉列表框中，可以指定保存文件的路径；在"文件类型"下拉列表框中，可以指定保存文件的类型。

图 2-12 "图形另存为"对话框

2.3 基本输入操作

本节将介绍 AutoCAD 的一些基本输入操作命令或知识。这些知识属于学习 AutoCAD 软件的一些基础，同时又是非常重要的知识，对这些知识的了解，有助于方便、快捷地操作软件。

2.3.1 命令输入方式

AutoCAD 交互绘图必须输入必要的指令和参数。AutoCAD 有以下几种命令输入方式（以画直线为例），介绍如下。

1．在命令窗口输入命令名

命令字符可不区分大小写，如命令：LINE ✓。执行命令时，在命令行提示中经常会出现命令选项。例如，输入绘制直线命令"LINE"后，命令行中的提示如下：

> 命令：LINE ✓
> 指定第一个点：(在屏幕上指定一点或输入一个点的坐标)
> 指定下一个点或[放弃(U)]：

选项中不带括号的提示为默认选项,因此可以直接输入直线段的起点坐标或在屏幕上指定一点,如果要选择其他选项,则应该首先输入该选项的标识字符,如"放弃"选项的标识字符"U",然后按系统提示输入数据即可。在命令选项的后面,有时还带有尖括号,尖括号内的数值为默认数值。

2．在命令行窗口输入命令缩写字

可在命令窗口输入命令缩写字,如 L(Line)、C(Circle)、A(Arc)、Z(Zoom)、R(Redraw)、M(More)、CO(Copy)、PL(Pline)、E(Erase)等。

3．选取绘图菜单中的命令

选取该选项后,在命令行窗口中可以看到对应的命令说明及命令名。

4．单击工具栏中的对应图标

单击该图标后,在命令行窗口中也可以看到对应的命令说明及命令名。

5．在绘图区右击

如果用户要重复使用上次使用的命令,可以直接在绘图区右击,在"最近的输入"下拉列表中选择要重复使用的命令,这时系统便会立即重复执行上次使用的命令,如图 2-13 所示。这种方法适用于重复执行某个命令。

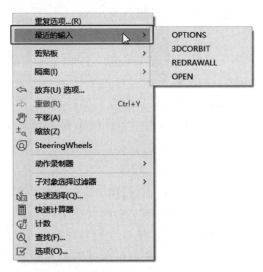

图 2-13　命令行右键快捷菜单

2.3.2　命令的重复、撤销、重做

1．命令的重复

在命令窗口中输入 ENTER,可重复调用上一个命令,不管上一个命令是完成了还是被取消了。

2．命令的撤销

在命令执行的任何时刻,都可以取消和终止命令的执行。

执行方式如下：

命令行：UNDO。

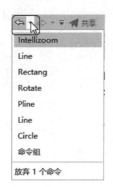

图 2-14　多重放弃或重做

菜单：编辑→放弃。

快捷键：Esc。

3. 命令的重做

已被撤销的命令还可以恢复重做。要恢复撤销的最后一个命令。执行方式如下：

命令行：REDO。

菜单：编辑→重做。

AutoCAD 2022可以一次执行多重放弃和重做操作。单击快速访问工具栏中的"撤销"或"重做"按钮，可以选择要放弃或重做的操作，如图 2-14 所示。

2.3.3　数据的输入方法

在 AutoCAD 2022 中，点的坐标可以用直角坐标、极坐标、球面坐标和柱面坐标表示，每一种坐标又分别具有两种坐标输入方式：绝对坐标和相对坐标。其中直角坐标和极坐标最为常用，下面主要介绍它们的输入方法。

1. 直角坐标法

用点的 X、Y 坐标值表示的坐标为直角坐标。例如，在命令行中输入点的坐标提示下，输入"15,18"，则表示输入一个 X、Y 的坐标值分别为 15、18 的点，此为绝对坐标输入方式，表示该点的坐标是相对于当前坐标原点的坐标值，如图 2-15(a)所示。如果输入"@10,20"，则为相对坐标输入方式，表示该点的坐标是相对于前一点的坐标值，如图 2-15(b)所示。

2. 极坐标法

用长度和角度表示的坐标为极坐标，只能用来表示二维点的坐标。

在绝对坐标输入方式下，表示为"长度＜角度"，如"25＜50"，其中长度表示该点到坐标原点的距离，角度为该点至原点的连线与 X 轴正向的夹角，如图 2-15(c)所示。

在相对坐标输入方式下，表示为"@长度＜角度"，如"@25＜45"，其中长度为该点到前一点的距离，角度为该点至前一点的连线与 X 轴正向的夹角，如图 2-15(d)所示。

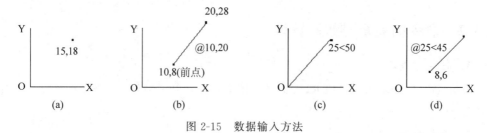

图 2-15　数据输入方法

3．动态数据输入

单击状态栏上的"动态输入"按钮，系统打开动态输入功能，可以在屏幕上动态地输入某些参数数据，例如，绘制直线时，光标附近会动态地显示"指定第一个点"以及后面的坐标框，当前显示的是光标所在位置，可以输入数据，两个数据之间以逗号隔开，如图2-16所示。指定第一点后，系统动态显示直线的角度，同时要求输入线段长度值，如图2-17所示，其输入效果与"@长度＜角度"方式相同。

图2-16　动态输入坐标值

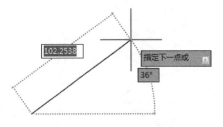

图2-17　动态输入长度值

下面分别讲述点与距离值的输入方法。

1）点的输入

绘图过程中，常需要输入点的位置，AutoCAD提供了如下几种输入点的方式：

（1）用键盘直接在命令窗口中输入点的坐标：直角坐标有两种输入方式，即X，Y(点的绝对坐标值，例如：100,50)和@X，Y(相对于上一点的相对坐标值，例如：@50，－30)。坐标值均相对于当前的用户坐标系。

极坐标的输入方式如下：长度＜角度(其中，长度为点到坐标原点的距离，角度为原点至该点连线与X轴的正向夹角，例如：20＜45)，或@长度＜角度(相对于上一点的相对极坐标，例如@50＜－30)。

（2）用鼠标等定标设备移动光标，单击鼠标左键，在屏幕上直接取点。

（3）用目标捕捉方式捕捉屏幕上已有图形的特殊点，如端点、中点、中心点、插入点、交点、切点、垂足点等，以后章节中会详细讲述。

（4）直接距离输入：先用光标拖拉出橡筋线确定方向，然后用键盘输入距离。这样有利于准确控制对象的长度等参数，如要绘制一条10mm长的线段，方法如下：

```
命令:LINE↙
指定第一个点:(在屏幕上指定一点)
指定下一个点或[放弃(U)]: 10↙
```

这时在屏幕上移动鼠标指明线段的方向，但不要单击鼠标左键确认，如图2-18所示，在命令行输入10，这样就在指定方向上准确地绘制了长度为10mm的线段。

2）距离值的输入

在AutoCAD命令中，有时需要提供高度、宽度、半径、长度等距离值。AutoCAD提供了两种输入距离值的方式：一种是用键盘在命令窗口中直接输入数值；另一种是在屏幕上拾取两点，以两点的距离值

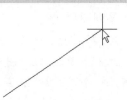

图2-18　绘制直线

定出所需数值。

2.4 图层设置

AutoCAD 2022 中的图层就如同在手工绘图中使用的重叠透明图纸，如图 2-19 所示，可以使用图层来组织不同类型的信息。在 AutoCAD 2022 中，图形的每个对象都位于一个图层上，所有图形对象都具有图层、颜色、线型和线宽这 4 个基本属性。在绘制的时候，图形对象将创建在当前的图层上。每个 CAD 文档中图层的数量是不受限制的，每个图层都有自己的名称。

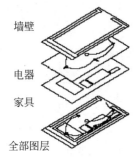

墙壁

电器

家具

全部图层

图 2-19　图层示意图

2.4.1 建立新图层

新建的 CAD 文档中只能自动创建一个名为"0"的特殊图层。在默认情况下，图层 0 将被指定使用 7 号颜色、CONTINUOUS 线型、默认线宽以及 NORMAL 打印样式。不能删除或重命名图层 0。通过创建新的图层，可以将类型相似的对象指定给同一个图层使其相关联。例如，可以将构造线、文字、标注和标题栏置于不同的图层上，并为这些图层指定通用特性。通过将对象分类放到各自的图层中，可以快速有效地控制对象的显示以及对其进行更改。

1．执行方式

命令行：LAYER。

菜单：格式→图层。

工具栏：图层→图层特性管理器 ▣。

功能区：单击"默认"选项卡"图层"面板中的"图层特性"按钮 ▣，或单击"视图"选项卡"选项板"面板中的"图层特性"按钮 ▣。

2．操作步骤

执行上述命令后，系统打开"图层特性管理器"选项板，如图 2-20 所示。

单击"图层特性管理器"选项板中"新建图层"按钮 ▣，建立新图层，默认的图层名为"图层 1"。可以根据绘图需要，更改图层名，例如改为实体层、中心线层或标准层等。

在一个图形中可以创建的图层数以及在每个图层中可以创建的对象数实际上是无限的。图层最长可使用 255 个字符的字母数字命名。图层特性管理器按名称的字母顺序排列图层。

✆ 注意：如果不只建立一个图层，无须重复单击"新建"按钮。更有效的方法是在建立一个新的图层"图层 1"后，改变图层名，在其后输入一个逗号"，"，这样就会又自动建立一个新图层"图层 2"，改变图层名，再输入一个逗号"，"又一个新的图层建立了，依次建立各个图层。也可以按两次 Enter 键，建立另一个新的图层。图层的名称也可以更改，直接双击图层名称，输入新的名称。

在每个图层属性设置中，包括图层名称、关闭/打开图层、冻结/解冻图层、锁定/解

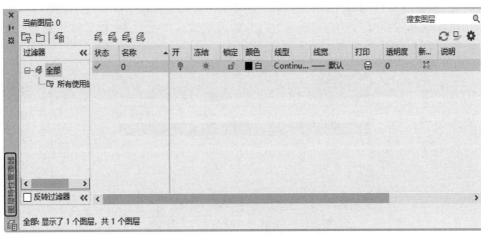

图 2-20　"图层特性管理器"选项板

锁图层、图层线条颜色、图层线条线型、图层线条宽度、图层打印样式以及图层是否打印9 个参数。下面将分别讲述如何设置这些图层参数。

1. 设置图层线条颜色

在工程制图中，整个图形包含多种不同功能的图形对象，例如实体、剖面线与尺寸标注等，为了便于直观区分它们，就有必要针对不同的图形对象使用不同的颜色，例如实体层使用白色，剖面线层使用青色等。

要改变图层的颜色时，单击图层所对应的颜色图标，弹出"选择颜色"对话框，如图 2-21 所示。它是一个标准的颜色设置对话框，可以使用索引颜色、真彩色和配色系统等 3 个选项卡来选择颜色。系统显示的 RGB 配比，即 Red（红）、Green（绿）和 Blue（蓝）三种颜色。

图 2-21　"选择颜色"对话框

2. 设置图层线型

线型是指作为图形基本元素的线条的组成和显示方式，如实线、点划线等。在许多绘图工作中，常常以线型划分图层，为某一个图层设置适合的线型，在绘图时，只需将该图层设为当前工作层，即可绘制出符合线型要求的图形对象，可极大地提高绘图的效率。

单击图层所对应的线型图标，弹出"选择线型"对话框，如图 2-22 所示。在默认情况下，在"已加载的线型"列表框中，系统中只添加了 Continuous 线型。单击"加载"按钮,打开"加载或重载线型"对话框,如图 2-23 所示,可以看到 AutoCAD 还提供其他线型,用鼠标选择所需线型,单击"确定"按钮,即可把该线型加载到"已加载的线型"列表框中,可以按住 Ctrl 键选择几种线型同时加载。

图 2-22 "选择线型"对话框

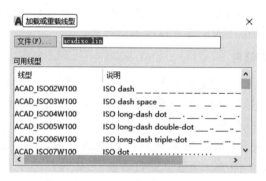

图 2-23 "加载或重载线型"对话框

3. 设置图层线宽

设置线宽,顾名思义就是改变线条的宽度。用不同宽度的线条表现图形对象的类型,也可以提高图形的表达能力和可行性,例如绘制外螺纹时大径使用粗实线,小径使用细实线。

单击图层所对应的线宽图标,弹出"线宽"对话框,如图 2-24 所示。选择一个线宽,单击"确定"按钮即可完成对图层线宽的设置。

图层线宽的默认值为 0.25mm。当状态栏为"模型"状态时,显示的线宽与计算机的像素有关。线宽为零时,显示为一个像素的线宽。单击状态栏中的"线宽"按钮,屏幕上显示的图形线宽与实际线宽成比例,如图 2-25 所示,但线宽不随着图形的放大或缩小而变化。关闭"线宽"功能时,不显示图形的线宽,图形的线宽均为默认宽度值。可以在"线宽"对话框中选择需要的线宽。

2.4.2 设置图层

除了上面讲述的通过图层管理器设置图层的方法外,还有几种简便方法可以设置图层的颜色、线宽、线型等参数。

Note

图 2-24　"线宽"对话框

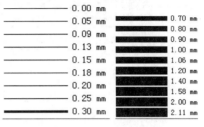

图 2-25　线宽显示效果图

1. 直接设置图层

可以直接通过命令行或菜单设置图层的颜色、线型、线宽。

1）设置图层颜色执行方式如下：

命令行：COLOR。

菜单：格式→颜色。

执行上述命令后，系统打开"选择颜色"对话框，如图 2-26 所示。

图 2-26　"选择颜色"对话框

2）设置图层线型执行方式如下：

命令行：LINETYPE。

菜单：格式→线型。

执行上述命令后，系统打开"线型管理器"对话框，如图 2-27 所示。该对话框的使用方法与图 2-22 所示的"选择线型"对话框类似。

3）设置图层线宽执行方式如下：

命令行：LINEWEIGHT 或 LWEIGHT。

菜单：格式→线宽。

执行上述命令后,系统打开"线宽设置"对话框,如图2-28所示。该对话框的使用方法与图2-24所示的"线宽"对话框类似。

图2-27 "线型管理器"对话框

图2-28 "线宽设置"对话框

2．利用"特性"面板设置图层

AutoCAD 2022提供了一个"特性"面板,如图2-29所示。用户能够控制和使用"特性"面板快速地查看和改变所选对象的图层、颜色、线型和线宽等特性。"特性"面板上的图层颜色、线型、线宽和打印样式的控制增强了查看和编辑对象属性的命令。在绘图屏幕上选择任何对象都将在工具栏上自动显示它所在图层、颜色、线型等属性。

也可以在"特性"面板上的"颜色""线型""线宽""打印样式"下拉列表中选择需要的参数值。如果在"颜色"下拉列表中选择"更多颜色"选项,如图2-30所示,系统打开"选择颜色"对话框;同样,如果在"线型"下拉列表中选择"其他"选项,如图2-31所示,系统就会打开"线型管理器"对话框,如图2-27所示。

3．用"特性"选项板设置图层

执行方式如下:

命令行:DDMODIFY 或 PROPERTIES。

图 2-29 "特性"面板

图 2-30 "更多颜色"选项

菜单：修改→特性。

工具栏：标准→特性 。

执行上述命令后，系统打开"特性"选项板，如图 2-32 所示。在其中可以方便地设置或修改图层、颜色、线型、线宽等属性。

图 2-31 "其他"选项

图 2-32 "特性"选项板

2.4.3　控制图层

1．切换当前图层

不同的图形对象需要绘制在不同的图层中，绘制前，需要将工作图层切换到所需的图层上。打开"图层特性管理器"选项板，选择图层，单击"置为当前"按钮 完成设置。

2．删除图层

在"图层特性管理器"选项板中的图层列表框中选择要删除的图层，单击"删除图层"按钮 即可删除该图层。从图形文件定义中删除选定的图层，只能删除未参照的图层。参照图层包括图层0及DEFPOINTS、包含对象（包括块定义中的对象）的图层、当前图层和依赖外部参照的图层。不包含对象（包括块定义中的对象）的图层、非当前图层和不依赖外部参照的图层都可以删除。

3．关闭/打开图层

在"图层特性管理器"选项板中，单击 图标，可以控制图层的可见性。图层打开时，图标小灯泡呈鲜艳的颜色，该图层上的图形可以显示在屏幕上或绘制在绘图仪上。当单击该属性图标后，图标小灯泡呈灰暗色时，该图层上的图形不显示在屏幕上，而且不能被打印输出，但仍然作为图形的一部分保留在文件中。

4．冻结/解冻图层

在"图层特性管理器"选项板中，单击 图标，可以冻结图层或将图层解冻。图标呈雪花灰暗色时，该图层是冻结状态；图标呈太阳鲜艳色时，该图层是解冻状态。冻结图层上的对象不能显示和打印，也不能编辑修改该图层上的图形对象。在冻结了图层后，该图层上的对象不影响其他图层上对象的显示和打印。例如，在使用HIDE命令消隐的时候，被冻结图层上的对象不隐藏其他对象。注意：当前图层不能被冻结。

5．锁定/解锁图层

在"图层特性管理器"选项板中，单击 图标可以锁定图层或将图层解锁。锁定图层后，该图层上的图形依然显示在屏幕上，并可打印输出，还可以在该图层上绘制新的图形对象，但用户不能对该图层上的图形进行编辑修改操作。可以对当前层进行锁定，也可对锁定图层上的图形进行查询和对象捕捉命令。锁定图层可以防止对图形的意外修改。

6．打印样式

在AutoCAD 2022中，可以使用一个称为"打印样式"的新的对象特性。打印样式控制对象的打印特性，包括颜色、抖动、灰度、笔号、虚拟笔、淡显、线型、线宽、线条端点样式、线条连接样式和填充样式。使用打印样式给用户提供了很大的灵活性，因为用户可以设置打印样式来替代其他对象特性，也可以按用户需要关闭这些替代设置。

7．打印/不打印

在"图层特性管理器"选项板中，单击 图标，可以设定打印时该图层是否打印，以在保证图形显示可见不变的条件下控制图形的打印特征。打印功能只对可见的图层起作用,对于已经被冻结或被关闭的图层不起作用。

8. 新视口冻结

在"图层特性管理器"选项板中,单击 图标可显示可用的打印样式,包括默认打印样式 NORMAL。打印样式是打印中使用的特性设置的集合。

2.5 绘图辅助工具

想要快速顺利地完成图形绘制工作,有时要借助一些辅助工具,比如用于准确确定绘制位置的精确定位工具和调整图形显示范围与方式的显示工具等。下面简略介绍一下这两种非常重要的辅助绘图工具。

2.5.1 精确定位工具

在绘制图形时,可以使用直角坐标和极坐标精确定位点,但是如果不知道有些点(如端点、中心点等)的坐标,又想精确地指定这些点,可想而知是很难的,有时甚至是不可能的。幸好 AutoCAD 2022 已经很好地解决了这个问题。AutoCAD 2022 提供了辅助定位工具,使用这类工具,可以很容易地在屏幕中捕捉到这些点,进行精确的绘图。

1. 栅格

AutoCAD 的栅格由规则的点的矩阵组成,延伸到指定为图形界限的整个区域。使用栅格与在坐标纸上绘图十分相似,利用栅格可以对齐对象,并直观地显示对象之间的距离。如果放大或缩小图形,可能需要调整栅格间距,使其更适合新的比例。虽然栅格在屏幕上是可见的,但它并不是图形对象,因此它不会被打印成图形中的一部分,也不会影响绘图位置。

可以单击状态栏上的"栅格"按钮或按 F7 键打开或关闭栅格。启用栅格,并设置栅格在 X 轴方向和 Y 轴方向上的间距的方法如下。

1) 执行方式

命令行:DSETTINGS(或 DS,SE 或 DDRMODES)。

菜单:工具→绘图设置。

快捷菜单:"栅格"按钮处右击→网格设置。

2) 操作步骤

执行上述命令后,系统打开"草图设置"对话框,如图 2-33 所示。

如果需要显示栅格,选择"启用栅格"复选框。在"栅格 X 轴间距"文本框中输入栅格点之间的水平距离,单位为 mm。如果使用相同的间距设置垂直和水平分布的栅格点,则按 Tab 键。否则,在"栅格 Y 轴间距"文本框中输入栅格点之间的垂直距离。

用户可改变栅格与图形界限的相对位置。默认情况下,栅格以图形界限的左下角为起点,沿着与坐标轴平行的方向填充由图形界限所确定的整个区域。在"捕捉"选项区中的"角度"项可决定栅格与相应坐标轴之间的夹角;"X 基点"和"Y 基点"项可决定栅格与图形界限的相对位移。

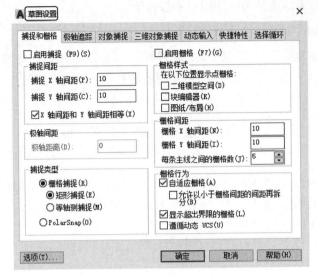

图 2-33 "草图设置"对话框

捕捉可以使用户直接使用鼠标快捷准确地定位目标点。捕捉模式有几种不同的形式：栅格捕捉、对象捕捉、极轴捕捉和自动捕捉。

另外，可以使用 GRID 命令通过命令行方式设置栅格，功能与"草图设置"对话框类似，不再赘述。

☎ **注意**：如果栅格的间距设置得太小，当进行"打开栅格"操作时，AutoCAD 将在文本窗口中显示"栅格太密，无法显示"的信息，而不在屏幕上显示栅格点。或者使用"缩放"命令时，将图形缩放很小，也会出现同样提示，不显示栅格。

2. 捕捉

捕捉是指 AutoCAD 2022 可以生成一个隐含分布于屏幕上的栅格，这种栅格能够捕捉光标，使得光标只能落到其中的一个栅格点上。捕捉可分为"矩形捕捉"和"等轴测捕捉"两种类型。默认设置为"矩形捕捉"，即捕捉点的阵列类似于栅格，如图 2-34 所示，用户可以指定捕捉模式在 X 轴方向和 Y 轴方向上的间距，也可改变捕捉模式与图形界限的相对位置。与栅格不同之处在于，捕捉间距的值必须为正实数；另外，捕捉模式不受图形界限的约束。"等轴测捕捉"表示捕捉模式为等轴测模式，此模式是绘制正等轴测图时的工作环境，如图 2-35 所示。在"等轴测捕捉"模式下，栅格和光标十字线成绘制等轴测图时的特定角度。

在绘制图 2-34 和图 2-35 中的图形时，输入参数点时，光标只能落在栅格点上。两种模式切换方法如下：打开"草图设置"对话框，进入"捕捉和栅格"选项卡，在"捕捉类型"选项区中，通过单选框可以切换"矩阵捕捉"模式与"等轴测捕捉"模式。

3. 极轴捕捉

极轴捕捉是在创建或修改对象时，按事先给定的角度增量和距离增量来追踪特征点，即捕捉相对于初始点，且满足指定的极轴距离和极轴角的目标点。

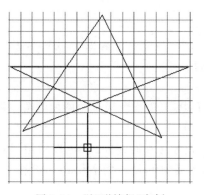

图 2-34　"矩形捕捉"实例

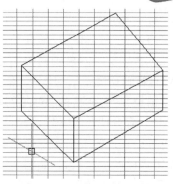

图 2-35　"等轴测捕捉"实例

　　极轴追踪设置主要是设置追踪的距离增量和角度增量,以及与之相关联的捕捉模式。这些设置可以通过"草图设置"对话框的"捕捉和栅格"选项卡与"极轴追踪"选项卡来实现,如图 2-36 和图 2-37 所示。

图 2-36　"捕捉和栅格"选项

图 2-37　"极轴追踪"选项卡

1）设置极轴距离

在"草图设置"对话框的"捕捉和栅格"选项卡中，可以设置极轴间距，单位为 mm。绘图时，光标将按指定的极轴间距增量进行移动。

2）设置极轴角度

在"草图设置"对话框的"极轴追踪"选项卡中，可以设置极轴角的增量角。设置时，可以使用向下箭头打开的下拉选择框中的 90°、45°、30°、22.5°、18°、15°、10° 和 5° 的极轴角增量，也可以直接输入指定其他任意角度。光标移动时，如果接近极轴角，将显示对齐路径和工具栏提示。例如，如图 2-38 所示，当极轴角增量设置为 30°、60° 和 90° 时，光标移动时显示的对齐路径。

图 2-38 设置极轴角度实例

"附加角"用于设置极轴追踪时是否采用附加角度追踪。选中"附加角"复选框，通过"增加"按钮或者"删除"按钮来增加、删除附加角度值。

3）对象捕捉追踪设置

该选项用于设置对象捕捉追踪的模式。如果选择"仅正交追踪"选项，则当采用追踪功能时，系统仅在水平和垂直方向上显示追踪数据；如果选择"用所有极轴角设置追踪"选项，则当采用追踪功能时，系统不仅可以在水平和垂直方向显示追踪数据，还可以在设置的极轴追踪角度与附加角度所确定的一系列方向上显示追踪数据。

4）极轴角测量

该选项用于设置极轴角的角度测量采用的参考基准，"绝对"则是相对水平方向逆时针测量，"相对上一段"则是以上一段对象为基准进行测量。

4. 对象捕捉

AutoCAD 2022 给所有的图形对象都定义了特征点，对象捕捉则是指在绘图过程中，通过捕捉这些特征点，迅速准确地将新的图形对象定位在现有对象的确切位置上，例如圆的圆心、线段中点或两个对象的交点等。在 AutoCAD 2022 中，可以通过单击状态栏中"对象捕捉"选项，或是在"草图设置"对话框的"对象捕捉"选项卡中选择"启用对象捕捉"单选框，来完成启用对象捕捉功能。在绘图过程中，可以通过以下方式完成对象捕捉功能的调用。

1）"对象捕捉"工具栏

如图 2-39 所示，在绘图过程中，当系统提示需要指定点位置时，可以单击"对象捕捉"工具栏中相应的特征点按钮，再把光标移动到要捕捉的对象上的特征点附近，AutoCAD 2022 会自动提示并捕捉到这些特征点。例如，如果需要用直线连接一系列圆的圆心，可以将"圆心"设置为执行对象捕捉。如果有两个可能的捕捉点落在选择区域，AutoCAD 2022 将捕捉离光标中心最近的符合条件的点。还有可能指定点时，需要检查哪一个对象捕捉有效，例如在指定位置有多个对象捕捉符合条件，在指定点之前，按 Tab 键可以遍历所有可能的点。

图 2-39　"对象捕捉"工具栏

2）"对象捕捉"快捷菜单

在需要指定点位置时，还可以按住 Ctrl 键或 Shift 键，单击鼠标右键，弹出"对象捕捉"快捷菜单，如图 2-40 所示。由该菜单一样可以选择某一种特征点执行对象捕捉，把光标移动到要捕捉对象上的特征点附近，即可捕捉到这些特征点。

图 2-40　"对象捕捉"快捷菜单

3）使用命令行

当需要指定点位置时，在命令行中输入相应特征点的关键词，把光标移动到要捕捉的对象上的特征点附近，即可捕捉到这些特征点。对象捕捉特征点的关键字如表 2-1 所示。

表 2-1　对象捕捉模式

模式	关键字	模式	关键字	模式	关键字
临时追踪点	TT	捕捉自	FROM	端点	END
中点	MID	交点	INT	外观交点	APP
延长线	EXT	圆心	CEN	象限点	QUA
切点	TAN	垂足	PER	平行线	PAR
节点	NOD	最近点	NEA	无捕捉	NON

注意：

（1）对象捕捉不可单独使用，必须配合别的绘图命令一起使用。仅当界面提示输入点时，对象捕捉才生效。如果试图在命令提示下使用对象捕捉，界面将显示错误信息。

（2）对象捕捉只影响屏幕上可见的对象，包括锁定图层、布局视口边界和多段线上的对象。不能捕捉不可见的对象，如未显示的对象，关闭或冻结图层上的对象，或虚线的空白部分。

5. 自动对象捕捉

在绘制图形的过程中，使用对象捕捉的频率非常高，但如果每次在捕捉时都要先选择捕捉模式，将使工作效率大大降低。出于此种考虑，AutoCAD 2022 提供了自动对象捕捉模式。如果启用自动捕捉功能，当光标距指定的捕捉点较近时，系统会自动精确地捕捉这些特征点，并显示出相应的标记以及该捕捉的提示。设置"草图设置"对话框中的"对象捕捉"选项卡，选中"启用对象捕捉追踪"复选框，可以调用自动捕捉，如图 2-41 所示。

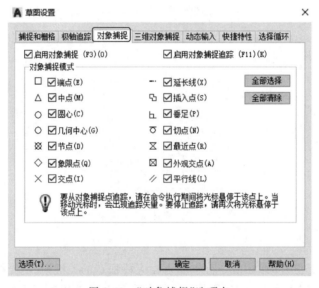

图 2-41 "对象捕捉"选项卡

注意： 可以设置经常用到的捕捉方式。一旦设置了运行捕捉方式，在每次运行时，就会激活所设定的目标捕捉方式，而不是仅对一次选择有效。当同时使用多种方式时，系统将捕捉距光标最近，同时满足多种目标捕捉方式之一的点。当光标距要获取的点非常近时，按下 Shift 键将暂时不获取对象点。

6. 正交绘图

正交绘图模式，即在命令的执行过程中，光标只能沿 X 轴或者 Y 轴移动。所有绘制的线段和构造线都将平行于 X 轴或 Y 轴，因此它们相互垂直成90°相交，即正交。使用正交绘图，对于绘制水平和垂直线非常有用，特别是常用于绘制构造线。而且当捕捉模式为等测轴模式时，它还迫使直线平行于三个等轴测中的一个。

设置正交绘图可以直接单击状态栏中"正交"按钮,或按 F8 键,相应地会在文本窗口中显示开/关提示信息。也可以在命令行中输入"ORTHO"命令,执行开启或关闭正交绘图。

📞**注意**:"正交"模式将光标限制在水平或垂直(正交)轴上。因为不能同时打开"正交"模式和极轴追踪,因此打开"正交"模式时,AutoCAD 会关闭极轴追踪。如果再次打开极轴追踪,AutoCAD 将关闭"正交"模式。

2.5.2 图形显示工具

对于较为复杂的图形来说,在观察整幅图形时,往往无法对其局部细节进行查看和操作;而当在屏幕上显示一个细部时,又看不到其他部分,为解决这类问题,AutoCAD 2022 提供了缩放、平移、视图、鸟瞰视图和视口命令等一系列图形显示控制命令,可以用来任意地放大、缩小或移动屏幕上的图形显示,或者同时从不同的角度、不同的部位来显示图形。AutoCAD 2022 还提供了重画和重新生成命令来刷新屏幕、重新生成图形。

1. 图形缩放

图形缩放命令类似于照相机的镜头,可以放大或缩小屏幕所显示的范围,只改变视图的比例,但是对象的实际尺寸并不发生变化。当放大图形一部分的显示尺寸时,可以更清楚地查看这个区域的细节;相反,如果缩小图形的显示尺寸,则可以查看更大的区域,如整体浏览。

图形缩放功能在绘制大幅面机械图纸,尤其是装配图时非常有用,是使用频率最高的命令之一。这个命令可以透明地使用,也就是说,该命令可以在执行其他命令时运行。用户完成涉及透明命令的过程时,AutoCAD 2022 会自动返回用户调用透明命令前正在运行的命令。执行图形缩放的方法如下。

1) 执行方式

命令行:ZOOM。

菜单:视图→缩放。

工具栏:标准→缩放或缩放(图 2-42)。

图 2-42 "缩放"工具栏

2) 操作步骤

执行上述命令后,系统提示:

> 指定窗口的角点,输入比例因子 (nX 或 nXP),或者[全部(A)/中心(C)/动态(D)/范围(E)/上一个(P)/比例(S)/窗口(W)/对象(O)] <实时>:

3) 操作说明

(1) 实时

这是"缩放"命令的默认操作,即在输入"ZOOM"命令后,直接按 Enter 键,将自动调用实时缩放操作。实时缩放就是可以通过上、下移动鼠标交替进行放大或缩小。在使用实时缩放时，系统会显示一个"＋"号或"－"号。当缩放比例接近极限时，AutoCAD 2022将不再与光标一起显示"＋"号或"－"号。需要从实时缩放操作中退出时，可按Enter键、Esc键或是从菜单中选择"Exit"退出。

（2）全部（A）

执行"ZOOM"命令后，在提示文字后输入"A"，即可执行"全部（A）"缩放操作。不论图形有多大，该操作都将显示图形的边界或范围，即使对象不包括在边界以内，也将显示出来。因此，使用"全部（A）"缩放选项，可查看当前视口中的整个图形。

（3）圆心（C）

该选项通过确定一个中心点，可以定义一个新的显示窗口。在操作过程中，需要指定中心点以及输入比例或高度。默认新的中心点就是视图的中心点，默认的输入高度就是当前视图的高度，直接按Enter键后，图形将不会被放大。输入比例，则数值越大，图形放大倍数也将越大。也可以在数值后面紧跟一个"×"，如3×，表示在放大时不是按照绝对值变化，而是按相对于当前视图的相对值缩放。

（4）动态（D）

通过操作一个表示视口的视图框，可以确定所需显示的区域。选择该选项，在绘图窗口中出现一个小的视图框，按住鼠标左键左右移动可以改变该视图框的大小，定形后放开左键，再按下鼠标左键移动视图框，确定图形中的放大位置，系统将清除当前视口，并显示一个特定的视图选择屏幕。这个特定屏幕由有关当前视图及有效视图的信息构成。

（5）范围（E）

"范围（E）"选项可以使图形缩放至整个显示范围。图形的范围由图形所在的区域构成，剩余的空白区域将被忽略。应用这个选项，图形中所有的对象都尽可能地被放大。

（6）上一个（P）

在绘制一幅复杂的图形时，有时需要放大图形的一部分以进行细节的编辑。当编辑完成后，有时希望回到前一个视图。这种操作可以使用"上一个（P）"选项来实现。当前视口由"缩放"命令的各种选项或"移动"视图、视图恢复、平行投影或透视命令引起的任何变化，系统都将保存。每一个视口最多可以保存10个视图。连续使用"上一个（P）"选项可以恢复前10个视图。

（7）比例（S）

"比例（S）"选项提供了三种使用方法。在提示信息下，直接输入比例系数，AutoCAD将按照此比例因子放大或缩小图形的尺寸。如果在比例系数后面加一"×"，则表示相对于当前视图计算的比例因子。使用比例因子的第三种方法就是相对于图形空间，例如，可以在图纸空间阵列排布或打印出模型的不同视图。为了使每一张视图都与图纸空间单位成比例，可以使用"比例（S）"选项，每一个视图可以有单独的比例。

（8）窗口（W）

"窗口（W）"选项是最常使用的选项。通过确定一个矩形窗口的两个对角来指定所需缩放的区域，对角点可以由鼠标指定，也可以输入坐标确定。指定窗口的中心点将成为新的显示屏幕的中心点。窗口中的区域将被放大或者缩小。调用"ZOOM"命令时，可以在没有选择任何选项的情况下，利用鼠标在绘图窗口中直接指定缩放窗口的两个对角点。

（9）对象（O）

"对象（O）"选项是缩放以便尽可能大地显示一个或多个选定的对象，并使其位于视图的中心。可以在启动 ZOOM 命令前后选择对象。

☎ **注意**：这里所提到了诸如放大、缩小或移动的操作，仅仅是对图形在屏幕上的显示进行控制，图形本身并没有任何改变。

2．图形平移

使用图形缩放命令将图形放大，当图形幅面大于当前视口时，如果需要在当前视口之外观察或绘制一个特定区域，可以使用图形平移命令来实现。平移命令能将在当前视口以外的图形的一部分移动进来查看或编辑，但不会改变图形的缩放比例。执行图形平移的方法如下。

命令行：PAN。

菜单：视图→平移。

工具栏：标准→实时平移。

快捷菜单：绘图窗口中右击，选择"平移"选项。

激活平移命令之后，光标将变成一只"小手"，可以在绘图窗口中任意移动，以示当前正处于平移模式。单击并按住鼠标左键，将光标锁定在当前位置，即"小手"已经抓住图形，然后拖动图形使其移动到所需位置上。松开鼠标左键，将停止平移图形。可以反复按下鼠标左键，拖动，松开，将图形平移到其他位置上。

平移命令预先定义了一些不同的菜单选项与按钮，它们可用于在特定方向上平移图形，在激活平移命令后，这些选项可以从菜单"视图"→"平移"→"＊"中调用。

（1）"实时"是平移命令中最常用的选项，也是默认选项，前面提到的平移操作都指实时平移，通过鼠标的拖动来实现任意方向上的平移。

（2）"点"选项要求确定位移量，这就需要确定图形移动的方向和距离。可以通过输入点的坐标或用鼠标指定点的坐标来确定位移。

（3）"左"选项可移动图形使屏幕左部的图形进入显示窗口。

（4）"右"选项可移动图形使屏幕右部的图形进入显示窗口。

（5）"上"选项可向底部平移图形后，使屏幕顶部的图形进入显示窗口。

（6）"下"选项可向顶部平移图形后，使屏幕底部的图形进入显示窗口。

第 **3** 章

二维绘图命令

　　二维图形是指在二维平面空间绘制的图形，AutoCAD 2022 提供了大量的绘图工具，可以帮助用户完成二维图形的绘制。用户利用 AutoCAD 2022 提供的二维绘图命令，可以快速方便地完成某些图形的绘制。本章主要介绍直线、圆和圆弧、椭圆与椭圆弧、平面图形和点的绘制。

学 习 要 点

- ◆ 直线与点命令
- ◆ 圆类图形
- ◆ 平面图形
- ◆ 多段线
- ◆ 样条曲线
- ◆ 多线
- ◆ 图案填充

3.1 直线与点命令

直线类命令主要包括直线和构造线命令。点命令用于创建多个点对象,直线命令和构造线命令用于创建有限长的直线段和无限长的直线段。其中,直线命令和点命令是 AutoCAD 中最简单的绘图命令。

3.1.1 绘制点

1. 执行方式

命令行:POINT。

菜单:"绘图"→"点"→"单点或多点"。

工具栏:"绘图"→"点" ⁝⁝。

功能区:单击"默认"选项卡"绘图"面板中的"多点"按钮∴。

2. 操作步骤

```
命令:POINT
当前点模式:PDMODE = 0 PDSIZE = 0.0000
指定点:(指定点所在的位置)
```

3. 选项说明

"点"命令各个选项含义如表 3-1 所示。

表 3-1 "点"命令各选项含义

选项	含 义
单点	通过菜单方法进行操作时(图 3-1),"单点"命令表示只输入一个点,"多点"命令表示可输入多个点
对象捕捉	可以单击状态栏中的"对象捕捉"开关按钮 ☐,设置点的捕捉模式,帮助用户拾取点
点样式	点在图形中的表示样式共有 20 种。可通过命令 DDPTYPE 或拾取菜单:格式→点样式,打开"点样式"对话框来设置点样式,如图 3-2 所示

3.1.2 绘制直线段

1. 执行方式

命令行:LINE。

菜单:"绘图"→"直线"。

工具栏:"绘图"→"直线"╱。

功能区:单击"默认"选项卡"绘图"面板中的"直线"按钮╱(图 3-3)。

Note

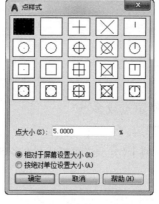

图 3-1 "点"子菜单   图 3-2 "点样式"对话框   图 3-3 绘图面板 1

2．操作步骤

命令：LINE
指定第一个点：(输入直线段的起点，用鼠标指定点或者给定点的坐标)
指定下一个点或 [退出(E)/放弃(U)]：(输入直线段的端点，也可以用鼠标指定一定角度后，直接输入直线段的长度)
指定下一个点或 [闭合(C)/退出(X)/放弃(U)]：(输入下一直线段的端点。输入选项 U 表示放弃前面的输入；右击或按 Enter 键，结束命令)
指定下一个点或 [闭合(C)/退出(X)/放弃(U)]：(输入下一直线段的端点，或输入选项 C 使图形闭合，结束命令)

3．选项说明

"直线段"命令各个选项含义如表 3-2 所示。

表 3-2 "直线段"命令各选项含义

选　　项	含　　义
第一个点	若按 Enter 键响应"指定第一个点"的提示，则系统会把上次绘线(或弧)的终点作为本次操作的起始点。特别地，若上次操作为绘制圆弧，按 Enter 键响应后，绘出通过圆弧终点的与该圆弧相切的直线段，该线段的长度由鼠标在屏幕上指定的一点与切点之间线段的长度确定
下一个点	在"指定下一个点"的提示下，用户可以指定多个端点，从而绘出多条直线段。但是，每一条直线段都是一个独立的对象，可以进行单独地编辑操作
起始点和最后一个端点	绘制两条以上的直线段后，若用选项"C"响应"指定下一个点"的提示，系统会自动链接起始点和最后一个端点，从而绘出封闭的图形

续表

选　　项	含　　义
最近一次绘制的直线段	若用选项"U"响应提示,则会擦除最近一次绘制的直线段
正交	若设置正交方式(单击状态栏上的"正交"按钮),则只能绘制水平直线段或垂直直线段
下一直线段的端点	若设置动态数据输入方式(单击状态栏上的"DYN"按钮),则可以动态输入坐标或长度值。下面的命令同样可以设置动态数据输入方式,效果与非动态数据输入方式类似。除了特别需要外(以后不再强调),否则只按非动态数据输入方式输入相关数据

3.1.3　上机练习——标高符号

 练习目标

绘制如图 3-4 所示标高符号。

图 3-4　标高符号

3-1

 **设计思路**

利用直线命令,并结合状态栏中的动态输入功能,绘制标高符号。

 操作步骤

```
命令:_LINE
指定第一个点:100,100↙(1点)
指定下一个点或 [放弃(U)]:@40,－135 ↙
指定下一个点或 [放弃(U)]:U↙(输入错误,取消上次操作)
指定下一个点或 [放弃(U)]:@40＜－135 ↙(2点,也可以按下状态栏上"╋▭"按钮,在鼠标位置为135°时,动态输入40,如图3-5所示,下同)
指定下一个点或 [放弃(U)]:@40＜135 ↙(3点,相对极坐标数值输入方法,此方法便于控制线段长度)
指定下一个点或 [闭合(C)/放弃(U)]:@180,0 ↙(4点,相对直角坐标数值输入方法,此方法便于控制坐标点之间正交距离)
指定下一个点或 [闭合(C)/放弃(U)]:↙(按 Enter 键结束直线命令)
```

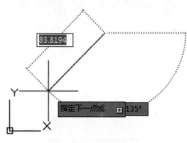

图 3-5　动态输入

🐝 **提示**:动态输入与命令行输入的区别如下:

动态输入框中坐标输入与命令行有所不同,如果是之前没有定位任何一个点,输入的坐标是绝对坐标,当定位下一个点时默认输入的就是相对坐标,无须在坐标值前加@的符号。

如果想在动态输入的输入框中输入绝对坐标,反而需要先输入一个♯号,例如输入♯20,30,就相当于在命令行直接输入 20,30,输入♯20＜45 就相当于在命令行输入 20＜45。

需要注意的是,由于 AutoCAD 2022 现在可以通过鼠标确定方向后,直接输入距

Note

离,然后按 Enter 键就可以确定下一个点的坐标,如果在输入♯20 后就按 Enter 键,这与输入 20 就直接按 Enter 键没有任何区别,只是将点定位到沿光标方向距离上一点 20 的位置。

注意:

(1) 输入坐标时,逗号必须在英文状态下输入,否则会出现错误。

(2) 可以设置自己经常要用的捕捉方式。一旦设置了运行捕捉方式,在每次运行时,所设定的目标捕捉方式就会被激活,而不是仅对一次选择有效,当同时使用多种捕捉方式时,系统将捕捉距光标最近,又满足多种目标捕捉方式之一的点。当光标距要获取的点非常近时,按下 Shift 键将暂时不获取对象点。

(3) 一般每个命令有四种执行方式,这里只给出命令行执行方式,其他执行方式的操作方法与命令行执行方式相同。

3.2 圆 类 图 形

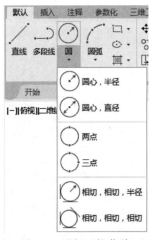

图 3-6 "圆"下拉菜单

圆类命令主要包括"圆""圆弧""椭圆""椭圆弧""圆环"等命令,这几个命令是 AutoCAD 2022 中最简单的圆类命令。

3.2.1 绘制圆

1. 执行方式

命令行:CIRCLE。

菜单:"绘图"→"圆"。

工具栏:"绘图"→"圆" ⊙ 。

功能区:单击"默认"选项卡"绘图"面板中的"圆"下拉菜单(图 3-6)。

2. 操作步骤

```
命令:CIRCLE
指定圆的圆心或 [三点(3P)/两点(2P)/切点、切点、半径(T)]:(指定圆心)
指定圆的半径或 [直径(D)]:(直接输入半径数值或用鼠标指定半径长度)
指定圆的直径 <默认值>:(输入直径数值或用鼠标指定直径长度)
```

3. 选项说明

"圆"命令各个选项含义如表 3-3 所示。

表 3-3 "圆"命令各个选项含义

选 项	含 义
三点(3P)	通过指定圆周上三点绘制圆
两点(2P)	通过指定直径的两端点绘制圆

续表

选 项	含 义
切点、切点、半径(T)	按先指定两个相切对象,后给出半径的方法画圆。选择功能区中的"相切、相切、相切"的绘制方法,当选择此方式时,系统提示: 指定圆上的第一个点:_tan 到:(指定相切的第一个圆弧) 指定圆上的第二个点:_tan 到:(指定相切的第二个圆弧) 指定圆上的第三个点:_tan 到:(指定相切的第三个圆弧)

3-2

3.2.2 上机练习——圆桌

 练习目标

绘制如图 3-7 所示的圆桌。

 设计思路

本实例绘制的圆桌,首先利用圆命令绘制半径为 50 的圆,然后继续利用圆命令绘制半径为 40 的圆。

 操作步骤

(1) 设置绘图环境。选择菜单栏中的"格式"→"图形界限"命令,设置图幅界限为 297mm×210mm。

(2) 单击"默认"选项卡"绘图"面板中的"圆"按钮 ⊙,绘制半径为 50 的圆。命令行的提示与操作如下:

```
命令:CIRCLE
指定圆的圆心或 [三点(3P)/两点(2P)/切点、切点、半径(T)]: 100,100
指定圆的半径或 [直径(D)]: 50
```

绘制结果如图 3-8 所示。

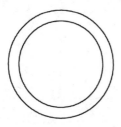

图 3-7 圆桌

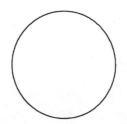

图 3-8 绘制圆

重复"圆"命令,以(100,100)为圆心,绘制半径为 40 的圆,结果如图 3-7 所示。

(3) 单击"快速访问"工具栏中的"保存"按钮 💾,保存图形。命令行提示如下:

```
命令:SAVEAS (将绘制完成的图形以"圆桌.dwg"为文件名保存在指定的路径中)
```

Note

3.2.3 绘制圆弧

1. 执行方式

命令行: ARC(缩写名: A)。

菜单: "绘图"→"圆弧"。

工具栏: "绘图"→"圆弧" 。

功能区: 单击❶"默认"选项卡❷"绘图"面板中的❸"圆弧"下拉菜单(图 3-9)。

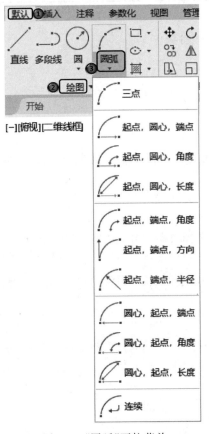

图 3-9 "圆弧"下拉菜单

2. 操作步骤

命令: ARC
指定圆弧的起点或 [圆心(C)]:(指定起点)
指定圆弧的第二个点或 [圆心(C)/端点(E)]:(指定第二点)
指定圆弧的端点:(指定端点)

3. 选项说明

"圆弧"命令各个选项含义如表 3-4 所示。

表 3-4　"圆弧"命令各选项含义

选　项	含　义
11 种圆弧绘制方法	用命令行方式画圆弧时,可以根据系统提示选择不同的选项,具体功能和用"绘制"菜单中的"圆弧"子菜单提供的 11 种方式的功能相似。这 11 种方式绘制的圆弧分别如图 3-10(a)~(k)所示
连续	需要强调的是"连续"方式,绘制的圆弧与上一线段或圆弧相切,连续画圆弧段,因此提供端点即可

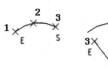
三点
(a)

起点、圆心、端点
(b)

起点、圆心、角度
(c)

起点、圆心、长度
(d)

起点、端点、角度
(e)

起点、端点、方向
(f)

起点、端点、半径
(g)

圆心、起点、端点
(h)

圆心、起点、角度
(i)

圆心、起点、长度
(j)

连续
(k)

图 3-10　11 种圆弧绘制方法

3.2.4　上机练习——五瓣梅

练习目标

本实例绘制的五瓣梅,如图 3-11 所示。

设计思路

本实例绘制的五瓣梅,利用了圆弧命令来进行绘制,按照逆时针的方向并采用了多种方法绘制圆弧,最终绘制出五瓣梅。

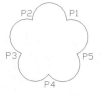
图 3-11　五瓣梅

操作步骤

(1) 单击"默认"选项卡"绘图"面板中的"圆弧"按钮，绘制第一段圆弧,命令行提示与操作如下。

```
命令: _arc
指定圆弧的起点或 [圆心(C)]: 140,110
指定圆弧的第二个点或 [圆心(C)/端点(E)]: E
指定圆弧的端点: @40<180
指定圆弧的中心点(按住 Ctrl 键以切换方向)或 [角度(A)/方向(D)/半径(R)]: R
指定圆弧的半径(按住 Ctrl 键以切换方向): 20
```

(2) 单击"默认"选项卡"绘图"面板中的"圆弧"按钮，绘制第二段圆弧,命令行提示与操作如下。

```
命令：_arc
指定圆弧的起点或 [圆心(C)]:(选择刚才绘制的圆弧端点 P2)
指定圆弧的第二个点或 [圆心(C)/端点(E)]: E↙
指定圆弧的端点：@40＜252↙
指定圆弧的中心点(按住 Ctrl 键以切换方向)或 [角度(A)/方向(D)/半径(R)]: A↙
指定夹角(按住 Ctrl 键以切换方向)：180↙
```

（3）单击"默认"选项卡"绘图"面板中的"圆弧"按钮 ⌒，绘制第三段圆弧，命令行提示与操作如下。

```
命令：_arc
指定圆弧的起点或 [圆心(C)]:选择步骤(3)中绘制的圆弧端点 P3
指定圆弧的第二个点或 [圆心(C)/端点(E)]: C↙
指定圆弧的圆心：@20＜324↙
指定圆弧的端点(按住 Ctrl 键以切换方向)或 [角度(A)/弦长(L)]: A↙
指定夹角(按住 Ctrl 键以切换方向)：180↙
```

（4）单击"默认"选项卡"绘图"面板中的"圆弧"按钮 ⌒，绘制第四段圆弧，命令行提示与操作如下。

```
命令：_arc
指定圆弧的起点或 [圆心(C)]:选择步骤(4)中绘制圆弧的端点 P4
指定圆弧的第二个点或 [圆心(C)/端点(E)]: C↙
指定圆弧的圆心：@20＜36↙
指定圆弧的端点(按住 Ctrl 键以切换方向)或 [角度(A)/弦长(L)]: L↙
指定弦长(按住 Ctrl 键以切换方向)：40↙
```

（5）单击"默认"选项卡"绘图"面板中的"圆弧"按钮 ⌒，绘制第五段圆弧，命令行提示与操作如下。

```
命令：_arc
指定圆弧的起点或 [圆心(C)]:(选择步骤(5)中绘制的圆弧端点 P5)
指定圆弧的第二个点或 [圆心(C)/端点(E)]: E↙
指定圆弧的端点：(选择圆弧起点 P1)
指定圆弧的中心点(按住 Ctrl 键以切换方向)或 [角度(A)/方向(D)/半径(R)]: D↙
指定圆弧的相切方向(按住 Ctrl 键以切换方向)：@20＜20↙
```

完成五瓣梅的绘制，最终绘制结果如图 3-11 所示。

3.2.5　绘制椭圆与椭圆弧

1. 执行方式

命令行：ELLIPSE。

菜单："绘图"→"椭圆"→"圆弧"。

工具栏："绘图"→"椭圆" ⬯ 或"绘图"→"椭圆弧" ⬮。

功能区：单击❶"默认"选项卡❷"绘图"面板中的❸"椭圆"下拉菜单(图 3-12)。

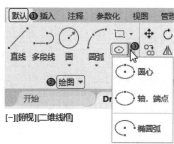

图 3-12 "椭圆"下拉菜单

2. 操作步骤

命令：ELLIPSE
指定椭圆的轴端点或 [圆弧(A)/中心点(C)]：
指定轴的另一个端点：
指定另一条半轴长度或 [旋转(R)]：

3. 选项说明

"椭圆与椭圆弧"命令各个选项含义如表 3-5 所示。

表 3-5 "椭圆与椭圆弧"命令各个选项含义

选 项		含 义
指定椭圆的轴端点		根据两个端点定义椭圆的第一条轴,第一条轴的角度确定了整个椭圆的角度。第一条轴既可定义椭圆的长轴,也可定义其短轴
椭圆弧(A)		用于创建一段椭圆弧。与"工具栏:绘图→椭圆弧"功能相同。其中第一条轴的角度确定了椭圆弧的角度。第一条轴既可定义为椭圆弧长轴也可定义为椭圆弧短轴。选择该项,系统继续提示:
		指定椭圆弧的轴端点或 [中心点(C)]:(指定端点或输入 C) 指定轴的另一个端点:(指定另一端点) 指定另一条半轴长度或 [旋转(R)]: (指定另一条半轴长度或输入 R) 指定起点角度或 [参数(P)]:(指定起始角度或输入 P) 指定端点角度或 [参数(P)/夹角(I)]:
		其中各选项含义如下
	角度	指定椭圆弧端点的两种方式之一,光标与椭圆中心点连线的夹角为椭圆弧端点位置的角度
	参数(P)	指定椭圆弧端点的另一种方式,该方式同样是指定椭圆弧端点的角度,但通过以下矢量参数方程式创建椭圆弧。 $$p(u) = c + a\cos u + b\sin u$$ 其中,c 是椭圆的中心点,a 和 b 分别是椭圆的长轴和短轴,u 为光标与椭圆中心点连线的夹角
	夹角(I)	定义从起始角度开始的包含角度

选　　项	含　　义
中心点(C)	通过指定的中心点创建椭圆
旋转(R)	通过绕第一条轴旋转圆来创建椭圆。相当于将一个圆绕椭圆轴翻转一个角度后的投影视图

3.2.6　上机练习——盥洗盆

练习目标

绘制如图 3-13 所示的盥洗盆图形。

设计思路

图 3-13　盥洗盆图形

本实例绘制的盥洗盆图形,首先利用直线和圆命令绘制水龙头和水龙头的按钮,然后利用椭圆和椭圆弧命令绘制脸盆外沿和部分内沿,最后利用圆弧命令绘制剩余盥洗盆内沿部分,最终绘制出盥洗盆图形。

操作步骤

(1) 单击"默认"选项卡"绘图"面板中的"矩形"按钮 ▢ (此命令会在以后详细讲述),绘制水龙头图形,结果如图 3-14 所示。命令行操作与提示如下:

```
命令: RECTANG↙
指定第一个角点或 [倒角(C)/标高(E)/圆角(F)/厚度(T)/宽度(W)]:(用鼠标指定一个点)
指定另一个角点或 [面积(A)/尺寸(D)/旋转(R)]:(用鼠标指定另一个点,如图 3-15 所示)
命令: RECTANG↙
指定第一个角点或 [倒角(C)/标高(E)/圆角(F)/厚度(T)/宽度(W)]:(用鼠标在上面绘制矩形的上边上适当位置指定一个点)
指定另一个角点或 [面积(A)/尺寸(D)/旋转(R)]:(用鼠标向右上方指定另一个点,如图 3-14 所示)
```

(2) 单击"默认"选项卡"绘图"面板中的"圆"按钮 ⊙ ,绘制两个水龙头旋钮,结果如图 3-15 所示。

图 3-14　绘制水龙头　　　　　图 3-15　绘制旋钮

(3) 单击"默认"选项卡"绘图"面板中的"椭圆"按钮 ⬭ ,绘制盥洗盆外沿,命令行提示与操作如下:

```
命令: _ELLIPSE
指定椭圆的轴端点或 [圆弧(A)/中心点(C)]:(用鼠标指定椭圆轴端点)
指定轴的另一个端点:(用鼠标指定另一端点)
指定另一条半轴长度或 [旋转(R)]:(用鼠标在屏幕上拉出另一半轴长度)
```

绘制结果如图 3-16 所示。

（4）单击"默认"选项卡"绘图"面板中的"椭圆弧"按钮 ，绘制盥洗盆部分内沿，命令行提示与操作如下：

命令：_ELLIPSE(选择工具栏或绘图菜单中的椭圆弧命令)
指定椭圆的轴端点或 [圆弧(A)/中心点(C)]：_A
指定椭圆弧的轴端点或 [中心点(C)]：C
指定椭圆弧的中心点：(单击状态栏"对象捕捉"按钮，捕捉刚才绘制的椭圆中心点，关于"捕捉"，后面进行介绍)
指定轴的端点：(适当指定一点)
指定另一条半轴长度或 [旋转(R)]：R
指定绕长轴旋转的角度：(用鼠标指定椭圆轴端点)
指定起点角度或 [参数(P)]：(用鼠标拉出起始角度)
指定端点角度或 [参数(P)/夹角(I)]：(用鼠标拉出终止角度)

绘制结果如图 3-17 所示。

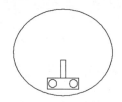
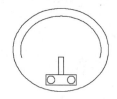

图 3-16　绘制盥洗盆外沿　　　　图 3-17　绘制盥洗盆部分内沿

（5）单击"默认"选项卡"绘图"面板中的"圆弧"按钮 ，绘制盥洗盆其他部分内沿。最终结果如图 3-13 所示。

3.3　平面图形

3.3.1　绘制矩形

1. 执行方式

命令行：RECTANG(缩写名：REC)。

菜单："绘图"→"矩形"。

工具栏："绘图"→"矩形" 。

功能区：单击"默认"选项卡"绘图"面板中的"矩形"按钮 。

2. 操作步骤

命令：RECTANG✓
指定第一个角点或 [倒角(C)/标高(E)/圆角(F)/厚度(T)/宽度(W)]：
指定另一个角点或 [面积(A)/尺寸(D)/旋转(R)]：

3. 选项说明

"矩形"命令各个选项含义如表 3-6 所示。

表 3-6 "矩形"命令选项含义

选 项	含 义
第一个角点	通过指定两个角点确定矩形,如图 3-18(a)所示
倒角(C)	指定倒角距离,绘制带倒角的矩形(图 3-18(b)),每一个角点的逆时针和顺时针方向的倒角可以相同,也可以不同,其中第一个倒角距离是指角点逆时针方向的倒角距离,第二个倒角距离是指角点顺时针方向的倒角距离
标高(E)	指定矩形标高(Z 坐标),即把矩形放置在标高为 Z 并与 XOY 坐标面平行的平面上,并作为后续矩形的标高值
圆角(F)	指定圆角半径,绘制带圆角的矩形,如图 3-18(c)所示
厚度(T)	指定矩形的厚度,如图 3-18(d)所示
宽度(W)	指定线宽,如图 3-18(e)所示
面积(A)	指定面积和长或宽创建矩形。选择该项,命令行提示与操作如下。 输入以当前单位计算的矩形面积 <20.0000>:输入面积值 计算矩形标注时依据 [长度(L)/宽度(W)] <长度>:按<Enter>键或输入"W" 输入矩形长度 <4.0000>: 指定长度或宽度 指定长度或宽度后,系统自动计算另一个维度,绘制出矩形。如果矩形被倒角或圆角,则长度或面积计算中也会考虑此设置,如图 3-19 所示
尺寸(D)	使用长和宽创建矩形,第二个指定点将矩形定位在与第一角点相关的四个位置之内
旋转(R)	使所绘制的矩形旋转一定角度。选择该项,命令行提示与操作如下。 指定旋转角度或 [拾取点(P)] <135>:指定角度 指定另一个角点或 [面积(A)/尺寸(D)/旋转(R)]:指定另一个角点或选择其他选项 指定旋转角度后,系统按指定角度创建矩形,如图 3-20 所示

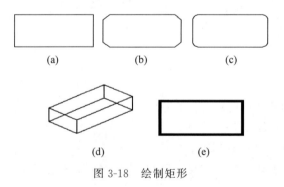

(a)　　　　　　　(b)　　　　　　　(c)

(d)　　　　　　　(e)

图 3-18 绘制矩形

倒角距离(1,1);　　圆角半径:1.0;
面积:20,长度:6　面积:20,长度:6

图 3-19 按面积绘制矩形

图 3-20 按指定旋转角度创建矩形

Note

3.3.2　上机练习——单扇平开门

 练习目标

绘制如图 3-21 所示的单扇平开门。

 设计思路

本实例绘制的单扇平开门,首先利用直线命令绘制左、右两个门框,然后利用矩形命令绘制门,最后利用圆弧命令绘制圆弧。

 操作步骤

(1) 单击"默认"选项卡"绘图"面板中的"直线"按钮 ╱ 绘制门框,如图 3-22 所示。

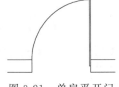

图 3-21　单扇平开门

图 3-22　绘制左门框

```
命令: LINE↙
指定第一个点: 0,0↙
指定下一个点或 [放弃(U)]: 100,0↙
指定下一个点或 [退出(E)/放弃(U)]: 100,50↙
指定下一个点或 [关闭(C)/退出(X)/放弃(U)]: 0,50↙
指定下一个点或 [关闭(C)/退出(X)/放弃(U)]: ↙(结果如图 3-22 所示)
命令: _LINE (单击"默认"选项卡"绘图"面板中的"直线"按钮 ╱)
指定第一个点: 440,0↙
指定下一个点或 [退出(E)/放弃(U)]: @-100,0↙(相对直角坐标数值输入方法,此方法便于控制线段长度)
指定下一个点或 [关闭(C)/退出(X)/放弃(U)]: @0,50↙
指定下一个点或 [关闭(C)/退出(X)/放弃(U)]: @100,0↙
指定下一个点或 [关闭(C)/退出(X)/放弃(U)]: ↙(结果如图 3-23 所示)
```

(2) 单击"默认"选项卡"绘图"面板中的"矩形"按钮 ☐ 绘制门。命令行提示与操作如下:

```
命令: _RECTANG
指定第一个角点或 [倒角(C)/标高(E)/圆角(F)/厚度(T)/宽度(W)]: 340,25↙
指定另一个角点或 [面积(A)/尺寸(D)/旋转(R)]: 335,290↙
```

结果如图 3-24 所示。

| 图 3-23 绘制右门框 | 图 3-24 绘制门 |

(3) 单击"默认"选项卡"绘图"面板中的"圆弧"按钮 绘制圆弧。命令行提示与操作如下：

```
命令：_ARC
指定圆弧的起点或[圆心(C)]：335,290↙
指定圆弧的第二个点或[圆心(C)/端点(E)]：e↙
指定圆弧的端点：100,50↙
指定圆弧的中心点(按住 Ctrl 键以切换方向)或[角度(A)/方向(D)/半径(R)]：340,50↙
```

最终结果如图 3-21 所示。

3.3.3 绘制多边形

1. 执行方式

命令行：POLYGON。
菜单："绘图"→"多边形"。
工具栏："绘图"→"多边形" 。
功能区：单击"默认"选项卡"绘图"面板中的"多边形"按钮 。

2. 操作步骤

```
命令：POLYGON
输入侧面数<4>：(指定多边形的边数,默认值为4)
指定正多边形的中心点或[边(E)]：(指定中心点)
输入选项[内接于圆(I)/外切于圆(C)]<I>：(指定是内接于圆或外切于圆,I 表示内接于圆,
如图 3-25(a)所示,C 表示外切于圆,如图 3-25(b)所示)
指定圆的半径：(指定外接圆或内切圆的半径)
```

3. 选项说明

"多边形"命令各个选项含义如表 3-7 所示。

表 3-7 "多边形"命令各选项含义

选 项	含 义
多段线(P)	如果选择"边"选项,则只要指定多边形的一条边,系统就会按逆时针方向创建该正多边形,如图 3-25(c)所示

(a) (b) (c)

图 3-25　画正多边形

3.3.4　上机练习——园凳

 练习目标

绘制如图 3-26 所示的园凳。

 设计思路

本实例绘制的园凳,首先设置了图形界限,然后利用多边形命令绘制 2 个多边形,最终完成对园凳的绘制。

 **操作步骤**

1. 设置图幅界限

选择菜单栏中的"格式"→"图形界限"命令,设置图幅界限:297mm×210mm。

2. 绘制轮廓线

(1) 单击"默认"选项卡"绘图"面板中的"多边形"按钮 ⬠ ,绘制外轮廓线。命令行提示与操作如下:

```
命令:POLYGON
输入侧面数<8>:8
指定正多边形的中心点或[边(E)]:0,0
输入选项[内接于圆(I)/外切于圆(C)]<I>:c
指定圆的半径:100
```

绘制结果如图 3-27 所示。

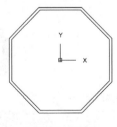 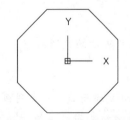

图 3-26　园凳　　　　图 3-27　绘制轮廓线图

(2) 用同样方法绘制另一个正多边形,中心点在(0,0)的正八边形,其内切圆半径为 90mm。绘制结果如图 3-26 所示。

3.4　多　段　线

　　多段线是一种由线段和圆弧组合而成的不同线宽的多线,这种线由于其组合形式的多样和线宽的不同,弥补了直线或圆弧功能的不足,适合绘制各种复杂的图形轮廓,因而得到广泛的应用。

3.4.1　绘制多段线

1. 执行方式

命令行:PLINE(缩写名:PL)。

菜单:"绘图"→"多段线"。

工具栏:"绘图"→"多段线"　　。

功能区:单击"默认"选项卡"绘图"面板中的"多段线"按钮　　。

2. 操作步骤

```
命令: PLINE
指定起点:(指定多段线的起点)
当前线宽为 0.0000
指定下一个点或 [圆弧(A)/半宽(H)/长度(L)/放弃(U)/宽度(W)]:(指定多段线的下一个点)
```

3. 选项说明

　　多段线主要由不同长度的连续的线段或圆弧组成,如果在上述提示中选"圆弧"命令,则命令行提示:

```
指定圆弧的端点(按住 Ctrl 键以切换方向)或[角度(A)/圆心(CE)/闭合(CL)/方向(D)/半宽(H)/
直线(L)/半径(R)/第二个点(S)/放弃(U)/宽度(W)]:
```

　　绘制圆弧的方法与"圆弧"命令相似。

3.4.2　上机练习——交通标志的绘制

 练习目标

　　绘制如图 3-28 所示的交通标志。

 设计思路

　　本实例绘制的交通标志,主要用到圆环、多段线命令。在绘制过程中,必须注意不同线条绘制的先后顺序。

图 3-28　交通标志

 操作步骤

　　(1) 单击"默认"选项卡"绘图"面板中的"圆环"按钮 ◎ ,命令行提示与操作如下:

3-7

```
命令：_DONUT
指定圆环的内径 <0.5000>: 110 ↙
指定圆环的外径 <1.0000>: 140 ↙
指定圆环的中心点或 <退出>: 100,100 ↙
```

结果如图 3-29 所示。

（2）单击"默认"选项卡"绘图"面板中的"多段线"按钮 ，绘制斜线。命令行提示与操作如下：

```
命令：_PLINE
指定起点：(在圆环左上方适当捕捉一点)
当前线宽为 0.0000
指定下一个点或 [圆弧(A)/半宽(H)/长度(L)/放弃(U)/宽度(W)]: W ↙
指定起点宽度 <0.0000>: 10 ↙
指定端点宽度 <20.0000>: ↙
指定下一个点或 [圆弧(A)/半宽(H)/长度(L)/放弃(U)/宽度(W)]: (斜向向下在圆环上捕捉一点)
指定下一个点或 [圆弧(A)/闭合(C)/半宽(H)/长度(L)/放弃(U)/宽度(W)]: ↙
```

结果如图 3-30 所示。

（3）设置当前图层颜色为黑色。单击"默认"选项卡"绘图"面板中的"圆环"按钮 ，绘制圆心坐标为(128,83)和(83,83)，圆环内径为 9mm，外径为 14mm 的两个圆环，结果如图 3-31 所示。

图 3-29　绘制圆环　　　　图 3-30　绘制斜杠　　　　图 3-31　绘制轮胎

（4）单击"默认"选项卡"绘图"面板中的"多段线"按钮 ，绘制车身。命令行提示与操作如下：

```
命令：_PLINE
指定起点：140,83
当前线宽为 0.0000
指定下一个点或 [圆弧(A)/半宽(H)/长度(L)/放弃(U)/宽度(W)]: 136.775,83
指定下一个点或 [圆弧(A)/闭合(C)/半宽(H)/长度(L)/放弃(U)/宽度(W)]: A
指定圆弧的端点(按住 Ctrl 键以切换方向)或 [角度(A)/圆心(CE)/闭合(CL)/方向(D)/
半宽(H)/直线(L)/半径(R)/第二个点(S)/放弃(U)/宽度(W)]: CE
指定圆弧的圆心：128,83
指定圆弧的端点(按住 Ctrl 键以切换方向)或[角度(A)/长度(L)]: (指定一点(在极限追踪的
条件下拖动鼠标向左在屏幕上单击))
指定圆弧的端点(按住 Ctrl 键以切换方向)或 [角度(A)/圆心(CE)/闭合(CL)/方向(D)/
半宽(H)/直线(L)/半径(R)/第二个点(S)/放弃(U)/宽度(W)]: l  //输入 L 选项。
指定下一个点或 [圆弧(A)/闭合(C)/半宽(H)/长度(L)/放弃(U)/宽度(W)]: @-27.22,0
```

指定下一个点或 [圆弧(A)/闭合(C)/半宽(H)/长度(L)/放弃(U)/宽度(W)]: A
指定圆弧的端点(按住 Ctrl 键以切换方向)或[角度(A)/圆心(CE)/闭合(CL)/方向(D)/半宽(H)/
直线(L)/半径(R)/第二个点(S)/放弃(U)/宽度(W)]: CE
指定圆弧的圆心: 83,83
指定圆弧的端点或 [角度(A)/长度(L)]: A
指定夹角(按住 Ctrl 键以切换方向): 180
指定圆弧的端点(按住 Ctrl 键以切换方向)或[角度(A)/圆心(CE)/闭合(CL)/方向(D)/半宽(H)/
直线(L)/半径(R)/第二个点(S)/放弃(U)/宽度(W)]: l //输入 L 选项.
指定下一个点或 [圆弧(A)/闭合(C)/半宽(H)/长度(L)/放弃(U)/宽度(W)]: 58,83
指定下一个点或 [圆弧(A)/闭合(C)/半宽(H)/长度(L)/放弃(U)/宽度(W)]: 58,104.5
指定下一个点或 [圆弧(A)/闭合(C)/半宽(H)/长度(L)/放弃(U)/宽度(W)]: 71,127
指定下一个点或 [圆弧(A)/闭合(C)/半宽(H)/长度(L)/放弃(U)/宽度(W)]: 82,127
指定下一个点或 [圆弧(A)/闭合(C)/半宽(H)/长度(L)/放弃(U)/宽度(W)]: 82,106
指定下一个点或 [圆弧(A)/闭合(C)/半宽(H)/长度(L)/放弃(U)/宽度(W)]: 140,106
指定下一个点或 [圆弧(A)/闭合(C)/半宽(H)/长度(L)/放弃(U)/宽度(W)]: C

结果如图 3-32 所示。

图 3-32　绘制车身

(5) 单击"默认"选项卡"绘图"面板中的"矩形"按钮 □ ,在车身后部合适的位置
绘制几个矩形作为货箱,结果如图 3-28 所示。

3.5　样条曲线

AutoCAD 使用一种称为非一致有理 B 样条(NURBS)曲线的特殊样条曲线类型。
NURBS 曲线在控制点之间产生一条光滑的样条曲线,如图 3-33 所示。样条曲线可用
于创建形状不规则的曲线,例如,为地理信息系统(GIS)应用或汽车设计绘制轮
廓线。

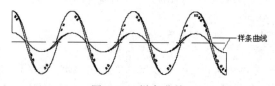

图 3-33　样条曲线

3.5.1　绘制样条曲线

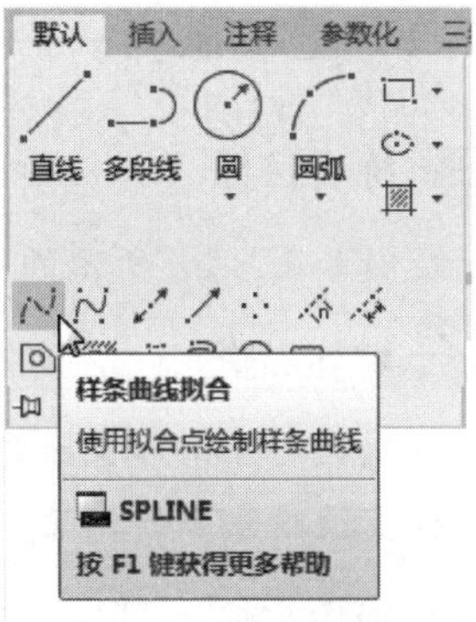

1．执行方式

命令行：SPLINE。

菜单："绘图"→"样条曲线"。

工具栏："绘图"→"样条曲线" ∿ 。

功能区：单击"默认"选项卡"绘图"面板中的"样条曲线拟合"按钮 ∿ 或"样条曲线控制点"按钮 ∿ ，如图 3-34 所示。

图 3-34　"绘图"面板

2．操作步骤

命令：SPLINE↙
当前设置：方式 = 拟合 节点 = 弦
指定第一个点或 [方式(M)/节点(K)/对象(O)]：(指定一点或选择"对象(O)"选项)
输入下一个点或 [起点切向(T)/公差(L)]：(指定一点)
输入下一个点或 [端点相切(T)/公差(L)/放弃(U)]：
输入下一个点或 [端点相切(T)/公差(L)/放弃(U)/闭合(C)]：

3．选项说明

"样条曲线"命令各个选项含义如表 3-8 所示。

表 3-8　"样条曲线"命令选项含义

选　　项	含　　义
方式(M)	控制是使用拟合点还是使用控制点来创建样条曲线。选项会因选择的是使用拟合点创建样条曲线的选项还是使用控制点创建样条曲线的选项而异
节点(K)	指定节点参数化，它会影响曲线在通过拟合点时的形状(SPLKNOTS 系统变量)
对象(O)	将二维或三维的二次或三次样条曲线拟合多段线转换为等价的样条曲线，然后(根据 DELOBJ 系统变量的设置)删除该多段线
起点切向(T)	基于切向创建样条曲线
端点相切(T)	停止基于切向创建曲线。可通过指定拟合点继续创建样条曲线。选择"端点相切"后，将提示您指定最后一个输入拟合点的最后一个切点
公差(L)	指定距样条曲线必须经过的指定拟合点的距离。公差应用于除起点和端点外的所有拟合点
闭合(C)	将最后一点定义为与第一点一致，并使它在连接处相切，这样可以闭合样条曲线。选择该项，系统继续提示： 指定切向：(指定点或按 Enter 键) 用户可以指定一点来定义切向矢量，或者使用"切点"和"垂足"对象捕捉模式使样条曲线与现有对象相切或垂直

3-8

Note

3.5.2 上机练习——壁灯

 练习目标

绘制如图 3-35 所示的壁灯。

 设计思路

首先利用矩形和直线命令绘制底座,然后利用多段线命令绘制灯罩,最后利用样条曲线和多段线命令绘制装饰,最终完成对壁灯的绘制。

操作步骤

(1) 单击"默认"选项卡"绘图"面板中的"矩形"按钮 ,在适当位置绘制一个尺寸为 220mm×50mm 的矩形。

(2) 单击"默认"选项卡"绘图"面板中的"直线"按钮 ,在矩形中绘制 5 条水平直线。结果如图 3-36 所示。

图 3-35　壁灯

图 3-36　绘制底座

(3) 单击"默认"选项卡"绘图"面板中的"多段线"按钮 ,绘制灯罩。命令行提示与操作如下:

```
命令: _PLINE
指定起点:(在矩形上方适当位置)
当前线宽为 0.0000
指定下一个点或 [圆弧(A)/半宽(H)/长度(L)/放弃(U)/宽度(W)]: A
指定圆弧的端点(按住 Ctrl 键以切换方向)或[角度(A)/圆心(CE)/方向(D)/半宽(H)/直线(L)/
半径(R)/第二个点(S)/放弃(U)/宽度(W)]: S
指定圆弧上的第二个点:(捕捉矩形上边线中点)
指定圆弧的端点:
指定圆弧的端点(按住 Ctrl 键以切换方向)或[角度(A)/圆心(CE)/闭合(CL)/方向(D)/半宽(H)/
直线(L)/半径(R)/第二个点(S)/放弃(U)/宽度(W)]: L
指定下一个点或 [圆弧(A)/闭合(C)/半宽(H)/长度(L)/放弃(U)/宽度(W)]:(捕捉圆弧起点)
```

重复"多段线"命令,在灯罩上绘制一个不等四边形,如图 3-37 所示。

(4) 单击"默认"选项卡"绘图"面板中的"样条曲线拟合"按钮 ,绘制装饰物,如图 3-38 所示。

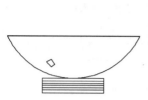

图 3-37 绘制灯罩　　　　　　　　图 3-38 绘制装饰物

（5）单击"默认"选项卡"绘图"面板中的"多段线"按钮 ，在矩形的两侧绘制月亮装饰，如图 3-35 所示。

3.6　多　　线

多线是一种复合线，由连续的直线段复合组成。多线的一个突出优点是能够提高绘图效率，保证图线之间的统一性。

3.6.1　绘制多线

1. 执行方式

命令行：MLINE。

菜单："绘图"→"多线"。

2. 操作步骤

```
命令:MLINE
当前设置:对正 = 上,比例 = 20.00,样式 = STANDARD
指定起点或 [对正(J)/比例(S)/样式(ST)]:(指定起点)
指定下一个点:(给定下一个点)
指定下一个点或 [放弃(U)]:(继续给定下一个点,绘制线段。输入"U",则放弃前一段的绘制;右击或按 Enter 键,结束命令)
指定下一个点或 [闭合(C)/放弃(U)]:(继续给定下一个点,绘制线段。输入"C",则闭合线段,结束命令)
```

3. 选项说明

"多线"命令各个选项含义如表 3-9 所示。

表 3-9　"多线"命令选项含义

选　　项	含　　义
对正(J)	该项用于指定绘制多线的基准。共有三种对正类型，分别是"上""无""下"。其中，"上"表示以多线上侧的线为基准，其他两项依此类推

选　项	含　义
比例(S)	选择该项,要求用户设置平行线的间距。输入值为零时,平行线重合;输入值为负时,多线的排列倒置
样式(ST)	用于设置当前使用的多线样式

3.6.2　定义多线样式

1.执行方式

命令行:MLSTYLE。

2.操作步骤

执行上述命令后,打开如图 3-39 所示的"多线样式"对话框。在该对话框中,用户可以对多线样式进行定义、保存和加载等操作。

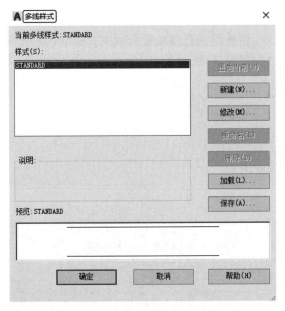

图 3-39　"多线样式"对话框

3.6.3　编辑多线

1.执行方式

命令行:MLEDIT。

菜单:"修改"→"对象"→"多线"。

2.操作步骤

执行上述命令后,打开"多线编辑工具"对话框,如图 3-40 所示。

利用该对话框,可以创建或修改多线的模式。对话框中分四列显示了示例图形。

Note

图 3-40 "多线编辑工具"对话框

其中,第一列管理十字交叉形式的多线,第二列管理 T 形多线,第三列管理拐角接合点和节点形式的多线,第四列管理多线被剪切或连接的形式。

单击选择某个示例图形,然后单击"关闭"按钮,就可以调用该项编辑功能。

3.6.4 上机练习——墙体

 练习目标

绘制如图 3-41 所示的墙体。

设计思路

首先利用构造线命令绘制辅助线,然后设置多线样式,并利用多线命令绘制墙体,最后将所绘制的墙体进行编辑操作,结果如图 3-41 所示。

 操作步骤

(1)单击"默认"选项卡"绘图"面板中的"构造线"按钮 ,绘制一条水平构造线和一条竖直构造线,组成"十"字形辅助线,如图 3-42 所示。

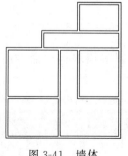

图 3-41 墙体

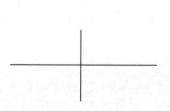

图 3-42 "十"字形辅助线

（2）单击"默认"选项卡"修改"面板中的"偏移"按钮 ，将水平构造线依次向上偏移 5100mm、1800mm 和 3000mm，偏移得到的水平构造线如图 3-43 所示。重复"偏移"命令，将垂直构造线依次向右偏移 3900mm、1800mm、2100mm 和 4500，结果如图 3-44 所示。

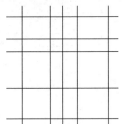

图 3-43　水平构造线　　　　　图 3-44　居室的辅助线网格

（3）选择菜单栏中的"格式"→"多线样式"命令，系统打开"多线样式"对话框，在该对话框中单击"新建"按钮，系统打开"创建新的多线样式"对话框，在该对话框的"新样式名"文本框中输入"墙体线"，单击"继续"按钮。

（4）系统打开"新建多线样式：墙体线"对话框，进行如图 3-45 所示的设置。

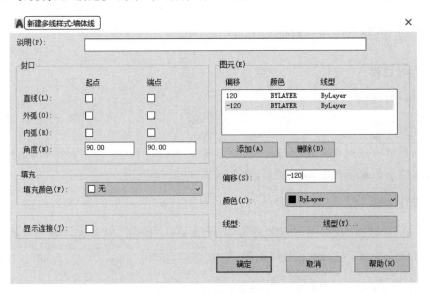

图 3-45　设置多线样式

（5）选择菜单栏中的"绘图"→"多线"命令，绘制多线墙体。命令行提示与操作如下：

```
命令：MLINE
当前设置：对正 = 上,比例 = 20.00,样式 = STANDARD
指定起点或 [对正(J)/比例(S)/样式(ST)]：S
输入多线比例 <20.00>：1
当前设置：对正 = 上,比例 = 1.00,样式 = STANDARD
指定起点或 [对正(J)/比例(S)/样式(ST)]：J
```

输入对正类型 [上(T)/无(Z)/下(B)] <上>: Z
当前设置: 对正 = 无,比例 = 1.00,样式 = STANDARD
指定起点或 [对正(J)/比例(S)/样式(ST)]:(在绘制的辅助线交点上指定一点)
指定下一个点:(在绘制的辅助线交点上指定下一个点)
指定下一个点或 [放弃(U)]:(在绘制的辅助线交点上指定下一个点)
指定下一个点或 [闭合(C)/放弃(U)]:(在绘制的辅助线交点上指定下一个点)
指定下一个点或 [闭合(C)/放弃(U)]:C
根据辅助线网格,用相同方法绘制多线,绘制结果如图 3-46 所示

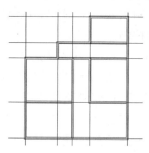

图 3-46 全部多线绘制结果

(6)编辑多线。选择菜单栏中的"修改"→"对象"→"多线"命令,系统打开"多线编辑工具"对话框,如图 3-40 所示。单击其中的"T 形合并"选项,单击"关闭"按钮后,命令行提示与操作如下:

命令:MLEDIT
选择第一条多线:(选择多线)
选择第二条多线:(选择多线)
选择第一条多线或 [放弃(U)]:

重复"编辑多线"命令继续进行多线编辑,编辑的最终结果如图 3-41 所示。

3.7 图案填充

当用户需要用一个重复的图案(pattern)填充某个区域时,可以使用 BHATCH 命令建立一个相关联的填充阴影对象,即所谓的图案填充。

3.7.1 基本概念

1. 图案边界

当进行图案填充时,首先要确定图案填充的边界。定义边界的对象只能是直线、双向射线、单向射线、多段线、样条曲线、圆弧、圆、椭圆、椭圆弧、面域等对象或用这些对象定义的块,而且作为边界的对象,在当前屏幕上必须全部可见。

2.孤岛

在进行图案填充时,把位于总填充域内的封闭区域称为孤岛,如图 3-47 所示。在用 BHATCH 命令进行图案填充时,AutoCAD 允许用户以拾取点的方式确定填充边界,即在希望填充的区域内任意拾取一点,AutoCAD 会自动确定出填充边界,同时确定该边界内的孤岛。如果用户是以点取对象的方式确定填充边界的,则必须确切地点取这些孤岛,有关知识将在 3.7.2 节中介绍。

3.填充方式

在进行图案填充时,需要控制填充的范围,AutoCAD 系统为用户设置了以下三种填充方式,以实现对填充范围的控制。

(1) 普通方式:如图 3-48(a)所示,该方式从边界开始,从每条填充线或每个剖面符号的两端向里画,遇到内部对象与之相交时,填充线或剖面符号断开,直至遇到下一次相交时再继续画。采用这种方式时,要避免填充线或剖面符号与内部对象的相交次数为奇数。该方式为系统内部的默认方式。

(2) 最外层方式:如图 3-48(b)所示,该方式从边界开始,向里画剖面符号,只要在边界内部与对象相交,则剖面符号由此断开,而不再继续画。

(3) 忽略方式:如图 3-48(c)所示,该方式忽略边界内部的对象,所有内部结构都被剖面符号覆盖。

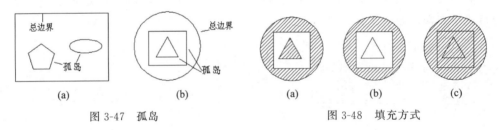

图 3-47　孤岛　　　　　　　　　图 3-48　填充方式

3.7.2　图案填充的操作

1.执行方式

命令行:BHATCH。

菜单:"绘图"→"图案填充"。

工具栏:"绘图"→"图案填充"▨ 或"绘图"→"渐变色"▤ 。

2.操作步骤

执行上述命令后,系统打开如图 3-49 所示的"图案填充创建"选项卡。

图 3-49　"图案填充创建"选项卡

3．选项说明

"图案填充"命令各个选项含义如表 3-10 所示。

表 3-10　"图案填充"命令各选项含义

选　项	含　义
"边界"面板	拾取点：通过选择由一个或多个对象形成的封闭区域内的点，确定图案填充边界（图 3-50）。指定内部点时，可以随时在绘图区域中右击以显示包含多个选项的快捷菜单
	选择边界对象：指定基于选定对象的图案填充边界。使用该选项时，不会自动检测内部对象，必须选择选定边界内的对象，以按照当前孤岛检测样式填充这些对象（图 3-51）
	删除边界对象：从边界定义中删除之前添加的所有对象，如图 3-52 所示
	重新创建边界：围绕选定的图案填充或填充对象创建多段线或面域，并使其与图案填充对象相关联（可选）
	显示边界对象：选择构成选定关联图案填充对象的边界的对象，使用显示的夹点可修改图案填充边界
	指定如何处理图案填充边界对象。选项包括以下内容。 • 不保留边界：不创建独立的图案填充边界对象。 • 保留边界-多段线：创建封闭图案填充对象的多段线。 • 保留边界-面域：创建封闭图案填充对象的面域对象。 • 选择新边界集：指定对象的有限集（称为边界集），以便通过创建图案填充时的拾取点进行计算
"图案"面板	显示所有预定义和自定义图案的预览图像
"特性"面板	图案填充类型：指定是使用纯色、渐变色、图案还是用户定义的填充
	图案填充颜色：替代实体填充和填充图案的当前颜色
	背景色：指定填充图案背景的颜色
	图案填充透明度：设定新图案填充或填充的透明度，替代当前对象的透明度
	图案填充角度：指定图案填充或填充的角度
	填充图案比例：放大或缩小预定义或自定义填充图案
	相对图纸空间：（仅在布局中可用）相对于图纸空间单位缩放填充图案。使用此选项，可很容易地做到以适合于布局的比例显示填充图案
	双向：（仅当"图案填充类型"设定为"用户定义"时可用）将绘制第二组直线，与原始直线成 90°，从而构成交叉线
	ISO 笔宽：（仅对于预定义的 ISO 图案可用）基于选定的笔宽缩放 ISO 图案
"原点"面板	设定原点：直接指定新的图案填充原点
	左下：将图案填充原点设定在图案填充边界矩形范围的左下角
	右下：将图案填充原点设定在图案填充边界矩形范围的右下角
	左上：将图案填充原点设定在图案填充边界矩形范围的左上角
	右上：将图案填充原点设定在图案填充边界矩形范围的右上角
	中心：将图案填充原点设定在图案填充边界矩形范围的中心
	使用当前原点：将图案填充原点设定在 HPORIGIN 系统变量中存储的默认位置
	存储为默认原点：将新图案填充原点的值存储在 HPORIGIN 系统变量中

续表

选　项	含　义
"选项"面板	关联：指定图案填充或填充为关联图案填充。关联的图案填充或填充在用户修改其边界对象时将会更新
	注释性：指定图案填充为注释性。此特性会自动完成缩放注释过程，从而使注释能够以正确的大小在图纸上打印或显示。 特性匹配方式如下。 • 使用当前原点：使用选定图案填充对象(除图案填充原点外)设定图案填充的特性。 • 使用源图案填充的原点：使用选定图案填充对象(包括图案填充原点)设定图案填充的特性
	允许的间隙：设定将对象用作图案填充边界时可以忽略的最大间隙。默认值为0，此值指定对象必须封闭区域而没有间隙
	创建独立的图案填充：控制当指定了几个单独的闭合边界时，是创建单个图案填充对象，还是创建多个图案填充对象
	孤岛检测方式如下。 • 普通孤岛检测：从外部边界向内填充。如果遇到内部孤岛，填充将关闭，直到遇到孤岛中的另一个孤岛。 • 外部孤岛检测：从外部边界向内填充。此选项仅填充指定的区域，不会影响内部孤岛。 • 忽略孤岛检测：忽略所有内部的对象，填充图案时将通过这些对象
	绘图次序：为图案填充或填充指定绘图次序。选项包括不更改、后置、前置、置于边界之后和置于边界之前
"关闭"面板	关闭"图案填充创建"：退出 BHATCH 并关闭上下文选项卡。也可以按 Enter 键或 Esc 键退出 BHATCH

选择一点　　　　　　　填充区域　　　　　　　填充结果

图 3-50　边界确定

　　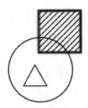　　

原始图形　　　　　　选取边界对象　　　　　　填充结果

图 3-51　选择边界对象

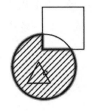

选取边界对象　　　　　　　删除边界　　　　　　　填充结果

图 3-52　删除"岛"后的边界

3.7.3　编辑填充的图案

利用 HATCHEDIT 命令,编辑已经填充的图案。

1. 执行方式

命令行：HATCHEDIT。

菜单："修改"→"对象"→"图案填充"。

工具栏："修改Ⅱ"→"编辑图案填充" 📐 。

功能区：单击"默认"选项卡"修改"面板中的"编辑图案填充"按钮 📐 。

2. 操作步骤

执行上述命令后,AutoCAD 会给出下面提示：

选择关联填充对象：

选取关联填充物体后,系统打开如图 3-53 所示的"图案填充编辑"对话框。

图 3-53　"图案填充编辑"对话框

在图 3-53 中，只有正常显示的选项，才可以对其进行操作。该对话框中各项的含义与图 3-49 所示的"图案填充创建"选项卡中各项的含义相同。利用该对话框，可以对已填充的图案进行一系列的编辑修改。

3.7.4 上机练习——公园一角

练习目标

绘制如图 3-54 所示的公园一角。

设计思路

本例首先利用矩形和样条曲线命令绘制公园一角的外轮廓，然后利用图案填充命令对图形进行图案填充，最终完成对公园一角图形的绘制。

操作步骤

（1）单击"默认"选项卡"绘图"面板中的"矩形"按钮 ▢ 和"样条曲线拟合"按钮 ∿ 绘制花园外形，如图 3-55 所示。

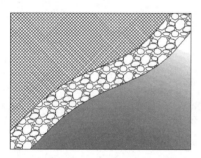

图 3-54　公园一角

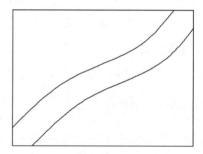

图 3-55　花园外形

（2）单击"默认"选项卡"绘图"面板中的"图案填充"按钮 ▨，系统打开"图案填充创建"选项卡，选择"GRAVEL"的图案，进行填充，如图 3-56 所示，完成鹅卵石小路的绘制，结果如图 3-57 所示。

图 3-56　"图案填充创建"选项卡

（3）从图 3-57 中可以看出，填充图案过于细密，可以对其进行编辑修改。选中填充图案，系统打开"图案填充创建"选项卡，将图案填充"比例"改为"3"，修改后的填充图案如图 3-58 所示。

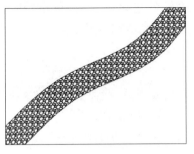

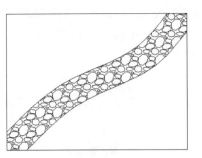

图 3-57 填充小路　　　　　　　　　　图 3-58 修改后的填充图案

（4）单击"默认"选项卡"绘图"面板中的"图案填充"按钮圖，系统弹出"图案填充创建"选项卡，单击"选项"面板中的斜三角按钮，打开"图案填充和渐变色"对话框，在"图案填充"选项卡中选择图案"类型"为"用户定义"，填充"角度"为45，选中"双向"复选框，"间距"为10，如图3-59所示。单击"拾取点"按钮，在绘制的图形左上方拾取一点，按Enter键，完成草坪的绘制，如图3-60所示。

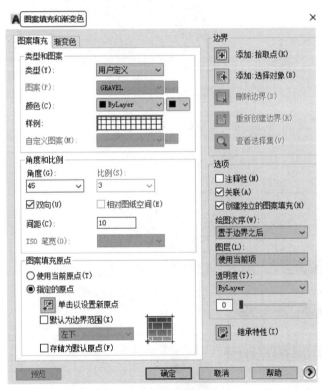

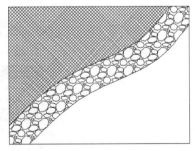

图 3-59 "图案填充和渐变色"对话框　　　　　图 3-60 填充草坪

（5）单击"默认"选项卡"绘图"面板中的"图案填充"按钮圖，系统弹出"图案填充创建"选项卡，单击"选项"面板中的斜三角按钮，打开"图案填充和渐变色"对话框，在"渐变色"选项卡中选中"单色"单选按钮，如图3-61所示。单击"单色"显示框右侧的按钮，打开"选择颜色"对话框，选择如图3-62所示的绿色，单击"确定"按钮，返回"图案填充和渐变色"对话框,选择如图 3-63 所示的颜色变化方式后,单击"拾取点"按钮 ,在绘制的图形右下方拾取一点,按 Enter 键,完成池塘的绘制,最终绘制结果如图 3-54 所示。

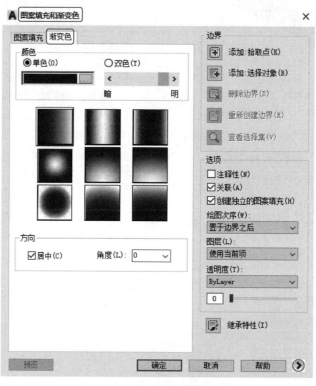

图 3-61　"渐变色"选项卡

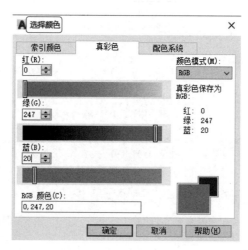

图 3-62　"选择颜色"对话框

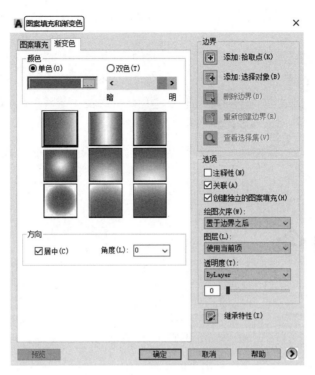

图 3-63 选择颜色变化方式

第 **4** 章

编辑命令

本 章 导 读

　　使用二维图形编辑操作配合绘图命令,可以进一步完成复杂图形的绘制工作,并可使用户合理安排和组织图形,保证作图准确,减少重复,对编辑命令的熟练掌握和使用有助于提高设计和绘图的效率。本章主要介绍复制类命令、改变位置类命令、删除及恢复类命令、改变几何特性类命令和对象编辑命令。

学 习 要 点

◆ 选择对象

◆ 删除及恢复类命令

◆ 复制类命令

◆ 改变位置类命令

◆ 改变几何特性类命令

◆ 对象编辑

4.1 选择对象

　　AutoCAD 2022 提供两种编辑图形的途径：第一种是先执行编辑命令，然后选择要编辑的对象；第二种是先选择要编辑的对象，然后执行编辑命令。

　　这两种途径的执行效果是相同的，但选择对象是进行编辑的前提。AutoCAD 2022 提供了多种对象选择方法，如点取方法、用选择窗口选择对象、用选择线选择对象、用对话框选择对象等。AutoCAD 可以把选择的多个对象组成整体，如选择集和对象组，进行整体编辑与修改。

　　下面结合 SELECT 命令说明选择对象的方法。

　　SELECT 命令可以单独使用，也可以在执行其他编辑命令时被自动调用。此时屏幕提示：

> 选择对象：
> 等待用户以某种方式选择对象作为回答. AutoCAD 2022 提供多种选择方式，可以输入"?"查看这些选择方式. 选择选项后，出现如下提示：
> 需要点或窗口(W)/上一个(L)/窗交(C)/框(BOX)/全部(ALL)/栏选(F)/圈围(WP)/圈交(CP)/编组(G)/添加(A)/删除(R)/多个(M)/前一个(P)/放弃(U)/自动(AU)/单个(SI)/子对象(SU)/对象(O)

　　上面各选项的含义如下。

1. 点

　　该选项表示直接通过点取的方式选择对象。用鼠标或键盘移动拾取框，使其框住要选取的对象，然后单击，就会选中该对象并以高亮度显示。

2. 窗口(W)

　　用由两个对角顶点确定的矩形窗口选取位于其范围内部的所有图形，与边界相交的对象不会被选中。在指定对角顶点时，应该遵循从左向右的顺序，如图 4-1 所示。

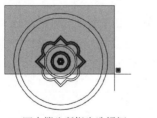

　　(a)图中箭头所指为选择框　　　　　　(b)选择后的图形

图 4-1 "窗口"对象选择方式

3. 上一个(L)

　　在"选择对象："提示下输入"L"后，按 Enter 键，系统会自动选取最后绘出的一个对象。

4. 窗交(C)

　　该方式与上述"窗口"方式类似，区别在于它不但选中矩形窗口内部的对象，也选中与矩形窗口边界相交的对象。选择的对象如图 4-2 所示。

(a) 图中箭头所指为选择框　　　(b) 选择后的图形

图 4-2　"窗交"对象选择方式

5．框（BOX）

使用时，系统根据用户在屏幕上给出的两个对角点的位置自动引用"窗口"或"窗交"方式。若从左向右指定对角点，则为"窗口"方式；反之，则为"窗交"方式。

6．全部（ALL）

选取图面上的所有对象。

7．栏选（F）

用户临时绘制一些直线，这些直线不必构成封闭图形，凡是与这些直线相交的对象均被选中。绘制结果如图 4-3 所示。

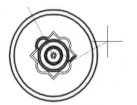

(a) 图中虚线为选择栏　　　(b) 选择后的图形

图 4-3　"栏选"对象选择方式

8．圈围（WP）

使用一个不规则的多边形来选择对象。根据提示，用户顺次输入构成多边形的所有顶点的坐标，最后按 Enter 键结束操作，系统将自动连接第一个顶点到最后一个顶点的各个顶点，形成封闭的多边形。凡是被多边形围住的对象均被选中（不包括边界）。执行结果如图 4-4 所示。

(a) 箭头所指十字线拉出的多边形为选择框　　　(b) 选择后的图形

图 4-4　"圈围"对象选择方式

9. 圈交(CP)

类似于"圈围"方式,在"选择对象:"提示后输入CP,后续操作与"圈围"方式相同。区别在于,与多边形边界相交的对象也被选中。

☎ **注意**:若矩形框从左向右定义,即第一个选择的对角点为左侧的对角点,矩形框内部的对象被选中,框外部的及与矩形框边界相交的对象不会被选中。若矩形框从右向左定义,矩形框内部及与矩形框边界相交的对象都会被选中。

4.2　删除及恢复类命令

这类命令主要用于删除图形的某部分,或对已被删除的部分进行恢复,包括删除、回退、重做、清除等命令。

4.2.1　删除命令

如果所绘制的图形不符合要求,或错绘了图形,则可以使用删除命令"ERASE"把它删除。

1. 执行方式

命令行:ERASE。

菜单:"修改"→"删除"。

工具栏:"修改"→"删除" 🖊 。

快捷菜单:选择要删除的对象,在绘图区右击,从打开的右键快捷菜单上选择"删除"命令。

功能区:单击"默认"选项卡"修改"面板中的"删除"按钮 🖊 。

2. 操作步骤

可以先选择对象,然后调用删除命令;也可以先调用删除命令,然后再选择对象。选择对象时,可以使用前面介绍的各种对象选择的方法。

当选择多个对象时,多个对象都被删除;若选择的对象属于某个对象组,则该对象组的所有对象都被删除。

4.2.2　恢复命令

若误删除了图形,则可以使用恢复命令"OOPS"恢复误删除的对象。

1. 执行方式

命令行:OOPS或U。

工具栏:"标准工具栏"→"放弃"按钮 ⬅ ▾ 。

快捷键:Ctrl+Z。

2. 操作步骤

在命令行窗口的提示行上输入"OOPS",按Enter键。

4.3　复制类命令

本节详细介绍 AutoCAD 2022 的复制类命令。利用这些复制类命令，可以方便地编辑绘制图形。

4.3.1　复制命令

1. 执行方式

命令行：COPY。

菜单："修改"→"复制"。

工具栏："修改"→"复制" 。

快捷菜单：选择要复制的对象，在绘图区右击，从打开的右键快捷菜单上选择"复制选择"命令。

功能区：单击"默认"选项卡"修改"面板中的"复制"按钮 ，如图 4-5 所示。

图 4-5　"修改"面板 1

2. 操作步骤

```
命令：COPY
选择对象：(选择要复制的对象)
```

用前面介绍的对象选择方法选择一个或多个对象，按 Enter 键，结束选择操作。系统继续提示：

```
当前设置：复制模式 = 多个
指定基点或 [位移(D)/模式(O)] <位移>：
```

3. 选项说明

"复制"命令各个选项的含义如表 4-1 所示。

表 4-1　"复制"命令各选项含义

选　　项	含　　义
指定基点	指定一个坐标点后，AutoCAD 2022 把该点作为复制对象的基点，并提示： 指定第二个点或 [阵列(A)]或 <用第一个点作位移>： 指定第二个点后，系统将根据这两点确定的位移矢量把选择的对象复制到第二个点处。如果此时直接按 Enter 键，即选择默认的"用第一个点作位移"，则第一个点

续表

选　　项	含　　义
指定基点	被当作相对于 X、Y、Z 的位移。例如,如果指定基点为(2,3)并在下一个提示下按 Enter 键,则该对象从它当前的位置开始,在 X 方向上移动 2 个单位,在 Y 方向上移动 3 个单位。复制完成后,系统会继续提示: 指定位移的第二个点或 [阵列(A)]<使用第一个点作为位移>: 这时,可以不断指定新的第二点,从而实现多重复制
位移(D)	直接输入位移值,表示以选择对象时的拾取点为基准,以拾取点坐标为移动方向,沿纵横比移动指定位移后所确定的点为基点。例如,选择对象时的拾取点坐标为(2,3),输入位移为 5,则表示以(2,3)点为基准,沿纵横比为 3∶2 的方向移动 5 个单位所确定的点为基点
模式(O)	控制是否自动重复该命令,确定复制模式是单个还是多个

4.3.2　上机练习——十字走向交叉口盲道

 练习目标

绘制如图 4-6 所示的十字走向交叉口盲道。

 **设计思路**

首先利用直线和矩形等命令绘制盲道交叉口,然后利用圆和矩形等命令绘制交叉口提示圆形盲道,最后进行复制操作,完成十字走向交叉口盲道的绘制。

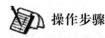 **操作步骤**

十字走向

图 4-6　十字走向交叉口盲道

1．绘制盲道交叉口

(1) 单击"默认"选项卡"绘图"面板中的"矩形"按钮 ▭ ,绘制尺寸为 30mm×30mm 的矩形。

(2) 在状态栏打开"正交模式"按钮 ∟。单击"默认"选项卡"绘图"面板中的"直线"按钮 ∕,沿矩形宽度方向沿中点向上绘制长为 10mm 的直线,然后向下绘制长为 20mm 的直线,如图 4-7 所示。

(3) 单击"默认"选项卡"修改"面板中的"复制"按钮 ⅜,复制刚绘制好的直线。水平向右复制的距离分别为 3.75mm、11.25mm、18.75mm、26.25mm。命令行提示与操作如下:

```
命令:_COPY
选择对象:(选择刚刚绘制好的直线)
当前设置:复制模式 = 多个
指定基点或 [位移(D)/模式(O)] <位移>:(在绘图区任意指定一点作为复制的基点)
指定第二个点或 [阵列(A)] <使用第一个点作为位移>:(方向为水平向右,输入的距离为 3.75)
指定第二个点或 [阵列(A)/退出(E)/放弃(U)] <退出>:
......
```

Note

4-1

（4）按键盘上的 Delete 键，删除长为 10mm 的直线。完成的图形如图 4-8 所示。

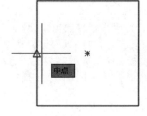

图 4-7　矩形宽度方向绘制直线

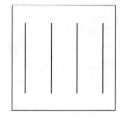

图 4-8　交叉口行进盲道

2. 绘制交叉口提示圆形盲道

（1）复制矩形，在状态栏单击打开"对象捕捉"按钮 和"对象捕捉追踪"按钮 。单击"默认"选项卡"修改"面板中的"复制"按钮 ，捕捉矩形的左上顶点，将其复制到原矩形的右侧，结果如图 4-9 所示。

（2）单击"默认"选项卡"绘图"面板中的"圆"按钮 ，绘制半径为 11mm 的圆。完成的操作如图 4-10 所示。

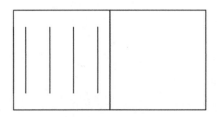

图 4-9　捕捉矩形中点

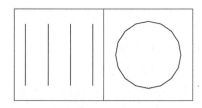

图 4-10　绘制十字走向交叉口

（3）单击"默认"选项卡"修改"面板中的"复制"按钮 ，复制十字走向交叉口盲道，如图 4-6 所示。

4.3.3　镜像命令

镜像对象是指把选择的对象以一条镜像线为对称轴进行镜像后的对象。镜像操作完成后，可以保留原对象，也可以将其删除。

1. 执行方式

命令行：MIRROR。

菜单："修改"→"镜像"。

工具栏："修改"→"镜像" 。

功能区：单击"默认"选项卡"修改"面板中的"镜像"按钮 。

2. 操作步骤

```
命令:MIRROR
选择对象:(选择要镜像的对象)
```

指定镜像线的第一个点:(指定镜像线的第一个点)
指定镜像线的第二个点:(指定镜像线的第二个点)
要删除源对象?[是(Y)/否(N)] <否>:(确定是否删除原对象)

这两点确定一条镜像线,被选择的对象以该线为对称轴进行镜像。包含该线的镜像平面与用户坐标系统的 XY 平面垂直,即镜像操作在与用户坐标系统的 XY 平面平行的平面上工作。

4-2

4.3.4　上机练习——道路截面

练习目标

绘制如图 4-11 所示的道路截面。

**设计思路**

本例利用图层特性管理器新建两个图层,然后利用直线和复制等命令绘制道路的

图 4-11　道路截面

左侧图形,最后利用上面所学的镜像命令,最终绘制出道路截面。

**操作步骤**

(1) 新建两个图层,设置路基路面图层和道路中线图层的属性,如图 4-12 所示。

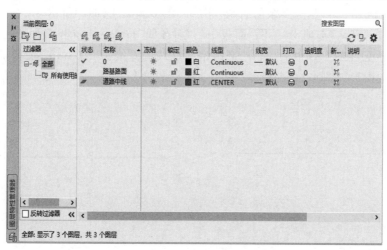

图 4-12　图层设计

(2) 把路基路面图层设置为当前图层。在状态栏,打开"正交模式"按钮 ，单击"默认"选项卡"绘图"面板中的"直线"按钮 ，绘制一条水平长为 21mm 的直线。

(3) 把"道路中线"图层设置为当前图层。右击"对象捕捉",选择"对象捕捉设置……",进入"草图设置"对话框,选择需要的对象捕捉模式,操作和设置,如图 4-13 所示。

(4) 单击"默认"选项卡"绘图"面板中的"直线"按钮 ，绘制道路中心线。完成的图形如图 4-14(a)所示。

(5) 单击"默认"选项卡"修改"面板中的"复制"按钮 ，复制道路路基路面线,复

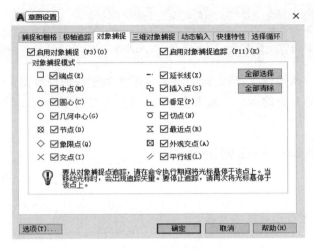

图 4-13　对象捕捉设置

制的位移为 0.14mm。

（6）单击"默认"选项卡"绘图"面板中的"直线"按钮╱，连接 DA 和 AE。完成的图形如图 4-14（b）所示。

（7）单击"默认"选项卡"绘图"面板中的"直线"按钮╱，指定 E 点为第一点，第二点沿垂直方向向上移动 0.09mm，沿水平方向向右移动 4.5mm，然后进行整理。

（8）按 Delete 键，删除多余的直线，完成的图形如图 4-14（c）所示。

（9）单击"默认"选项卡"绘图"面板中的"多段线"按钮　，加粗路面路基。指定 A 点为起点，然后在命令行中输入"w"来确定多段线的宽度为 0.05mm，加粗 AE，EF 和 FG。完成的图形如图 4-14（d）所示。

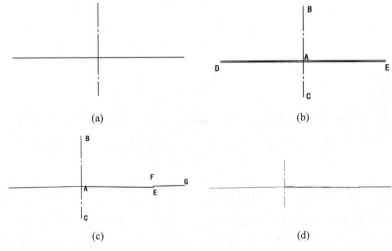

(a)　　　　　　　　　(b)

(c)　　　　　　　　　(d)

图 4-14　道路路面绘制流程图

（10）单击"默认"选项卡"修改"面板中的"镜像"按钮 ⚠，镜像多段线 AEFG，完成的图形如图 4-11 所示。命令行操作与提示如下：

```
命令: _MIRROR
选择对象:(选择 AEFG 组成的路面路基)
指定镜像线的第一个点:(选择 B 点)
指定镜像线的第二个点:(选择 C 点)
要删除源对象吗?[是(Y)/否(N)] <否>:
```

4.3.5 偏移命令

偏移对象是指保持选择的对象的形状,在不同的位置以不同的尺寸大小新建的一个对象。

1. 执行方式

命令行: OFFSET。

菜单:"修改"→"偏移"。

工具栏:"修改"→"偏移" ⊑ 。

功能区:单击"默认"选项卡"修改"面板中的"偏移"按钮 ⊑ 。

2. 操作步骤

```
命令: OFFSET
当前设置: 删除源 = 否 图层 = 源 OFFSETGAPTYPE = 0
指定偏移距离或 [通过(T)/删除(E)/图层(L)] <通过>:(指定距离值)
选择要偏移的对象,或 [退出(E)/放弃(U)] <退出>:(选择要偏移的对象,按 Enter 键,会结束操作)
指定要偏移的那一侧上的点,或 [退出(E)/多个(M)/放弃(U)] <退出>:(指定偏移方向)
```

3. 选项说明

"偏移"命令各个选项的含义如表 4-2 所示。

表 4-2 "偏移"命令各选项含义

选 项	含 义
指定偏移距离	输入一个距离值,或按 Enter 键,使用当前的距离值,系统把该距离值作为偏移距离,如图 4-15 所示
通过(T)	指定偏移对象的通过点。选择该选项后出现如下提示: 选择要偏移的对象或 <退出>:(选择要偏移的对象,按 Enter 键,结束操作) 指定通过点:(指定偏移对象的一个通过点) 操作完毕后,系统根据指定的通过点绘出偏移对象,如图 4-16 所示
删除(E)	偏移后,将源对象删除。选择该选项后出现如下提示: 要在偏移后删除源对象吗?[是(Y)/否(N)] <否>:
图层(L)	确定将偏移对象创建在当前图层上还是源对象所在的图层上。选择该选项后出现如下提示: 输入偏移对象的图层选项 [当前(C)/源(S)] <源>:

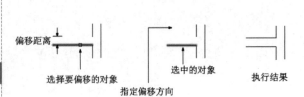

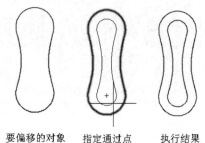

图 4-15 指定偏移对象的距离　　　　图 4-16 指定偏移对象的通过点

4.3.6 上机练习——桥梁钢筋剖面

 练习目标

绘制如图 4-17 所示的桥梁钢筋剖面。

 设计思路

首先绘制桥梁钢筋剖面的轮廓线,然后绘制内部的钢筋,最终利用移动和复制命令完成对桥梁钢筋剖面的绘制。

 操作步骤

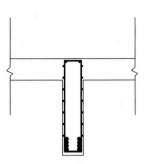

图 4-17 桥梁钢筋剖面

1. 绘制直线

在状态栏单击"正交模式"按钮 ,打开正交模式,单击"默认"选项卡"绘图"面板中的"直线"按钮 ╱,在屏幕上任意指定一点,以坐标点(@−200,0)(@0,700)(@−500,0)(@0,200)(@1200,0)(@0,−200)(@−500,0)(@0,−700)绘制直线,如图 4-18 所示。

2. 绘制折断线

单击"默认"选项卡"绘图"面板中的"直线"按钮 ╱,绘制直线,然后单击"默认"选项卡"修改"面板中的"修剪"按钮 ✂(在后面章节中将详细讲述),修剪掉多余的直线,完成的图形如图 4-19 所示。

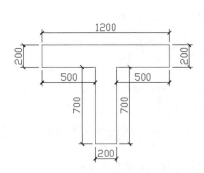

图 4-18 1—1 剖面轮廓线绘制

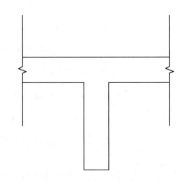

图 4-19 1—1 剖面折断线绘制

3. 绘制钢筋

(1)单击"默认"选项卡"修改"面板中的"偏移"按钮 ⟲,绘制钢筋定位线。将直线

AB 作为偏移的对象进行偏移,偏移距离设置为 35mm。命令行操作与提示如下:

```
命令:_OFFSET
当前设置:删除源=否 图层=源 OFFSETGAPTYPE=0
指定偏移距离或[通过(T)/删除(E)/图层(L)]<通过>:35
选择要偏移的对象,或[退出(E)/放弃(U)]<退出>:(选择直线AB)
……
```

重复使用偏移命令,将其余三条直线 AC、BD 和 EF 也进行偏移,偏移的距离设置为 20mm,如图 4-20 所示。

(2) 在状态栏单击"对象捕捉"按钮，打开对象捕捉模式。单击"极轴追踪"按钮，打开极轴追踪。

(3) 单击"默认"选项卡"绘图"面板中的"多段线"按钮，绘制架立筋。在命令行中输入"w"设置线宽为 10mm。完成的图形如图 4-21 所示。

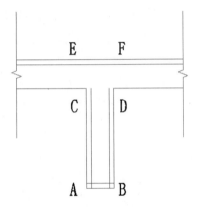

图 4-20　1—1 剖面钢筋定位线绘制

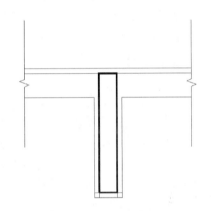

图 4-21　钢筋绘制流程图(一)

(4) 按 Delete 键,删除钢筋定位直线。完成的图形如图 4-22 所示。

(5) 单击"默认"选项卡"绘图"面板中的"圆"按钮，绘制两个直径分别为 14mm 和 32mm 的圆,完成的图形如图 4-23(a)所示。

(6) 单击"默认"选项卡"绘图"面板中的"图案填充"按钮，选择"SOLID"图例进行填充。完成的图形如图 4-23(b)所示。

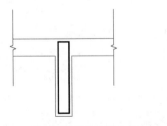

图 4-22　钢筋绘制流程图(二)

(a)　　　　　(b)

图 4-23　钢筋绘制流程图(三)

(7) 单击"默认"选项卡"修改"面板中的"移动"按钮、"复制"按钮，移动和复制刚刚填充好的钢筋到相应的位置,完成的图形如图 4-17 所示。

4.3.7 阵列命令

阵列是指多重复制选择对象,并把这些副本按矩形或环形排列。把副本按矩形排列称为建立矩形阵列,把副本按环形排列称为建立极阵列。建立极阵列时,应该控制复制对象的次数和对象是否被旋转;建立矩形阵列时,应该控制行和列的数量以及对象副本之间的距离。

用该命令可以建立矩形阵列、极阵列(环形)和旋转的矩形阵列。

1. 执行方式

命令行:ARRAY。

菜单:"修改"→"阵列"。

工具栏:"修改"→"矩形阵列"按钮、"路径阵列"按钮和"环形阵列"按钮。

功能区:单击"默认"选项卡"修改"面板中的"矩形阵列"按钮、"路径阵列"按钮、"环形阵列"按钮,如图4-24所示。

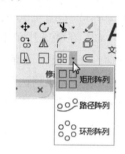

图4-24 "阵列"下拉列表

2. 操作步骤

```
命令:_ARRAYPATH
选择对象:
类型 = 路径 关联 = 是
选择路径曲线:(选择一条曲线作为阵列路径)
选择夹点以编辑阵列或[关联(AS)/方法(M)/基点(B)/切向(T)/项目(I)/行(R)/层(L)/对齐项
目(A)/Z方向(Z)/退出(X)]<退出>:(通过夹点,调整阵列行数和层数;也可以分别选择各选项
输入数值)
```

3. 选项说明

各个选项的含义如下。

(1)矩形(R)(命令行:ARRAYRECT):将选定对象的副本分布到行数、列数和层数的任意组合。通过夹点调整阵列间距、列数、行数和层数;也可以分别选择各选项输入数值。

(2)极轴(PO):在绕中心点或旋转轴的环形阵列中均匀分布对象副本。选择该选项后,界面出现如下提示。

```
指定阵列的中心点或[基点(B)/旋转轴(A)]:(选择中心点、基点或旋转轴)
选择夹点以编辑阵列或[关联(AS)/基点(B)/项目(I)/项目间角度(A)/填充角度(F)/行(ROW)/
层(L)/旋转项目(ROT)/退出(X)]<退出>:(通过夹点,调整角度,填充角度;也可以分别选择各选
项输入数值)
```

4.3.8 上机练习——提示盲道

 **练习目标**

4-4

绘制如图4-25所示的提示盲道。

设计思路

首先利用直线命令绘制两条直线，然后利用矩形阵列命令绘制方格图形，最后利用圆、复制命令绘制剩余图形，最终结果如图 4-25 所示。

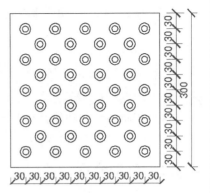

图 4-25　提示盲道

操作步骤

（1）单击"默认"选项卡"绘图"面板中的"直线"按钮 ╱，绘制两条长为 300mm 且正交的直线。完成的图形如图 4-26(a) 所示。

（2）单击"默认"选项卡"修改"面板中的"矩形阵列"按钮 品，将竖直直线向右阵列 11 列，列数之间的距离为 30mm，命令行提示与操作如下：

```
命令：_ARRAYRECT
选择对象：(选择竖直直线)
类型 = 矩形 关联 = 是
选择夹点以编辑阵列或 [关联(AS)/基点(B)/计数(COU)/间距(S)/列数(COL)/行数(R)/层数(L)/退出(X)] <退出>: R
输入行数数或 [表达式(E)] <3>: 1
指定行数之间的距离或 [总计(T)/表达式(E)] <450>: 1
指定行数之间的标高增量或 [表达式(E)] <0>:
选择夹点以编辑阵列或 [关联(AS)/基点(B)/计数(COU)/间距(S)/列数(COL)/行数(R)/层数(L)/退出(X)] <退出>: COL
输入列数数或 [表达式(E)] <4>: 11
指定列数之间的距离或 [总计(T)/表达式(E)] <1>: 30
选择夹点以编辑阵列或 [关联(AS)/基点(B)/计数(COU)/间距(S)/列数(COL)/行数(R)/层数(L)/退出(X)] <退出>:
```

重复"矩形阵列"命令，将水平直线向上阵列 11 行，行数之间的距离为 30mm，列数为 1，列数之间的距离为 1mm，完成方格图形的绘制，如图 4-26(b) 所示。

（3）单击"默认"选项卡"绘图"面板中的"圆"按钮 ⊙，绘制两个同心圆。半径分别为 4mm 和 11mm。完成的图形如图 4-26(c) 所示。

（4）单击"默认"选项卡"修改"面板中的"复制"按钮 ♋，复制同心圆到方格网交点。完成的图形如图 4-27 所示。

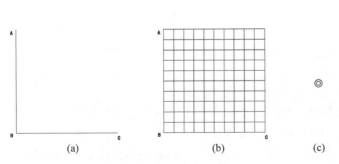

图 4-26　网格绘制流程

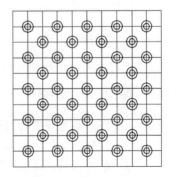

图 4-27　方格网阵列

（5）按 Delete 键，删除多余直线，然后对该图形进行标注，结果如图 4-25 所示。

4.4　改变位置类命令

这类编辑命令的功能是按照指定要求改变当前图形或图形某部分的位置，主要包括移动、旋转和缩放等命令。

4.4.1　移动命令

1．执行方式

命令行：MOVE。

菜单："修改"→"移动"。

工具栏："修改"→"移动" ✛ 。

快捷菜单：选择要复制的对象，在绘图区右击，从打开的右键快捷菜单上选择"移动"命令。

功能区：单击"默认"选项卡"修改"面板中的"移动"按钮 ✛ 。

2．操作步骤

命令：MOVE
选择对象：(选择对象)

用前面介绍的对象选择方法选择要移动的对象，按 Enter 键，结束选择。系统继续提示：

指定基点或位移：(指定基点或移至点)
指定基点或 [位移(D)] <位移>：(指定基点或位移)
指定第二个点或 <使用第一个点作为位移>：

"移动"命令的选项功能与"复制"命令类似。

4.4.2　上机练习——盆栽

　练习目标

绘制如图 4-28 所示的盆栽。

　设计思路

利用源文件中的植物和花盆图形绘制盆栽。

　操作步骤

（1）打开源文件中的"植物"图形，如图 4-29 所示。

（2）打开源文件中的"花盆"图形，如图 4-30 所示。

（3）单击"默认"选项卡"修改"面板中的"移动"按钮 ✛ ，以植物图形最下面的某一端点为基点，花盆图形最上面某一点为第二点，将植物图形移动到花盆图形上。绘制结

Note

果如图 4-28 所示。

图 4-28　盆栽

图 4-29　植物图形

图 4-30　花盆图形

4.4.3　旋转命令

1. 执行方式

命令行：ROTATE。

菜单："修改"→"旋转"。

工具栏："修改"→"旋转" ↻ 。

快捷菜单：选择要旋转的对象,在绘图区右击,从打开的右键快捷菜单上选择"旋转"命令。

功能区：单击"默认"选项卡"修改"面板中的"旋转"按钮 ↻ 。

2. 操作步骤

```
命令：ROTATE
UCS 当前的正角方向：ANGDIR = 逆时针 ANGBASE = 0
选择对象：(选择要旋转的对象)
指定基点：(指定旋转的基点.在对象内部指定一个坐标点)
指定旋转角度,或 [复制(C)/参照(R)] <0>：(指定旋转角度或其他选项)
```

3. 选项说明

"旋转"命令各个选项的含义如表 4-3 所示。

表 4-3　"旋转"命令各选项含义

选　项	含　义
复制(C)	选择该选项,则在旋转对象的同时保留原对象,如图 4-31 所示
参照(R)	采用参照方式旋转对象时,命令行提示与操作如下： 　　指定参照角 <0>：指定要参照的角度,默认值为 0 　　指定新角度或[点(P)]<0>：输入旋转后的角度值 操作完毕后,对象被旋转至指定的角度位置

注意：可以用拖动鼠标的方法旋转对象。选择对象并指定基点后，从基点到当前光标位置会出现一条连线，鼠标选择的对象会动态地随着该连线与水平方向的夹角的变化而旋转，按 Enter 键，确认旋转操作，如图 4-32 所示。

旋转前　　　　　　　　旋转后

图 4-31　复制旋转

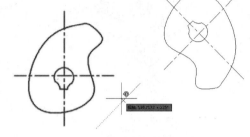

图 4-32　拖动鼠标旋转对象

4.4.4　上机练习——指北针

 练习目标

绘制如图 4-33 所示的指北针。

设计思路

本实例运用到之前学过的二维绘图命令和二维编辑命令，绘制指北针图形。

图 4-33　指北针

操作步骤

（1）单击"默认"选项卡"绘图"面板中的"直线"按钮 ／，任意选择一点，沿水平方向的距离为 30mm。

（2）单击"默认"选项卡"绘图"面板中的"直线"按钮 ／，选择刚刚绘制好的直线的中点，沿垂直方向向下绘制距离为 15mm 的直线，然后沿垂直方向向上绘制距离为 30mm 的直线，完成的图形如图 4-34(a)所示。

（3）单击"默认"选项卡"绘图"面板中的"圆"按钮 ◎，以 A 点作为圆心，绘制半径为 15mm 的圆，完成的图形如图 4-34(b)所示。

（4）单击"默认"选项卡"修改"面板中的"旋转"按钮 ○，将直线 AB 以 B 点为旋转基点旋转 10°。

（5）单击"默认"选项卡"绘图"面板中的"直线"按钮 ／，指定 C 点为第一点，AD 直线的中点 D 点为第二点来绘制直线，如图 4-34(c)所示。

（6）单击"默认"选项卡"修改"面板中的"镜像"按钮 ⚠ ，镜像 BC 和 CD 直线，完成的图形如图 4-34(d)所示。

（7）单击"默认"选项卡"绘图"面板中的"图案填充"按钮 ▨，进入"图案填充创建"选项卡，选择"SOLID"图例，拾取四边 AEFD 内一点进行填充，结果如图 4-34(e)所示。

（8）单击"默认"选项卡"修改"面板中的"删除"按钮 ◢，删除多余的直线，如图 4-35 所示。

（9）单击"默认"选项卡"修改"面板中的"旋转"按钮 ↻ ，旋转指北针图。圆心作为基点，旋转的角度为220°。

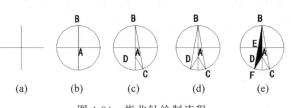

图 4-34　指北针绘制流程

图 4-35　删除辅助线

（10）单击"默认"选项卡"注释"面板中的"多行文字"按钮 **A** ，标注指北针方向，完成的图形如图 4-33 所示。

4.4.5　缩放命令

1．执行方式

命令行：SCALE。

菜单："修改"→"缩放"。

工具栏："修改"→"缩放" ⬚ 。

快捷菜单：选择要缩放的对象，在绘图区右击，从打开的右键快捷菜单上选择"缩放"命令。

功能区：单击"默认"选项卡"修改"面板中的"缩放"按钮 ⬚ 。

2．操作步骤

命令：SCALE
选择对象：(选择要缩放的对象)
指定基点：(指定缩放操作的基点)
指定比例因子或 [复制(C)/参照(R)] < 1.0000 >：

3．选项说明

"缩放"命令各个选项的含义如表 4-4 所示。

表 4-4　"缩放"命令各选项含义

选　项	含　义
参照(R)	采用参考方向缩放对象时，系统提示： 　指定参照长度 <1>:(指定参考长度值) 　指定新的长度或 [点(P)] < 1.0000 >:(指定新长度值) 若新长度值大于参考长度值，则放大对象；否则，缩小对象。操作完毕后，系统以指定的基点按指定的比例因子缩放对象。如果选择"点(P)"选项，则指定两点来定义新的长度

选　　项	含　　义
制定比例因子	选择对象并指定基点后,从基点到当前光标位置会出现一条线段,线段的长度即为比例大小。鼠标选择的对象会动态地随着该连线长度的变化而缩放,按Enter键,确认缩放操作
复制(C)	选择"复制(C)"选项时,可以复制缩放对象,即缩放对象时,保留原对象,如图 4-36 所示

缩放前　　　　　　　　　缩放后

图 4-36　复制缩放

4.4.6　上机练习——紫荆花

 练习目标

绘制如图 4-37 所示的紫荆花。

 **设计思路**

利用"圆弧"命令绘制花瓣,利用"正多边形""直线""修剪"命令绘制五角星,再利用"缩放"命令将绘制好的五角星调整到适当大小,最后利用"环形阵列"命令创建其余花瓣。

 操作步骤

(1) 单击"默认"选项卡"绘图"面板中的"圆弧"按钮 ⌒,绘制花瓣外框,如图 4-38 所示。

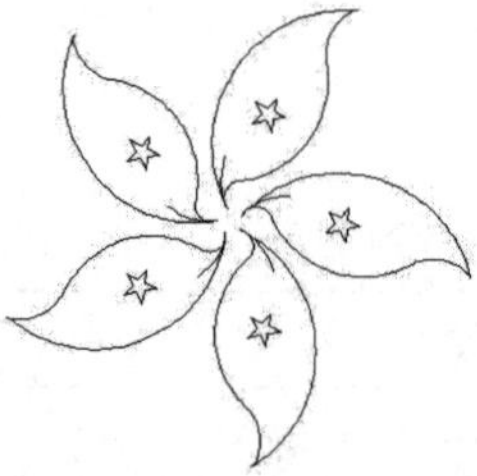

图 4-37　紫荆花 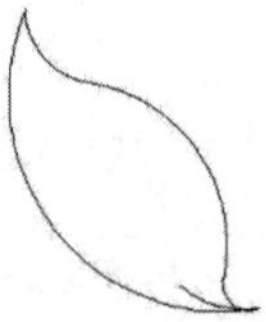　　　　　　　　　　图 4-38　花瓣外框

(2) 单击"默认"选项卡"绘图"面板中的"多边形"按钮 ⬠,绘制花瓣,命令行提示与操作如下。

```
命令: _copyclip
输入侧面数 <4>: 5 ↙
指定正多边形的中心点或 [边(E)]:(指定中心点)
输入选项 [内接于圆(I)/外切于圆(C)] <I>: ↙
指定圆的半径:(指定半径)
```

（3）单击"默认"选项卡"绘图"面板中的"直线"按钮 ∕，绘制连接正五边形的各条线段，结果如图 4-39 所示。

（4）单击"默认"选项卡"修改"面板中的"删除"按钮 ✍，选择正五边形，删除外框，结果如图 4-40 所示。

（5）单击"默认"选项卡"修改"面板中的"修剪"按钮 ✂，将五角星内部线段进行修剪，结果如图 4-41 所示。

图 4-39　绘制五角星　　　图 4-40　删除外框　　　图 4-41　修剪五角星

（6）单击"默认"选项卡"修改"面板中的"缩放"按钮 ▣，将五角星缩放到适当大小，命令行提示与操作如下。

```
命令: _scale
选择对象:(框选修剪的五角星)
选择对象: ↙
指定基点:(指定五角星斜下方凹点)
指定比例因子或 [复制(C)/参照(R)]: 0.5 ↙
```

结果如图 4-42 所示。

（7）单击"默认"选项卡"修改"面板中的"环形阵列"按钮 ❈，项目总数为 5，填充角度为 360，选择花瓣下端点外一点为中心，再选择绘制的花瓣为对象。绘制出的紫荆花图案如图 4-37 所示。

图 4-42　缩放五角星

4.5　改变几何特性类命令

这类编辑命令在对指定对象进行编辑后，使编辑对象的几何特性发生改变，包括圆角、倒角、修剪、延伸、拉长、打断、分解、合并等命令。

4.5.1　圆角命令

圆角是指用指定半径决定的一段平滑的圆弧连接两个对象。系统规定可以圆角连接一对直线段、非圆弧的多段线段、样条曲线、双向无限长线、射线、圆、圆弧和椭圆。可以在任何时刻圆角连接非圆弧多段线的每个节点。

1．执行方式

命令行：FILLET。

菜单："修改"→"圆角"。

工具栏："修改"→"圆角" 。

功能区：单击"默认"选项卡"修改"面板中的"圆角"按钮 。

2．操作步骤

```
命令:FILLET
当前设置：模式 = 修剪,半径 = 0.0000
选择第一个对象或 [放弃(U)/多段线(P)/半径(R)/修剪(T)/多个(M)]:(选择第一个对象或别的选项)
选择第二个对象,或按住 Shift 键选择对象以应用角点或 [半径(R)]:(选择第二个对象)
```

3．选项说明

"圆角"命令各个选项含义如表 4-5 所示。

表 4-5　"圆角"命令各选项含义

选　　项	含　　义
多段线(P)	在一条二维多段线的两段直线段的节点处插入圆滑的弧。选择多段线后，系统会根据指定的圆弧的半径把多段线各顶点用圆滑的弧连接起来
修剪(T)	决定在圆角连接两条边时,是否修剪这两条边,如图 4-43 所示
多个(M)	可以同时对多个对象进行圆角编辑，而不必重新起用命令
	按住 Shift 键并选择两条直线，可以快速创建零距离倒角或零半径圆角

(a) 修剪方式　　　　　(b) 不修剪方式

图 4-43　圆角连接

4.5.2　上机练习——坐便器

 练习目标

绘制如图 4-44 所示的坐便器。

设计思路

本实例利用"直线"命令绘制辅助线，利用"直线""圆弧""复制""镜像""偏移"等命令绘制主体图形，再利用"圆角"命令修改图形，最后利用"圆弧""直线""偏移"命令绘制

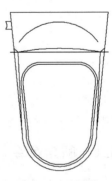

图 4-44　坐便器

4-8

水箱及按钮部分。

操作步骤

（1）将 AutoCAD 2022 中的"对象捕捉"工具栏激活，如图 4-45 所示，留待在绘图过程中使用。

图 4-45 "对象捕捉"工具栏

（2）单击"默认"选项卡"绘图"面板中的"直线"按钮 ，在图中绘制一条长度为 50mm 的水平直线，重复"直线"命令，单击"对象捕捉"工具栏中的"捕捉到中点"按钮 ，再单击水平直线的中点，此时水平直线的中点会出现一个黄色的小三角提示。绘制一条垂直的直线，并移动到合适的位置，作为绘图的辅助线，如图 4-46 所示。

（3）单击"默认"选项卡"绘图"面板中的"直线"按钮 ，再单击水平直线的左端点，输入坐标点(@6，−60)绘制直线，如图 4-47 所示。

（4）单击"默认"选项卡"修改"面板中的"镜像"按钮 ，以垂直直线的两个端点为镜像点，将刚刚绘制的斜向直线镜像到另外一侧，如图 4-48 所示。

图 4-46 绘制辅助线　　图 4-47 绘制直线　　图 4-48 镜像图形

（5）单击"默认"选项卡"绘图"面板中的"圆弧"按钮 ，以斜线下端的端点为起点，如图 4-49 所示，以垂直辅助线上的一点为第二点，以右侧斜线的端点为端点，绘制弧线，如图 4-50 所示。

（6）在图 4-50 中选择水平直线，然后单击"默认"选项卡"修改"面板中的"复制"按钮 ，选择其与垂直直线的交点为基点，然后输入坐标点(@0，−20)，再次复制水平直线，输入坐标点(@0，−25)，如图 4-51 所示。

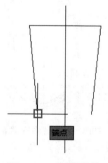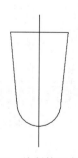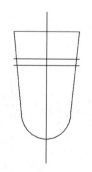

图 4-49 绘制弧线　　图 4-50 绘制第二条弧线　　图 4-51 增加辅助线

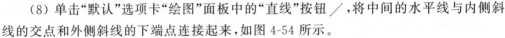

（7）单击"默认"选项卡"修改"面板中的"偏移"按钮 ⊆ ，将右侧斜向直线向左偏移2mm，如图 4-52 所示。重复"偏移"命令，将圆弧和左侧直线复制到内侧，如图 4-53 所示。

（8）单击"默认"选项卡"绘图"面板中的"直线"按钮 ╱ ，将中间的水平线与内侧斜线的交点和外侧斜线的下端点连接起来，如图 4-54 所示。

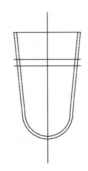
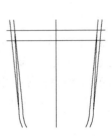

图 4-52　偏移直线　　　　图 4-53　偏移其他图形　　　　图 4-54　连接直线

（9）单击"默认"选项卡"修改"面板中的"圆角"按钮 ╭ ，指定圆角半径为 10mm，依次选择最下面的水平线和内侧的斜向直线，将其交点设置为倒圆角，如图 4-55 所示。依照此方法，将右侧的交点也设置为倒圆角，半径也是 10mm，如图 4-56 所示。命令行提示与操作如下：

```
命令：_FILLET
当前设置：模式 = 修剪，半径 = 0.0000
选择第一个对象或 [放弃(U)/多段线(P)/半径(R)/修剪(T)/多个(M)]：R
指定圆角半径 <0.0000>：10
选择第一个对象或 [放弃(U)/多段线(P)/半径(R)/修剪(T)/多个(M)]：(选择内侧斜向直线)
选择第二个对象，或按住 Shift 键选择对象以应用角点或 [半径(R)]：(选择最下面的水平线)
```

（10）单击"默认"选项卡"修改"面板中的"偏移"按钮 ⊆ ，将椭圆部分向内侧偏移1mm，如图 4-57 所示。

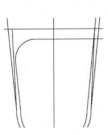

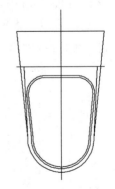

图 4-55　设置倒圆角　　　　图 4-56　设置另外一侧倒圆角　　　　图 4-57　偏移内侧椭圆

（11）在上侧添加弧线和斜向直线，再在左侧添加冲水按钮，即完成了坐便器的绘制，最终结果如图 4-44 所示。

4.5.3　倒角命令

倒角是指用斜线连接两个不平行的线型对象，可以用斜线连接直线段、双向无限长线、射线和多段线。

1．执行方式

命令行：CHAMFER。

菜单：“修改”→“倒角”。

工具栏：“修改”→“倒角” ╱ 。

功能区：“默认”→“修改”→“倒角” ╱ 。

2．操作步骤

命令：CHAMFER
（“不修剪”模式）当前倒角距离 1 = 0.0000，距离 2 = 0.0000
选择第一条直线或 [放弃(U)/多段线(P)/距离(D)/角度(A)/修剪(T)/方式(E)/多个(M)]：
(选择第一条直线或别的选项)
选择第二条直线，或按住 Shift 键选择直线以应用角点或 [距离(D)/角度(A)/方法(M)]：
(选择第二条直线)

3．选项说明

“倒角”命令各个选项含义如表 4-6 所示。

表 4-6　“倒角”命令各选项含义

选　　项	含　　义
距离(D)	选择倒角的两个斜线距离。斜线距离是指从被连接的对象与斜线的交点到被连接的两对象可能的交点之间的距离，如图 4-58 所示。这两个斜线距离可以相同也可以不相同，若二者均为 0，则系统不绘制连接的斜线，而是把两个对象延伸至相交，并修剪超出的部分
角度（A）	选择第一条直线的斜线距离和角度。采用这种方法斜线连接对象时，需要输入两个参数：斜线与一个对象的斜线距离和斜线与该对象的夹角，如图 4-59 所示
多段线(P)	对多段线的各个交叉点进行倒角编辑。为了得到最好的连接效果，一般设置斜线是相等的值。系统根据指定的斜线距离把多段线的每个交叉点都作斜线连接，连接的斜线成为多段线新添加的构成部分，如图 4-60 所示
修剪(T)	与圆角连接命令 FILLET 相同，该选项决定连接对象后，是否剪切原对象
方式(M)	决定采用“距离”方式还是“角度”方式来倒角
多个(U)	同时对多个对象进行倒角编辑

图 4-58　斜线距离

图 4-59　斜线距离与夹角

(a) 选择多段线　　(b) 倒角结果

图 4-60　斜线连接多段线

注意：有时用户在执行圆角和倒角命令时，发现命令不执行或执行后没什么变化，那是因为系统默认圆角半径和斜线距离均为 0，如果不事先设定圆角半径或斜线距离，系统就以默认值执行命令，所以看起来好像没有执行命令。

4.5.4　上机练习——水盆

　练习目标

绘制如图 4-61 所示的水盆。

　设计思路

首先利用圆、直线和修剪等命令绘制水盆的初步轮廓，然后利用倒角命令绘制倒角，最终完成对水盆的绘制。

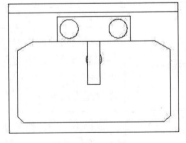

图 4-61　水盆

操作步骤

（1）单击"默认"选项卡"绘图"面板中的"直线"按钮／，绘制出初步轮廓，大约尺寸如图 4-62 所示。

（2）单击"默认"选项卡"绘图"面板中的"圆"按钮⊙，以图 4-63 中长 240、宽 80 的矩形大约左中位置处为圆心，绘制半径为 35 的圆。

（3）单击"默认"选项卡"修改"面板中的"复制"按钮❀，选择步骤（2）中绘制的圆，复制到右边合适的位置，完成旋钮绘制。

（4）单击"默认"选项卡"绘图"面板中的"圆"按钮⊙，以图 4-63 中长 139、宽 40 的矩形大约正中位置为圆心，绘制半径为 25 的圆作为出水口。

（5）单击"默认"选项卡"修改"面板中的"修剪"按钮Ⴞ，将绘制的出水口圆修剪成如图 4-61 所示效果。

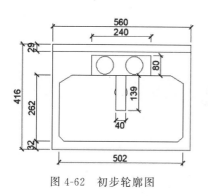

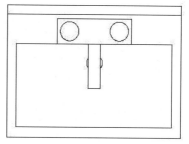

图 4-62 初步轮廓图　　　　　　　　图 4-63 绘制水龙头和出水口

（6）单击"默认"选项卡"修改"面板中的"倒角"按钮 ，绘制水盆 4 角。命令行提示如下：

```
命令：CHAMFER↙
（"修剪"模式）当前倒角距离 1 = 0.0000,距离 2 = 0.0000
选择第一条直线或 [放弃(U)/多段线(P)/距离(D)/角度(A)/修剪(T)/方式(E)/多个(M)]:D↙
指定第一个倒角距离 <0.0000>: 50 ↙
指定第二个倒角距离 <50.0000>: 30 ↙
选择第一条直线或 [多段线(P)/距离(D)/角度(A)/修剪(T)/方式(M)/多个(U)]: U↙
选择第一条直线或 [放弃(U)/多段线(P)/距离(D)/角度(A)/修剪(T)/方式(E)/多个(M)]:(选择
左上角横线段)
选择第二条直线,或按住 Shift 键选择直线以应用角点或 [距离(D)/角度(A)/方法(M)]:(选择
右上角竖线段)
选择第一条直线或 [放弃(U)/多段线(P)/距离(D)/角度(A)/修剪(T)/方式(E)/多个(M)]:(选择
左上角横线段)
选择第二条直线,或按住 Shift 键选择直线以应用角点或 [距离(D)/角度(A)/方法(M)]:(选择
右上角竖线段)
命令：CHAMFER↙
（"修剪"模式）当前倒角距离 1 = 50.0000,距离 2 = 30.0000
选择第一条直线或 [放弃(U)/多段线(P)/距离(D)/角度(A)/修剪(T)/方式(E)/多个(M)]:A↙
指定第一条直线的倒角长度 <20.0000>: ↙
指定第一条直线的倒角角度 <0>: 45 ↙
选择第一条直线或 [放弃(U)/多段线(P)/距离(D)/角度(A)/修剪(T)/方式(E)/多个(M)]:U↙
选择第一条直线或 [放弃(U)/多段线(P)/距离(D)/角度(A)/修剪(T)/方式(E)/多个(M)]:(选
择左下角横线段)
选择第二条直线,或按住 Shift 键选择直线以应用角点或 [距离(D)/角度(A)/方法(M)]:(选择
左下角竖线段)
选择第一条直线或 [放弃(U)/多段线(P)/距离(D)/角度(A)/修剪(T)/方式(E)/多个(M)]:(选
择右下角横线段)
选择第二条直线,或按住 Shift 键选择直线以应用角点或 [距离(D)/角度(A)/方法(M)]:(选择
右下角竖线段)
```

水盆绘制结果如图 4-64 所示。

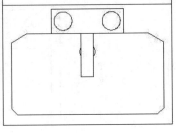

图 4-64　水盆

4.5.5　修剪命令

1．执行方式

命令行：TRIM。

菜单："修改"→"修剪"。

工具栏："修改"→"修剪"✂️。

功能区："默认"→"修改"→"修剪"✂️。

2．操作步骤

```
命令:TRIM
当前设置:投影 = UCS,边 = 无
选择剪切边…
选择对象或 <全部选择>:(选择用作修剪边界的对象)
按 Enter 键,结束对象选择,系统提示:
选择要修剪的对象,或按住 Shift 键选择要延伸的对象,或[栏选(F)/窗交(C)/投影(P)/边(E)/
删除(R)/放弃(U)]:
```

3．选项说明

"修剪"命令各个选项含义如表 4-7 所示。

表 4-7　"修剪"命令各选项含义

选　　项	含　　义	
按 Shift 键	在选择对象时,如果按住 Shift 键,系统就自动将"修剪"命令转换成"延伸"命令,"延伸"命令将在 4.5.7 节介绍	
边(E)	选择此选项时,可以选择对象的修剪方式	延伸和不延伸
	延伸(E)	延伸边界进行修剪。在此方式下,如果剪切边没有与要修剪的对象相交,系统会延伸剪切边直至与要修剪的对象相交,然后进行修剪,如图 4-65 所示
	不延伸(N)	不延伸边界修剪对象。只修剪与剪切边相交的对象
栏选(F)	选择此选项时,系统以栏选的方式选择被修剪对象,如图 4-66 所示	
窗交(C)	选择此选项时,系统以窗交的方式选择被修剪对象,如图 4-67 所示	

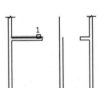
(a) 选择剪切边

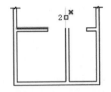
(b) 选择要修剪的对象

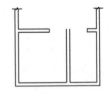
(c) 修剪后的结果

图 4-65　延伸方式修剪对象

(a) 选定剪切边

(b) 使用栏选选定的修剪对象

(c) 结果

图 4-66　栏选选择修剪对象

(a) 选定要修剪的对象

(b) 使用窗交选定剪切边

(c) 结果

图 4-67　窗交选择修剪对象

被选择的对象可以互为边界和被修剪对象，此时系统会在选择的对象中自动判断边界，如图 4-65 所示。

4.5.6　上机练习——行进盲道道路截面

练习目标

绘制如图 4-68 所示的行进盲道道路截面。

设计思路

新建两个图层，然后利用直线和复制等命令绘制行进块材网格，最后利用直线和复制等命令绘制行进盲道材料，完成地面提示行进块材平面图。

操作步骤

1. 新建图层

单击"默认"选项卡"图层"面板中的"图层特性"按钮 ，新建盲道和材料图层，其属性如图 4-69所示。

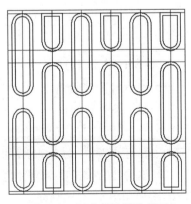

图 4-68　行进盲道道路截面

4-10

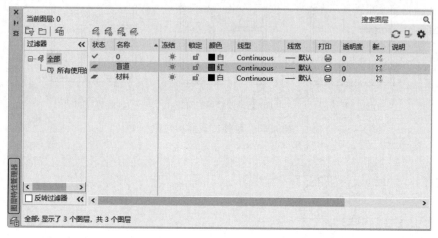

图 4-69　图层设计

2．绘制行进块材网格

（1）把盲道图层设置为当前图层，单击"默认"选项卡"绘图"面板中的"直线"按钮 ／，绘制两条交于端点的长为 300mm 的直线。完成的图形如图 4-70 所示。

（2）单击"默认"选项卡"修改"面板中的"复制"按钮 ，复制刚刚绘制好的直线。然后选择 AB，水平向右复制的距离为 25mm，75mm，125mm，175mm，225mm，275mm，300mm。重复"复制"命令，复制刚刚绘制好的直线。然后选择 BC，垂直向上复制的距离 5mm，65mm，85mm，215mm，235mm，295mm，300mm。完成的图形如图 4-71 所示。

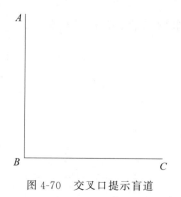

图 4-70　交叉口提示盲道

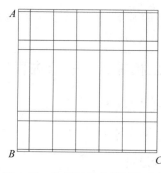

图 4-71　绘制行进块材网格流程

3．绘制行进盲道材料

（1）把材料图层设置为当前图层，单击"默认"选项卡"绘图"面板中的"直线"按钮 ／，绘制一条垂直的长为 100mm 的直线。完成的图形如图 4-72（a）所示。

（2）单击"默认"选项卡"修改"面板中的"复制"按钮 ，复制刚刚绘制好的直线，水平向右的距离为 35mm。完成的图形如图 4-72（b）所示。

（3）单击"默认"选项卡"绘图"面板中的"圆"按钮 ，绘制半径为 17.5mm 的圆。完成的图形如图 4-72（c）所示。

（4）单击"默认"选项卡"修改"面板中的"修剪"按钮 ，剪切一半上面的圆。完成的图形如图 4-72(d)所示。命令行操作与提示如下：

```
命令：_TRIM
当前设置：投影 = UCS,边 = 无
选择剪切边…
选择对象或 <全部选择>：
选择要修剪的对象,或按住 Shift 键选择要延伸的对象,或[栏选(F)/窗交(C)/投影(P)/边(E)/
删除(R)/放弃(U)]:(选择圆的上半部分)
```

（5）单击"默认"选项卡"修改"面板中的"镜像"按钮 ◬，镜像刚刚剪切过的圆弧。完成的图形如图 4-72(e)所示。

（6）单击"默认"选项卡"修改"面板中的"编辑多段线"按钮 ➷，把图 4-72(e)的图形转化为多段线。

（7）单击"默认"选项卡"修改"面板中的"偏移"按钮 ⊏，将刚刚绘制好的多段线向内偏移 5mm。完成的图形如图 4-72(f)所示。

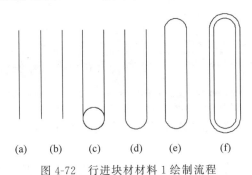

图 4-72　行进块材材料 1 绘制流程

（8）同理,可以完成另一行进材料的绘制。操作流程图如图 4-73 所示。

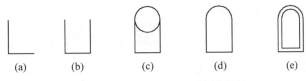

图 4-73　行进块材材料 2 绘制流程

4. 完成地面行进块材平面图

（1）单击"默认"选项卡"修改"面板中的"复制"按钮 ∞，复制上述绘制好的材料,完成的图形如图 4-74 所示。

（2）单击"默认"选项卡"修改"面板中的"镜像"按钮 ◬，镜像行进块材,结果如图 4-68 所示。

4.5.7　延伸命令

延伸对象是指延伸某个对象至另一个对象的边界线,如图 4-75 所示。

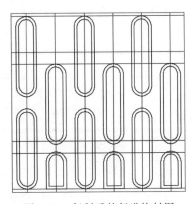

图 4-74　复制后的行进块材图

(a) 选择边界   (b) 选择要延伸的对象   (c) 执行结果

图 4-75　延伸对象

1．执行方式

命令行：EXTEND。

菜单："修改"→"延伸"。

工具栏："修改"→"延伸" ⇥｜。

功能区：单击"默认"选项卡"修改"面板中的"延伸"按钮 ⇥｜。

2．操作步骤

```
命令:EXTEND
当前设置:投影 = UCS,边 = 无
选择边界的边…
选择对象或 <全部选择>:(选择边界对象)
```

此时可以通过选择对象来定义边界。若直接按 Enter 键,则选择所有对象作为可能的边界对象。

系统规定：可以用作边界对象的有直线段、射线、双向无限长线、圆弧、圆、椭圆、二维和三维多段线、样条曲线、文本、浮动的视口、区域。如果选择二维多段线作为边界对象,系统会忽略其宽度而把对象延伸至多段线的中心线上。

选择边界对象后,系统继续提示：

```
选择要延伸的对象,或按住 Shift 键选择要修剪的对象,或[栏选(F)/窗交(C)/投影(P)/边(E)/
放弃(U)]:
```

3．选项说明

"延伸命令"命令各个选项含义如表 4-8 所示。

表 4-8　"延伸命令"命令各选项含义

选　项	含　义
延伸	如果要延伸的对象是适配样条多段线,则延伸后会在多段线的控制框上增加新节点。如果要延伸的对象是锥形的多段线,系统会修正延伸端的宽度,使多段线从起始端平滑地延伸至新的终止端。如果延伸操作导致新终止端的宽度为负值,则取宽度值为 0,如图 4-76 所示
选择对象	选择对象时,如果按住 Shift 键,系统就自动将"延伸"命令转换成"修剪"命令

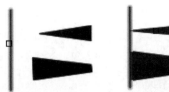

(a) 选择边界对象　　(b) 选择要延伸的多段线　　(c) 延伸后的结果

图 4-76　延伸对象

4-11

4.5.8　上机练习——八角桌

　练习目标

绘制如图 4-77 所示的八角桌。

　**设计思路**

首先利用多边形命令绘制轮廓线图形,然后利用分解命令、偏移命令将多边形分解和向外侧偏移,最后利用延伸命令连接直线,最终完成八角桌的绘制。

图 4-77　八角桌

操作步骤

(1) 单击"默认"选项卡"绘图"面板中的"多边形"按钮⬠,绘制外轮廓线。命令行提示如下:

```
命令: _polygon
输入边的数目 <8>: 8✓
指定正多边形的中心点或 [边(E)]: 0,0✓
输入选项 [内接于圆(I)/外切于圆(C)] <I>: c✓
指定圆的半径: 500✓
```

结果如图 4-78 所示。

(2) 单击"默认"选项卡"修改"面板中的"分解"按钮🗗(此命令将在 4.5.15 节中详细介绍)将多边形进行分解。

(3) 单击"默认"选项卡"修改"面板中的"偏移"按钮⊂,将分解后的直线向外侧进行偏移,偏移距离为 50。结果如图 4-79 所示。

　　　　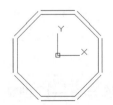

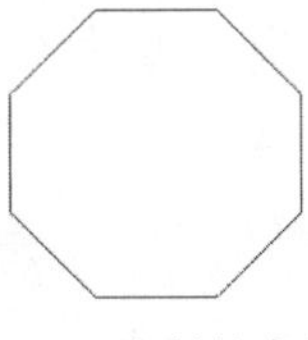

图 4-78　绘制轮廓线图　　　　图 4-79　偏移轮廓线图

(4) 单击"默认"选项卡"修改"面板中的"延伸"按钮⟶|,将偏移后的直线连接起

来,命令行提示与操作如下:

```
命令：_ extend
当前设置：投影 = UCS,边 = 无
选择边界的边…
选择对象或 <全部选择>：选择偏移后的 8 条直线
选择对象：
选择要延伸的对象,或按住 Shift 键选择要修剪的对象,或[栏选(F)/窗交(C)/投影(P)/边(E)/
放弃(U)]：分别单击偏移后的 8 条直线的左端和右端
选择要延伸的对象,或按住 Shift 键选择要修剪的对象,或[栏选(F)/窗交(C)/投影(P)/边(E)/
放弃(U)]：
```

最终绘制结果如图 4-77 所示。

4.5.9　拉伸命令

拉伸对象是指拖拉所选择的对象。拉伸对象时,应指定拉伸的基点和移置点。利用一些辅助工具如捕捉、钳夹功能及相对坐标等,可以提高拉伸的精度。

1. 执行方式

命令行：STRETCH。

菜单："修改"→"拉伸"。

工具栏："修改"→"拉伸"。

功能区：单击"默认"选项卡"修改"面板中的"拉伸"按钮。

2. 操作步骤

```
命令：STRETCH
以交叉窗口或交叉多边形选择要拉伸的对象…
选择对象：C
指定第一个角点：
指定对角点：(采用交叉窗口的方式选择要拉伸的对象)
指定基点或 [位移(D)] <位移>：(指定拉伸的基点)
指定第二个点或 <使用第一个点作为位移>：(指定拉伸的移至点)
```

此时,若指定第二个点,系统将根据这两点决定的矢量拉伸对象。若直接按 Enter 键,系统会把第一个点作为 X 轴和 Y 轴的分量值。

STRETCH 仅移动位于交叉选择内的顶点和端点,不更改那些位于交叉选择外的顶点和端点。部分包含在交叉选择窗口内的对象将被拉伸。

注意:用交叉窗口选择拉伸对象时,落在交叉窗口内的端点被拉伸,落在外部的端点保持不动。

4.5.10　上机练习——门把手

练习目标

绘制如图 4-80 所示的门把手。

设计思路

首先新建两个图层,绘制手柄的中心线和轮廓线。在绘制过程中,利用直线和圆等二维绘图命令以及修剪、镜像、拉伸等二维编辑命令,最终完成对门把手的绘制。

操作步骤

(1) 设置图层。

单击"默认"选项卡"图层"面板中的"图层特性"按钮,打开"图层特性管理器"选项板,新建两个图层:

① 第一图层命名为"轮廓线",线宽属性为 0.3mm,其余属性默认。

② 第二图层命名为"中心线",颜色设为红色,线型加载为 center,其余属性默认。

(2) 将"中心线"图层设置为当前层。单击"默认"选项卡"绘图"面板中的"直线"按钮 /,绘制坐标分别为(150,150),(@120,0)的直线。结果如图 4-81 所示。

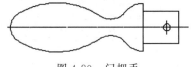

图 4-80　门把手　　　　　　　　　　图 4-81　绘制直线

(3) 将"轮廓线"层设置为当前层。单击"默认"选项卡"绘图"面板中的"圆"按钮 ,以(160,150)圆心,绘制半径为 10mm 的圆。重复"圆"命令,以(235,150)为圆心,绘制半径为 15mm 的圆,再绘制半径为 50mm 的圆与前两个圆相切,结果如图 4-82 所示。

(4) 单击"默认"选项卡"绘图"面板中的"直线"按钮 /,绘制坐标为(250,150),(@10<90),(@15<180)的两条直线。重复"直线"命令,绘制坐标为(235,165),(235,150)的直线,结果如图 4-83 所示。

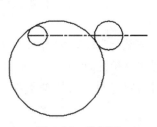
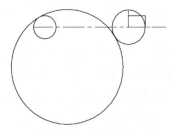

图 4-82　绘制圆　　　　　　　　　　图 4-83　绘制直线

(5) 单击"默认"选项卡"修改"面板中的"修剪"按钮,进行修剪处理,结果如图 4-84 所示。

(6) 单击"默认"选项卡"绘图"面板中的"圆"按钮 ,绘制半径为 12mm 且与圆弧 1 和圆弧 2 相切的圆,结果如图 4-85 所示。

图 4-84　修剪处理　　　　　　　　　　　　图 4-85　绘制圆

（7）单击"默认"选项卡"修改"面板中的"修剪"按钮，将多余的圆弧进行修剪，结果如图 4-86 所示。

（8）单击"默认"选项卡"修改"面板中的"镜像"按钮，以（150,150），（250,150）为两镜像点对图形进行镜像处理，结果如图 4-87 所示。

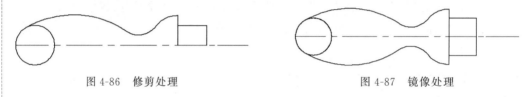

图 4-86　修剪处理　　　　　　　　　　　　图 4-87　镜像处理

（9）单击"默认"选项卡"修改"面板中的"修剪"按钮，进行修剪处理，结果如图 4-88 所示。

（10）将"中心线"图层设置为当前图层。单击"默认"选项卡"绘图"面板中的"直线"按钮，在把手接头处中间位置绘制适当长度的竖直线段，作为销孔定位中心线，如图 4-89 所示。

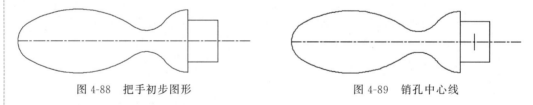

图 4-88　把手初步图形　　　　　　　　　　图 4-89　销孔中心线

（11）将"轮廓线"图层设置为当前图层。单击"默认"选项卡"绘图"面板中的"圆"按钮，以中心线交点为圆心绘制适当半径的圆作为销孔，如图 4-90 所示。

（12）单击"默认"选项卡"修改"面板中的"拉伸"按钮，拉伸接头长度，结果如图 4-91 所示。命令行提示与操作如下：

```
命令：STRETCH ✓
以交叉窗口或交叉多边形选择要拉伸的对象…
选择对象：C ✓
指定第一个角点：(框选手柄接头部分，如图 4-91 所示)
指定对角点：
指定基点或 [位移(D)] <位移>：100,100 ✓
指定位移的第二个点或 <用第一个点作位移>：105,100 ✓
```

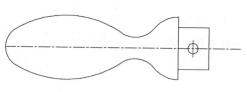

图 4-90 销孔

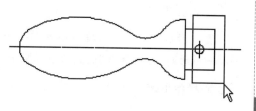

图 4-91 指定拉伸对象

最终结果如图 4-80 所示。

4.5.11 拉长命令

1. 执行方式

命令行：LENGTHEN。

菜单："修改"→"拉长"。

功能区：单击"默认"选项卡"修改"面板中的"拉长"按钮 ╱ 。

2. 操作步骤

命令：LENGTHEN

选择要测量的对象或 [增量(DE)/百分比(P)/ 总计(T)/动态(DY)] <总计(T)>:(选定对象)

当前长度：30.5001(给出选定对象的长度,如果选择圆弧则还将给出圆弧的包含角)

选择要测量的对象或 [增量(DE)/百分比(P)/总计(T)/动态(DY)] <总计(T):DE(选择拉长或缩短的方式.如选择"增量(DE)"方式)

输入长度增量或 [角度(A)] <0.0000>:10(输入长度增量数值.如果选择圆弧段,则可输入选项"A"给定角度增量)

选择要修改的对象或 [放弃(U)]:(选定要修改的对象,进行拉长操作)

选择要修改的对象或 [放弃(U)]:(继续选择,按 Enter 键,结束命令)

3. 选项说明

"拉长"命令各个选项含义如表 4-9 所示。

表 4-9 "拉长"命令各选项含义

选 项	含 义
增量(DE)	用指定增加量的方法改变对象的长度或角度
百分比(P)	用指定要修改对象的长度占总长度的百分比的方法来改变圆弧或直线段的长度
总计(T)	用指定新的总长度或总角度值的方法来改变对象的长度或角度
动态(DY)	在这种模式下,可以使用拖拉鼠标的方法来动态地改变对象的长度或角度

4.5.12 上机练习——挂钟

 练习目标

绘制如图 4-92 所示的挂钟。

4-13

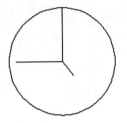

设计思路

首先利用圆命令绘制挂钟的外部轮廓,然后利用直线命令绘制挂钟的时针、分针和秒针,最后利用拉长命令绘制出挂钟图形。

图 4-92 挂钟图形

操作步骤

(1)单击"默认"选项卡"绘图"面板中的"圆"按钮 ⊙,以 (100,100)为圆心,绘制半径为 23 的圆形作为挂钟的外轮廓线,如图 4-93 所示。

(2)单击"默认"选项卡"绘图"面板中的"直线"按钮 ╱,绘制坐标为(100,100),(100,120);(100,100),(80,100);(100,100),(105,94)的 3 条直线作为挂钟的指针,如图 4-94 所示。

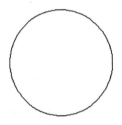
图 4-93 绘制圆形

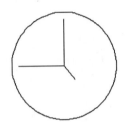
图 4-94 绘制指针

(3)单击"默认"选项卡"修改"面板中的"拉长"按钮 ╱,将秒针拉长至圆的边,绘制挂钟完成,如图 4-92 所示。命令行提示与操作如下:

```
命令:_LENGTHEN
选择要测量的对象或 [增量(DE)/百分比(P)/总计(T)/动态(DY)] <总计(T)>:(选择绘制的秒针)
指定总长度或 [角度(A)] <947.6048>:(第一点指定为圆心)
指定第二个点:(指定为秒针延长线上与圆的交点为第二点)
选择要修改的对象或 [放弃(U)]:(选择绘制的秒针)
```

4.5.13 打断命令

1. 执行方式

命令行:BREAK。

菜单:"修改"→"打断"。

工具栏:"修改"→"打断" ⌷。

功能区:单击"默认"选项卡"修改"面板中的"打断"按钮 ⌷。

2. 操作步骤

```
命令:BREAK
选择对象:(选择要打断的对象)
指定第二个打断点或 [第一点(F)]:(指定第二个断开点或输入 F)
```

3．选项说明

"打断"命令各个选项含义如表 4-10 所示。

表 4-10 "打断"命令各选项含义

选 项	含 义
打断的对象	如果选择"第一点(F)"选项，系统将丢弃前面的第一个选择点，重新提示用户指定两个打断点

4.5.14 打断于点

打断于点是指在对象上指定一点，从而把对象在此点拆分成两部分。此命令与打断命令类似。

1．执行方式

命令行：BREAK(快捷命令：BR)。

工具栏："修改"→"打断于点" 📖 。

功能区：单击"默认"选项卡"修改"面板中的"打断于点"按钮 📖 。

2．操作步骤

命令行提示与操作如下：

> 选择对象：(选择要打断的对象)
> 指定第二个打断点或 [第一点(F)]：_F(系统自动执行"第一点(F)"选项)
> 指定第一个打断点：(选择打断点)
> 指定第二个打断点：@(系统自动忽略此提示)

4.5.15 分解命令

1．执行方式

命令行：EXPLODE。

菜单："修改"→"分解"。

工具栏："修改"→"分解" 📖 。

功能区：单击"默认"选项卡"修改"面板中的"分解"按钮 📖 。

2．操作步骤

> 命令：EXPLODE
> 选择对象：(选择要分解的对象)

选择一个对象后，该对象会被分解。系统继续提示该行信息，允许分解多个对象。

4.5.16 合并命令

可以将直线、圆弧、椭圆弧和样条曲线等独立的对象合并为一个对象，如图 4-95 所示。

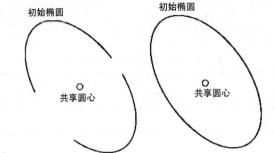

图 4-95　合并对象

1．执行方式

命令行：JOIN。

菜单："修改"→"合并"。

工具栏："修改"→"合并" ⊷ 。

功能区：单击"默认"选项卡"修改"面板中的"合并"按钮 ⊷ 。

2．操作步骤

```
命令: JOIN
选择源对象或要一次合并的多个对象:(选择一个对象)
选择要合并的对象: (选择另一个对象)
选择要合并的对象:(按 Enter 键)
```

4.6　对象编辑

在对图形进行编辑时，还可以对图形对象本身的某些特性进行编辑，从而方便地进行图形绘制。

4.6.1　钳夹功能

利用钳夹功能可以快速方便地编辑对象。AutoCAD 2022 在图形对象上定义了一些特殊点，称为夹点，利用夹点可以灵活地控制对象，如图 4-96 所示。

要使用钳夹功能编辑对象，必须先打开钳夹功能，打开方法如下：单击"工具"→"选项"→"选择"命令。

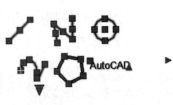

图 4-96　夹点

在"选项"对话框的"选择集"选项卡中，打开"启用夹点"复选框。在该选项卡中，还可以设置代表夹点的小方格的尺寸和颜色，也可以通过 GRIPS 系统变量来控制是否打开钳夹功能，1 代表打开，0 代表关闭。

打开了钳夹功能后，应该在编辑对象之前先选择对象。夹点表示对象的控制位置。

Note

使用夹点编辑对象，要选择一个夹点作为基点，称为基准夹点。然后选择一种编辑操作：镜像、移动、旋转、拉伸和缩放。可以用空格键、Enter键或键盘上的快捷键循环选择这些功能。

下面仅就其中的拉伸对象操作为例进行讲述，其他操作类似。

在图形上拾取一个夹点，该夹点改变颜色，此点为夹点编辑的基准夹点。这时系统提示：

```
** 拉伸 **
指定拉伸点或[基点(B)/复制(C)/放弃(U)/退出(X)]:
```

在上述拉伸编辑提示下输入镜像命令或右击，选择快捷菜单中的"镜像"命令，系统就会转换为"镜像"操作，其他操作类似。

4.6.2　修改对象属性

1．执行方式

命令行：DDMODIFY 或 PROPERTIES。

菜单："修改"→"特性或工具"→"选项板"→"特性"。

工具栏："标准"→"特性" 📋 。

2．操作步骤

在 AutoCAD 2022 中打开"特性"选项板，如图 4-97 所示。利用该选项板可以方便地设置或修改对象的各种属性。

不同的对象属性种类和值不同，修改属性值，对象改变为新的属性。

4.6.3　特性匹配

利用特性匹配功能可以将目标对象的属性与源对象的属性进行匹配，使目标对象的属性与源

图 4-97　"特性"选项板

对象属性相同。利用特性匹配功能可以方便快捷地修改对象属性，并保持不同对象的属性相同。

1．执行方式

命令行：MATCHPROP。

菜单："修改"→"特性匹配" 📋 。

2．操作步骤

```
命令:MATCHPROP
选择源对象:(选择源对象)
选择目标对象或[设置(S)]:(选择目标对象)
```

图 4-98(a)所示为两个属性不同的对象,以左边的圆为源对象,对右边的矩形进行特性匹配,结果如图 4-98(b)所示。

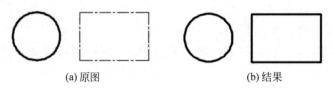

(a)原图　　　　　　　　　(b)结果

图 4-98　特性匹配

4.6.4　上机练习——花朵的绘制

 练习目标

绘制如图 4-99 所示的花朵。

 设计思路

首先利用圆、多边形和多段线等命令绘制出花朵图形,然后利用特性命令修改花朵的属性,最终完成绘制。

 操作步骤

图 4-99　花朵

(1)单击"默认"选项卡"绘图"面板中的"圆"按钮 ⊙,绘制花蕊。

(2)单击"默认"选项卡"绘图"面板中的"多边形"按钮 ⬠,以图 4-100 中的圆心为中心点绘制内接于圆的正五边形,结果如图 4-101 所示。

注意:一定要先绘制中心的圆,因为正五边形的外接圆与此圆同心,必须通过捕捉获得正五边形的外接圆圆心位置。如果反过来,先画正五边形,再画圆,会发现无法捕捉正五边形外接圆圆心。

图 4-100　捕捉圆心　　　　　　图 4-101　绘制正五边形

(3)单击"默认"选项卡"绘图"面板中的"圆弧"按钮 ⌒,以最上斜边的中点为圆弧起点,左上斜边中点为圆弧端点,绘制花朵,绘制结果如图 4-102 所示。重复"圆弧"命令,绘制另外 4 段圆弧,结果如图 4-103 所示。

最后删除正五边形,结果如图 4-104 所示。

(4)单击"默认"选项卡"绘图"面板中的"多段线"按钮 ⌐,绘制枝叶。花枝的宽度为 4mm;叶子的起点半宽为 12mm,端点半宽为 3mm。采用同样方法绘制另两片叶子,结果如图 4-105 所示。

Note

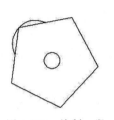

图 4-102 绘制一段
圆弧

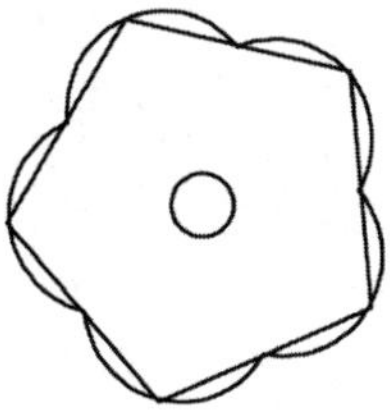

图 4-103 绘制所有
圆弧

图 4-104 绘制花朵

图 4-105 绘制出花朵
图案

（5）选择枝叶，枝叶上显示夹点标志，在一个夹点上右击，打开右键快捷菜单，选择其中的"特性"命令，如图 4-106 所示。系统打开"特性"选项板，在"颜色"下拉列表框中选择绿色，如图 4-107 所示。

图 4-106 右键快捷菜单

图 4-107 修改枝叶颜色

（6）按照步骤（5）的方法修改花朵颜色为红色，花蕊颜色为洋红色，最终结果如图 4-96 所示。

第 5 章

辅助绘图工具

　　文字注释是图形中很重要的一部分内容,进行各种设计时,通常不仅要绘出图形,还要在图形中标注一些文字,如技术要求、注释说明等,对图形对象加以解释。AutoCAD 提供了多种写入文字的方法,本章将介绍文本的注释和编辑功能。图表在 AutoCAD 图形中也有大量的应用,如明细表、参数表和标题栏等。AutoCAD 新增的图表功能使绘制图表变得方便快捷。尺寸标注是绘图设计过程当中相当重要的一个环节。AutoCAD 2022 提供了方便、准确的标注尺寸功能。图块、设计中心和工具选项板等则为快速绘图带来了方便,本章将简要介绍这些知识。

学 习 要 点

◆ 文本标注

◆ 表格

◆ 尺寸标注

◆ 图块及其属性

5.1 文 本 标 注

文本是建筑图形的基本组成部分,图签、说明、图纸目录等处都要用到文本。本节讲述文本标注的基本方法。

5.1.1 设置文本样式

1. 执行方式

命令行:STYLE 或 DDSTYLE。

菜单:格式→文字样式。

工具栏:文字→文字样式 **A.** 。

功能区:单击"默认"选项卡"注释"面板中的"文字样式"按钮 **A.** (图 5-1),或单击"注释"选项卡"文字"面板上的"文字样式"下拉菜单中的"管理文字样式"按钮(图 5-2),或单击"注释"选项卡"文字"面板中"对话框启动器"按钮 **┗** 。

图 5-1 "注释"面板

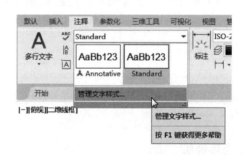

图 5-2 "文字"面板

2. 操作步骤

执行上述命令后,系统打开"文字样式"对话框,如图 5-3 所示。

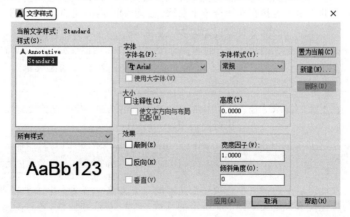

图 5-3 "文字样式"对话框

利用该对话框可以新建文字样式或修改当前文字样式。图 5-4 和图 5-5 为各种文字样式。

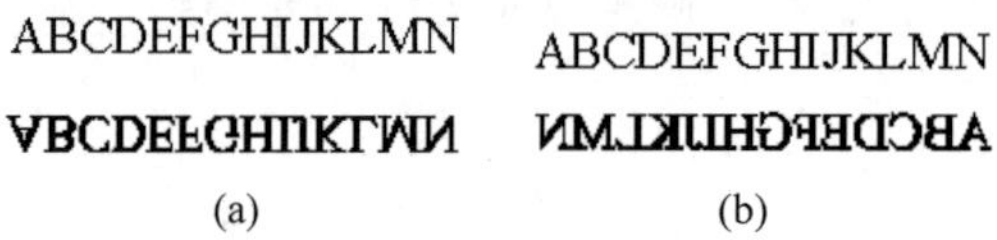

ABCDEFGHIJKLMN   ABCDEFGHIJKLMN

ABCDEFGHIJKLMN   ABCDEFGHIJKLMN

(a)   (b)

$abcd$

a
b
c
d

图 5-4 文字倒置标注与反向标注 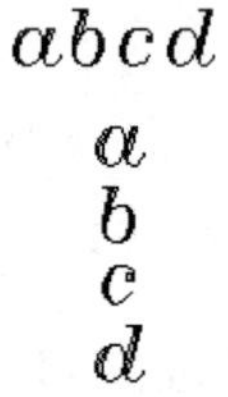   图 5-5   垂直标注文字

5.1.2 单行文本标注

1．执行方式

命令行：TEXT 或 DTEXT。

菜单：绘图→文字→单行文字。

工具栏：文字→单行文字 **A** 。

功能区：单击"默认"选项卡"注释"面板中的"单行文字"按钮 **A** ，或单击"注释"选项卡"文字"面板中的"单行文字"按钮 **A** 。

2．操作步骤

```
命令：TEXT↙
当前文字样式：Standard 当前文字高度：0.2000
指定文字的起点或 [对正(J)/样式(S)]：
```

3．选项说明

"单行文本标注"对话框各个选项含义如表 5-1 所示。

表 5-1   "单行文本标注"对话框各选项含义

选 项	含 义
指定文字的起点	在此提示下直接在作图屏幕上点取一点作为文本的起始点，AutoCAD 提示： 当前文字样式：Standard 文字高度：7.0000 注释性：否 对正：左 指定文字的起点或 [对正(J)/样式(S)]：在矩形区域适当位置单击 指定文字的旋转角度 <0>：直接按 Enter 键，在绘图区域输入文字
对正(J)	在上面的提示下输入 J，用来确定文本的对齐方式，对齐方式决定文本的哪一部分与所选的插入点对齐。执行此选项，AutoCAD 提示： 输入选项 [左(L)/居中(C)/右(R)/对齐(A)/中间(M)/布满(F)/左上(TL)/中上(TC)/右上(TR)/左中(ML)/正中(MC)/右中(MR)/左下(BL)/中下(BC)/右下(BR)]： 在此提示下选择一个选项作为文本的对齐方式。当文本串水平排列时，AutoCAD 为标注文本串定义了图 5-6 所示的顶线、中线、基线和底线，各种对齐方式如图 5-7 所示，图中大写字母对应上述提示中各命令。下面以"对齐"为例进行简要说明：

续表

选　　项	含　　义
对正(J)	实际绘图时,有时需要标注一些特殊字符,例如直径符号、上划线或下划线、温度符号等,由于这些符号不能直接从键盘上输入,AutoCAD 提供了一些控制码,用来实现这些要求。控制码用两个百分号(％％)加一个字符构成,常用的控制码如表 5-2 所示

图 5-6　文本行的底线、基线、中线和顶线

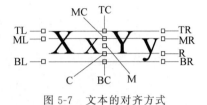

图 5-7　文本的对齐方式

表 5-2　AutoCAD 常用控制码

符　　号	功　　能	符　　号	功　　能
％％O	上划线	/u＋0278	电相位
％％U	下划线	/u＋E101	流线
％％D	"度"符号	/u＋2261	标识
％％P	正、负符号	/u＋E102	界碑线
％％C	直径符号	/u＋2260	不相等
％％％	百分号%	/u＋2126	欧姆
/u＋2248	几乎相等	/u＋03A9	欧米加
/u＋2220	角度	/u＋214A	低界线
/u＋E100	边界线	/u＋2082	下标 2
/u＋2104	中心线	/u＋00B2	上标 2
/u＋0394	差值		

5.1.3　多行文本标注

1. 执行方式

命令行:MTEXT。

菜单:绘图→文字→多行文字。

工具栏:绘图→多行文字 **A** 或文字→多行文字 **A**。

功能区:单击"默认"选项卡"注释"面板中的"多行文字"按钮 **A**,或单击"注释"选项卡"文字"面板中的"多行文字"按钮 **A**。

2. 操作步骤

命令:MTEXT↙
当前文字样式:"Standard"　当前文字高度:1.9122　　注释性:否
指定第一角点:(指定矩形框的第一个角点)
指定对角点或[高度(H)/对正(J)/行距(L)/旋转(R)/样式(S)/宽度(W)/栏(C)]:

3．选项说明

"多行文本"对话框各个选项含义如表 5-3 所示。

表 5-3　"多行文本"对话框各选项含义

选　　项	含　　义
指定对角点	直接在屏幕上选取一个点作为矩形框的第二个角点，AutoCAD 以这两个点为对角点形成一个矩形区域，其宽度作为将来要标注的多行文本的宽度，而且第一个点作为第一行文本顶线的起点。响应后，AutoCAD 打开如图 5-8 所示的"文字编辑器"选项卡和"多行文字编辑器"，可利用此编辑器输入多行文本并对其格式进行设置。关于该对话框中各项的含义及编辑器功能，稍后再详细介绍
对正(J)	确定所标注文本的对齐方式。执行此选项后，AutoCAD 提示如下： 输入对正方式[左上(TL)/中上(TC)/右上(TR)/左中(ML)/正中(MC)/右中(MR)/左下(BL)/中下(BC)/右下(BR)]<左上(TL)>： 这些对齐方式与 Text 命令中的各对齐方式相同，不再重复。选取一种对齐方式后按 Enter 键，AutoCAD 回到上一级提示
行距(L)	确定多行文本的行间距，这里所说的行间距是指相邻两文本行的基线之间的垂直距离。执行此选项后，AutoCAD 提示： 输入行距类型[至少(A)/精确(E)]<至少(A)>： 在此提示下，有两种方式确定行间距："至少"方式和"精确"方式。在"至少"方式下，AutoCAD 根据每行文本中最大的字符自动调整行间距；在"精确"方式下，AutoCAD 给多行文本赋予一个固定的行间距。可以直接输入一个确切的间距值，也可以输入"n×"的形式，其中，n 是一个具体数，表示行间距设置为单行文本高度的 n 倍，而单行文本高度是本行文本字符高度的 1.66 倍
旋转(R)	确定文本行的倾斜角度。执行此选项后，AutoCAD 提示如下： 指定旋转角度<0>：(输入倾斜角度) 指定对角点或[高度(H)/对正(J)/行距(L)/旋转(R)/样式(S)/宽度(W)/栏(C)]：
样式(S)	确定当前的文本样式
宽度(W)	指定多行文本的宽度。可在屏幕上选取一点与前面确定的第一个角点组成的矩形框的宽作为多行文本的宽度。也可以输入一个数值，精确设置多行文本的宽度。 在创建多行文本时，只要给定文本行的起始点和宽度后，AutoCAD 就会打开如图 5-8 所示的"文字编辑器"选项卡和"多行文字编辑器"，该编辑器包含一个"文字格式"对话框和一个右键快捷菜单。用户可以在编辑器中输入和编辑多行文本，包括设置字高、文本样式以及倾斜角度等
栏(C)	根据栏宽、栏间距宽度和栏高组成矩形框，打开如图 5-8 所示的"文字编辑器"选项卡和"多行文字编辑器"
"文字编辑器"选项卡	用来控制文本文字的显示特性。可以在输入文本文字前设置文本的特性，也可以改变已输入的文本文字特性。要改变已有文本文字显示特性，首先应选择要修改的文本，选择文本的方式有以下三种。 • 将光标定位到文本文字开始处，按住鼠标左键，拖到文本末尾； • 双击某个文字，则该文字被选中； • 3 次单击鼠标，则选中全部内容

选　　项	含　　义
"文字编辑器"选项卡	下面介绍选项卡中部分选项的功能。 • "高度"下拉列表框：确定文本的字符高度，可在文本编辑框中直接输入新的字符高度，也可从下拉列表中选择已设定过的高度。 • "**B**"和"*I*"按钮：设置加粗或斜体效果，只对 TrueType 字体有效。 • "删除线"按钮 $\overline{\underline{\mathbf{A}}}$：用于在文字上添加水平删除线。 • "下划线" $\underline{\mathbf{U}}$ 与"上划线" $\overline{\mathbf{O}}$ 按钮：设置或取消上(下)划线。 • "堆叠"按钮 $\frac{b}{a}$：即层叠/非层叠文本按钮，用于层叠所选的文本，也就是创建分数形式。当文本中某处出现"/""^"或"♯"这三种层叠符号之一时可层叠文本，方法是选中需层叠的文字，然后单击此按钮，则符号左边的文字作为分子，右边的文字作为分母。AutoCAD 提供了三种分数形式，如果选中"abcd/efgh"后单击此按钮，得到如图 5-9(a)所示的分数形式；如果选中"abcd^efgh"后单击此按钮，则得到如图 5-9(b)所示的形式，此形式多用于标注极限偏差；如果选中"abcd ♯ efgh"后单击此按钮，则创建斜排的分数形式，如图 5-9(c)所示。如果选中已经层叠的文本对象后单击此按钮，则恢复到非层叠形式。 　　提示：倾斜角度与斜体效果是两个不同的概念，前者可以设置任意倾斜角度，后者是在任意倾斜角度的基础上设置斜体效果，如图 5-10 所示。其中，第一行倾斜角度为 $0°$，非斜体；第二行倾斜角度为 $6°$，斜体；第三行倾斜角度为 $12°$。 • "倾斜角度"下拉列表框 $0/$：设置文字的倾斜角度。 • "符号"按钮 @：用于输入各种符号。单击该按钮，系统打开符号列表，如图 5-11 所示，可以从中选择符号输入到文本中。 • "插入字段"按钮 📋：插入一些常用或预设字段。单击该命令，系统打开"字段"对话框，如图 5-12 所示，用户可以从中选择字段插入到标注文本中。 • "追踪"按钮 $\underset{a}{\overset{b}{\leftrightarrow}}$：增大或减小选定字符之间的空隙。 • "多行文字对正"按钮 $\boxed{\text{A}}$：显示"多行文字对正"菜单，并且有 9 个对齐选项可用。 • "宽度因子"按钮 $\underset{}{\circ}$：扩展或收缩选定字符。 • "上标" x^2 按钮：将选定文字转换为上标，即在输入线的上方设置稍小的文字。 • "下标" x_2 按钮：将选定文字转换为下标，即在输入线的下方设置稍小的文字。 • "清除格式"下拉列表：删除选定字符的字符格式，或删除选定段落的段落格式，或删除选定段落中的所有格式。 ☑ 关闭：如果选择此选项，将从应用了列表格式的选定文字中删除字母、数字和项目符号。不更改缩进状态。 ☑ 以数字标记：应用将带有句点的数字用于列表中的项的列表格式。 ☑ 以字母标记：应用将带有句点的字母用于列表中的项的列表格式。如果列表含有的项多于字母中含有的字母，可以使用双字母继续序列。 ☑ 以项目符号标记：应用将项目符号用于列表中的项的列表格式。 ☑ 启动：在列表格式中启动新的字母或数字序列。如果选定的项位于列表中间，则选定项下面的未选中的项也将成为新列表的一部分。 ☑ 继续：将选定的段落添加到上面最后一个列表然后继续序列。如果选择了列表项而非段落，选定项下面的未选中的项将继续序列。 ☑ 允许自动项目符号和编号：在输入时应用列表格式。以下字符可以用作字母和数字后的标点但不能用作项目符号：句点(.)、逗号(,)、右括号())、右尖括号(>)、右方括号(])和右花括号(})。 ☑ 允许项目符号和列表：如果选择此选项，列表格式将应用到外观类似列表的多行文字对象中的所有纯文本。 ☑ 拼写检查：确定输入时拼写检查处于打开还是关闭状态。

选 项	含 义
"文字编辑器"选项卡	☑ 编辑词典：显示"词典"对话框，从中可添加或删除在拼写检查过程中使用的自定义词典。 ☑ 标尺：在编辑器顶部显示标尺。拖动标尺末尾的箭头可更改文字对象的宽度。列模式处于活动状态时，还显示高度和列夹点。 • 段落：为段落和段落的第一行设置缩进。指定制表位和缩进，控制段落对齐方式、段落间距和段落行距，如图 5-13 所示。 • 输入文字：选择此项，系统打开"选择文件"对话框，如图 5-14 所示。选择任意 ASCII 或 RTF 格式的文件。输入的文字保留原始字符格式和样式特性，但可以在多行文字编辑器中编辑和格式化输入的文字。选择要输入的文本文件后，可以替换选定的文字或全部文字，或在文字边界内将插入的文字附加到选定的文字中。输入文字的文件必须小于 32k

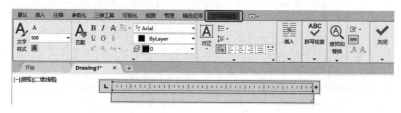

图 5-8 "文字编辑器"选项卡和"多行文字编辑器"

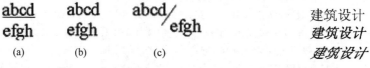

图 5-9 文本层叠

建筑设计
建筑设计
建筑设计

图 5-10 倾斜角度与斜体效果

图 5-11 符号列表

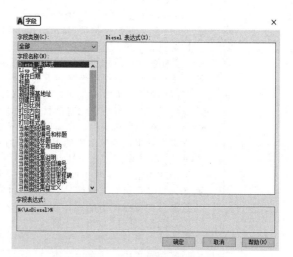

图 5-12 "字段"对话框

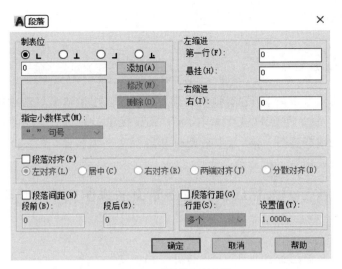

图 5-13　"段落"对话框

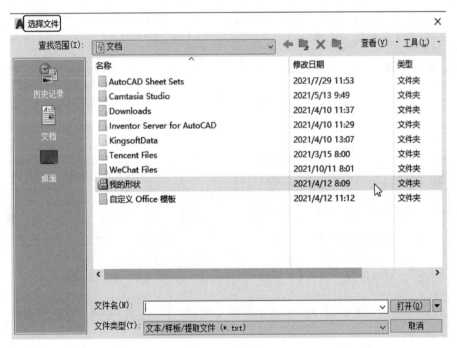

图 5-14　"选择文件"对话框

5.1.4　多行文本编辑

1. 执行方式

命令行：DDEDIT。

菜单：修改→对象→文字→编辑。

工具栏：文字→编辑 。

2．操作步骤

命令: DDEDIT↙
选择注释对象或 [放弃(U)]:

要求选择想要修改的文本,同时光标变为拾取框。用拾取框单击对象,如果选取的文本是用 TEXT 命令创建的单行文本,可对其直接进行修改。如果选取的文本是用 MTEXT 命令创建的多行文本,选取后则打开多行文字编辑器(图 5-8),可根据前面的介绍对各项设置或内容进行修改。

5.1.5 上机练习——标注园林道路断面图说明文字

练习目标

给园林道路断面图标注说明文字,如图 5-15 所示。

设计思路

首先利用源文件中的园林道路断面图新建图层,设置文字样式,然后绘制高程符号,最后绘制箭头和标注文字。

操作步骤

(1) 打开园林道路断面图,如图 5-16 所示。

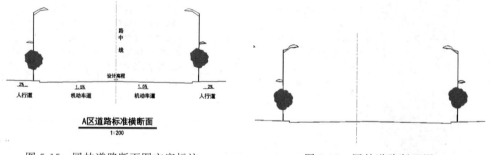

图 5-15　园林道路断面图文字标注　　　　图 5-16　园林道路断面图

(2) 设置图层。打开源文件中的道路断面图,新建一个文字图层,其设置如图 5-17 所示。

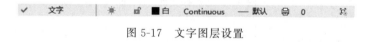

图 5-17　文字图层设置

(3) 设置文字样式。单击"默认"选项卡"注释"面板中的"文字样式"按钮 **A**,进入"文字样式"对话框,选择"仿宋"字体,"宽度因子"设置为 0.8。文字样式的设置如图 5-18 所示。

(4) 绘制高程符号。

① 把"尺寸线"图层设置为当前图层。单击"默认"选项卡"绘图"面板中的"多边

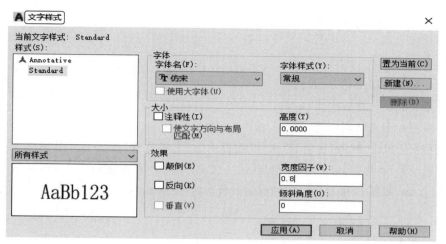

图 5-18 "文字样式"对话框

形"按钮 △，在平面上绘制一个封闭的倒立正三角形 ABC。

② 把"文字"图层设置为当前图层。单击"默认"选项卡"注释"面板中的"多行文字"按钮 $\mathbf{A}$，标注标高文字"设计高程"，指定的高度为 0.7mm，旋转角度为 0。绘制流程如图 5-19 所示。

（5）绘制箭头以及标注文字。

① 单击"默认"选项卡"绘图"面板中的"多段线"按钮 ，绘制箭头。指定 A 点为起点，输入"w"设置多段线的宽为 0.05mm，指定 B 点为第二点，输入"w"指定起点宽度为 0.15mm，指定端点宽度为 0，指定 C 点为第三点。

② 单击"默认"选项卡"注释"面板中的"多行文字"按钮 $\mathbf{A}$，标注标高为 1.5%，指定的高度为 0.5mm，旋转角度为 0。注意文字标注时需要把"文字"图层设置为当前图层。

操作步骤如图 5-20 所示。

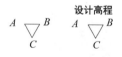

图 5-19 高程符号绘制流程

图 5-20 道路横断面图坡度绘制流程

③ 同上标注其他文字，完成的图形如图 5-15 所示。

5.2 表 格

在以前的版本中，要绘制表格，必须采用绘制图线或者图线结合偏移或复制等编辑命令来完成，这样的操作过程烦琐而复杂，不利于提高绘图效率。从 AutoCAD 2005 开始，新增加了一个"表格"绘图功能，有了该功能，创建表格就变得非常容易，用户可以直接插入设置好样式的表格，而不用绘制由单独的图线组成的栅格。

5.2.1 设置表格样式

1. 执行方式

命令行：TabLESTYLE。

菜单：格式→表格样式。

工具栏：样式→表格样式 。

功能区：单击"默认"选项卡"注释"面板中的"表格样式"按钮 （图 5-21），或单击"注释"选项卡"表格"面板上的"表格样式"下拉菜单中的"管理表格样式"按钮（图 5-22），或单击"注释"选项卡"表格"面板中"对话框启动器"按钮 ⬓。

图 5-21 "注释"面板

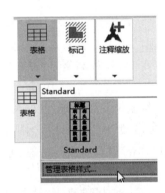

图 5-22 "表格"面板

2. 操作步骤

执行上述命令后，系统打开"表格样式"对话框，如图 5-23 所示。

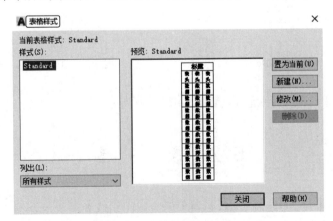

图 5-23 "表格样式"对话框

3．选项说明

"表格样式"对话框各个选项含义如表 5-4 所示。

表 5-4　"表格样式"对话框各选项含义

选　　项	含　　义
新建	单击"新建"按钮，系统打开"创建新的表格样式"对话框，如图 5-24 所示。输入新的表格样式名后，单击"继续"按钮，系统打开"新建表格样式：Standard 副本"对话框，如图 5-25～图 5-27 所示。从中可以定义新的表格样式。分别控制表格中数据、列标题和总标题的有关参数，如图 5-28 所示。 图 5-29 表示数据文字样式为"Standard"，文字高度为 4.5，文字颜色为"红色"，填充颜色为"黄色"，对齐方式为"右下"；没有表头行，标题文字样式为"Standard"，文字高度为 6，文字颜色为"蓝色"，填充颜色为"无"，对齐方式为"正中"；表格方向为"向下"，水平单元边距和垂直单元边距都为"1.5"的表格样式
修改	对当前表格样式进行修改，方式与新建表格样式相同

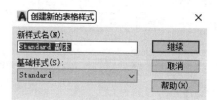

图 5-24　"创建新的表格样式"对话框

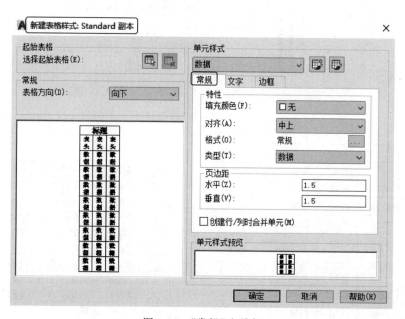

图 5-25　"常规"选项卡

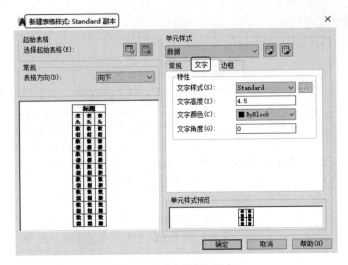

图 5-26 "文字"选项卡

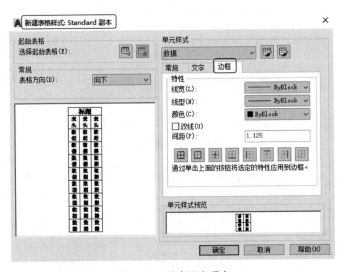

图 5-27 "边框"选项卡

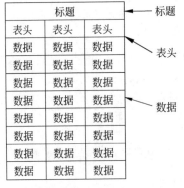

图 5-28 表格样式

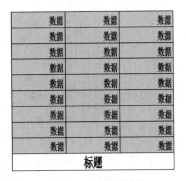

图 5-29 表格示例

5.2.2 创建表格

1．执行方式

命令行：TABLE。

菜单：绘图→表格。

工具栏：绘图→表格 ⊞。

功能区：单击"默认"选项卡"注释"面板中的"表格"按钮 ⊞，或单击"注释"选项卡"表格"面板中的"表格"按钮 ⊞。

2．操作步骤

执行上述命令后，系统打开"插入表格"对话框，如图 5-30 所示。

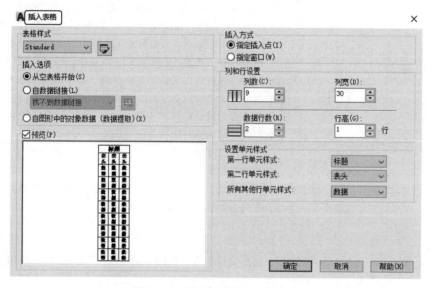

图 5-30 "插入表格"对话框（一）

3．选项说明

"插入表格"对话框各个选项含义如表 5-5 所示。

表 5-5 "插入表格"对话框各选项含义

选 项	含 义	
表格样式	在要从中创建表格的当前图形中选择表格样式。通过单击下拉列表旁边的按钮，用户可以创建新的表格样式	
插入选项	指定插入表格的方式	
	从空表格开始	创建可以手动填充数据的空表格
	自数据链接	从外部电子表格中的数据创建表格
	自图形中的对象数据（数据提取）	启动"数据提取"向导
预览	显示当前表格样式的样例	

选 项		含 义
插入方式	指定表格位置	
	指定插入点	指定表格左上角的位置。可以使用定点设备,也可以在命令提示下输入坐标值。如果表格样式将表格的方向设置为由下而上读取,则插入点位于表格的左下角
	指定窗口	指定表格的大小和位置。可以使用定点设备,也可以在命令提示下输入坐标值。选定此选项时,行数、列数、列宽和行高取决于窗口的大小以及列和行设置
列和行设置	设置列和行的数目和大小	
	列数	选定"指定窗口"选项并指定列宽时,"自动"选项将被选定,且列数由表格的宽度控制。如果已指定包含起始表格的表格样式,则可以选择要添加到此起始表格的其他列的数量
	列宽	指定列的宽度。选定"指定窗口"选项并指定列数时,则选定"自动"选项,且列宽由表格的宽度控制。最小列宽为一个字符
	数据行数	指定行数。选定"指定窗口"选项并指定行高时,则选定"自动"选项,且行数由表格的高度控制。带有标题行和表格头行的表格样式最少应有三行。最小行高为一个文字行。如果已指定包含起始表格的表格样式,则可以选择要添加到此起始表格的其他数据行的数量
	行高	按照行数指定行高。文字行高基于文字高度和单元边距,这两项均在表格样式中设置。选定"指定窗口"选项并指定行数时,则选定"自动"选项,且行高由表格的高度控制
设置单元样式	对于那些不包含起始表格的表格样式,请指定新表格中行的单元格式	
	第 一 行 单 元样式	指定表格中第一行的单元样式。默认情况下,使用标题单元样式
	第 二 行 单 元样式	指定表格中第二行的单元样式。默认情况下,使用表头单元样式
	所有其他行单元样式	指定表格中所有其他行的单元样式。默认情况下,使用数据单元样式

在上面的"插入表格"对话框中进行相应设置后,单击"确定"按钮,系统在指定的插入点或窗口自动插入一个空表格,并显示"文字编辑器"选项卡,用户可以逐行逐列输入相应的文字或数据,如图 5-31 所示。

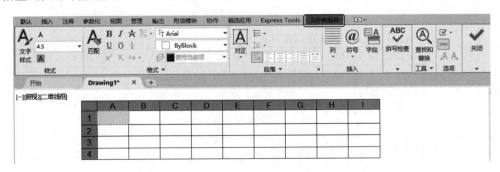

图 5-31　空表格和"文字编辑器"选项卡(一)

Note

5-2

5.2.3 编辑表格文字

1. 执行方式

命令行：TABLEDIT。

定点设备：表格内双击。

快捷菜单：编辑单元文字。

2. 操作步骤

执行上述命令后，系统打开图 5-31 所示的“文字编辑器”选项卡，用户可以对指定表格单元的文字进行编辑。

5.2.4 上机练习——某植物园植物表

练习目标

绘制如图 5-32 所示的植物表。

编号	名称	拉丁学名	编号	名称	拉丁学名
①	毛肋杜鹃	Rhododendron augustinii	㉗	秀雅杜鹃	R.concinnum
②	紫花杜鹃	R.amesiae	㉘	栎叶杜鹃	R.phaeochrysum
③	烈香杜鹃	R.anthopogonoides	㉙	凝毛(金褐)杜鹃	R.phaeochrysum var.agglutinatum
④	银叶杜鹃	R.argyrophyllum	㉚	海绵杜鹃	R.pingianum
⑤	汶川星毛杜鹃	R.asterochnoum	㉛	多鳞杜鹃	R.polylepis
⑥	问客杜鹃	R.ambiguum	㉜	树生杜鹃	R.dendrochairs
⑦	美容杜鹃	R.calophytum var.calophytum	㉝	硬叶杜鹃	R.tatsienense
⑧	尖叶美容杜鹃	R.calophytum var.openshawianum	㉞	大王杜鹃	R.rex
⑨	腺果杜鹃	R. davidii	㉟	大钟杜鹃	R.ririei
⑩	大白杜鹃	R.decorum	㊱	淡黄杜鹃	R.flavidum
⑪	绒毛杜鹃	R.pachytrichum	㊲	杜鹃	R.simsii
⑫	头花杜鹃	R.capitatum	㊳	白碗杜鹃	R.souliei
⑬	毛喉杜鹃	R.cephalanthum	㊴	隐蕊杜鹃	R.intricatum
⑭	陇蜀杜鹃	R.przewalskii	㊵	芒刺杜鹃	R.strigillosum
⑮	喇叭杜鹃	R.discolor	㊶	长背杜鹃	R.refescens
⑯	金顶杜鹃	R.faberi	㊷	长毛杜鹃	R.trichanthum
⑰	密枝杜鹃	R.fastigiatum	㊸	皱叶杜鹃	R.wiltonii
⑱	黄毛杜鹃	R.rufum	㊹	草原杜鹃	R.telmateium
⑲	凉山杜鹃	R.huianum	㊺	三花杜鹃	R.triflorum
⑳	岷江杜鹃	R.hunnewellianum	㊻	峨眉光亮杜鹃	R.nitidulum var.omeiense
㉑	长蕊杜鹃	R.stamineum	㊼	四川杜鹃	R.sutchuenense
㉒	麻花杜鹃	R.maculiferum	㊽	褐毛杜鹃	R.wasonii
㉓	照山白	R.micranthum	㊾	光亮杜鹃	R.nitidulurm
㉔	无柄杜鹃	R.watsonii	㊿	毛蕊杜鹃	R.websterianum
㉕	亮叶杜鹃	R.vernicosum	(51)	千里香杜鹃	R.thymifolium
㉖	山光杜鹃	R.oreodoxa	(52)	桦木	Betula spp

图 5-32 植物表

设计思路

如图 5-32 所示，植物表是一般园林设计都必须具备的基本要素。设置表格样式，并插入表格，最后在表格中添加文字。

操作步骤

（1）单击"默认"选项卡"注释"面板中的"表格样式"按钮 。系统打开"表格样式"对话框，如图 5-23 所示。

（2）单击"新建"按钮，系统打开"创建新的表格样式"对话框，如图 5-24 所示。输入新的表格名称后，单击"继续"按钮，系统打开"新建表格样式：Standard 副本"对话框，如图 5-25 所示。"常规"选项卡和"边框"选项卡分别按如图 5-25 和图 5-27 所示设置。创建好表格样式后，确定并关闭退出"表格样式"对话框。

（3）单击"默认"选项卡"注释"面板中的"表格"按钮 ，系统打开"插入表格"的对话框，设置如图 5-33 所示。

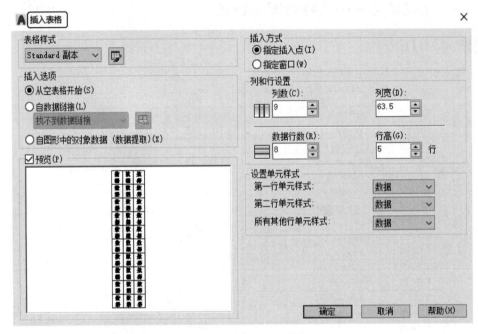

图 5-33 "插入表格"对话框（二）

（4）单击"确定"按钮，系统在指定的插入点或窗口自动插入一个空表格，并显示"文字编辑器"选项卡，用户可以逐行逐列输入相应的文字或数据，如图 5-34 所示。

（5）当编辑完成的表格有需要修改的地方时可用 TABLEDIT 命令来完成（也可在要修改的表格上右击，出现快捷菜单中单击"编辑文字"，如图 5-35 所示，同样可以达到修改文本的目的）。命令行提示与操作如下：

命令：TABLEDIT
拾取表格单元：(鼠标点取需要修改文本的表格单元)

多行文字编辑器会再次出现，用户可以进行修改。

注意：在插入后的表格中选择某一个单位格，单击后出现钳夹点，通过移动钳夹点可以改变单元格的大小，如图 5-36 所示。

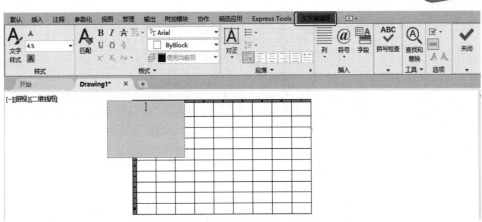

图 5-34　空表格和"文字编辑器"选项卡（二）

图 5-35　快捷菜单

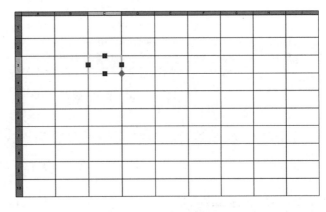

图 5-36　改变单元格大小

最后完成的植物明细表如图 5-30 所示。

5.3　尺 寸 标 注

本节尺寸标注相关命令的菜单方式集中在"标注"菜单中，工具栏方式集中在"标注"工具栏中，分别如图 5-37 和图 5-38 所示。

Note

| 标注(N) | 修改(M) | 参数(P) |

| 快速标注(Q) |
| 线性(L) |
| 对齐(G) |
| 弧长(H) |
| 坐标(O) |
| 半径(R) |
| 折弯(J) |
| 直径(D) |
| 角度(A) |
| 基线(B) |
| 连续(C) |
| 标注间距(P) |
| 标注打断(K) |
| 多重引线(E) |
| 公差(T)... |
| 圆心标记(M) |
| 检验(I) |
| 折弯线性(J) |
| 倾斜(Q) |
| 对齐文字(X) ▶ |
| 标注样式(S)... |
| 替代(V) |
| 更新(U) |
| 重新关联标注(N) |

图 5-37 "标注"菜单

图 5-38 "标注"工具栏

5.3.1 设置尺寸样式

1. 执行方式

命令行：DIMSTYLE。

菜单：格式→标注样式或标注→标注样式。

工具栏：标注→标注样式 。

功能区：单击"默认"选项卡"注释"面板中的"标注样式"按钮 （图 5-39），或单击"注释"选项卡"标注"面板上的"标注样式"下拉菜单中的"管理标注样式"按钮（图 5-40），或单击"注释"选项卡"标注"面板中"对话框启动器"按钮 。

图 5-39 "注释"面板

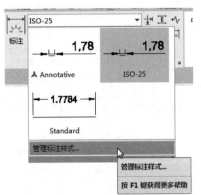

图 5-40 "标注"面板

2．操作步骤

执行上述命令后，系统打开"标注样式管理器"对话框，如图 5-41 所示。利用此对话框可方便直观地定制和浏览尺寸标注样式，包括产生新的标注样式、修改已存在的样式、设置当前尺寸标注样式、样式重命名以及删除一个已有样式等。

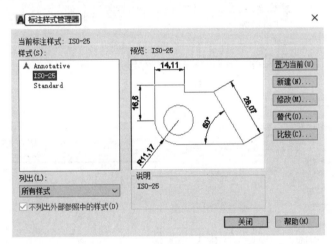

图 5-41 "标注样式管理器"对话框

3．选项说明

"标注样式管理器"对话框各个选项含义如表 5-6 所示。

表 5-6 "标注样式管理器"对话框各选项含义

选 项	含 义
"置为当前"按钮	点取此按钮，把在"样式"列表框中选中的样式设置为当前样式
"新建"按钮	定义一个新的尺寸标注样式。单击此按钮，AutoCAD 打开"创建新标注样式"对话框，如图 5-42 所示，利用此对话框可创建一个新的尺寸标注样式，单击"继续"按钮，系统打开"新建标注样式：副本 ISO -25"对话框，如图 5-43 所示，利用此对话框可对新样式的各项特性进行设置。该对话框中各部分的含义和功能将在后面介绍

选 项	含 义
"修改"按钮	修改一个已存在的尺寸标注样式。单击此按钮,AutoCAD打开"修改标注样式"对话框,该对话框中的各选项与"新建标注样式:副本 ISO-25"对话框中完全相同,可以对已有标注样式进行修改
"替代"按钮	设置临时覆盖尺寸标注样式。单击此按钮,AutoCAD打开"替代当前样式"对话框,该对话框中各选项与"新建标注样式:副本 ISO-25"对话框完全相同,用户可改变选项的设置覆盖原来的设置,但这种修改只对指定的尺寸标注起作用,而不影响当前尺寸变量的设置
"比较"按钮	比较两个尺寸标注样式在参数上的区别,或浏览一个尺寸标注样式的参数设置。单击此按钮,AutoCAD打开"比较标注样式"对话框,如图 5-44 所示。可以把比较结果复制到剪切板上,再粘贴到其他的 Windows 应用软件上

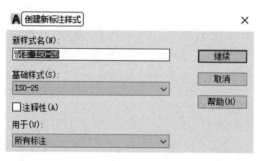

图 5-42 "创建新标注样式"对话框

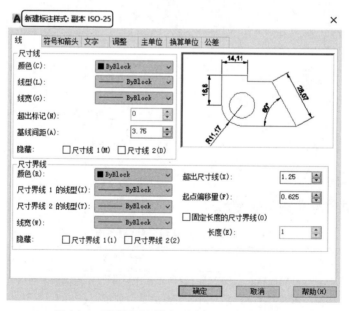

图 5-43 "新建标注样式:副本 ISO-25"对话框

在图 5-43 所示的"新建标注样式:副本 ISO-25"对话框中,有七个选项卡,分别说明如下。

1）线

在"新建标注样式"对话框中，第一个选项卡就是"线"选项卡，该选项卡用于设置尺寸线、尺寸界线的形式和特性，包括尺寸线的颜色、线宽、超出标记、基线间距、隐藏等参数，尺寸界线的颜色、线宽、超出尺寸线、起点偏移量、隐藏等参数。

2）符号和箭头

该选项卡用于对箭头、圆心标记、折断标注、弧长符号、半径折弯标注和线性折弯标注的各个参数进行设置，如图 5-45 所示，包括箭头的大小、引线等参数，圆心标记的类型大小等参数，弧长符号位置，半径折弯标注的折弯角度，线性折弯标注的折弯高度因子以及折断标注的折断大小等参数。

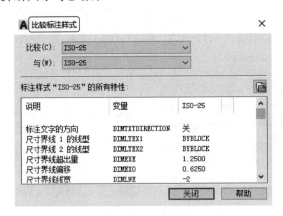

图 5-44　"比较标注样式"对话框

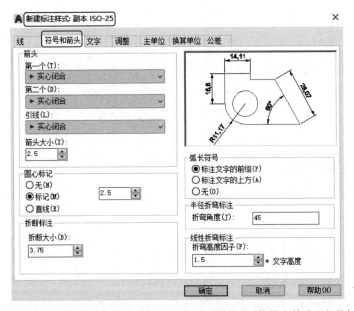

图 5-45　"新建标注样式：副本 ISO-25"对话框的"符号和箭头"选项卡

3）文字

该选项卡用于对文字的外观、位置、对齐方式等参数进行设置，如图 5-46 所示，包括文字外观的文字样式、文字颜色、填充颜色、文字高度、分数高度比例、是否绘制文字边框等参数，文字位置的垂直、水平和从尺寸线偏移等参数。文字对齐方式有水平、与尺寸线对齐、ISO 标准等三种方式。图 5-47 为尺寸在垂直方向放置的四种情形。图 5-48 为尺寸在水平方向放置的五种情形。

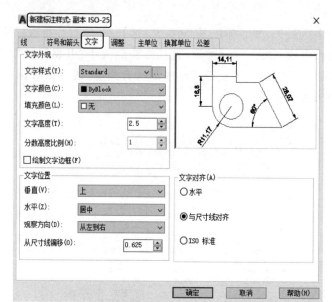

图 5-46 "新建标注样式：副本 ISO-25"对话框的"文字"选项卡

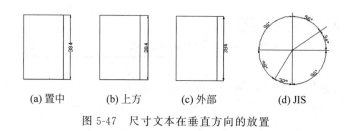

(a) 置中 (b) 上方 (c) 外部 (d) JIS

图 5-47 尺寸文本在垂直方向的放置

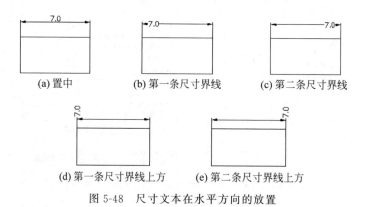

(a) 置中 (b) 第一条尺寸界线 (c) 第二条尺寸界线

(d) 第一条尺寸界线上方 (e) 第二条尺寸界线上方

图 5-48 尺寸文本在水平方向的放置

4）调整

该选项卡用于对调整选项、文字位置、标注特征比例、优化等参数进行设置，如图 5-49 所示。该选项卡包括调整选项选择，文字不在默认位置时的放置位置，标注特征比例选择以及调整尺寸要素位置等参数。图 5-50 为文字不在默认位置时的放置位置的三种情形。

图 5-49 "新建标注样式：副本 ISO -25"对话框的"调整"选项卡

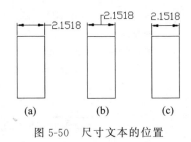

图 5-50 尺寸文本的位置

5）主单位

该选项卡用来设置尺寸标注的主单位和精度，以及给尺寸文本添加固定的前缀或后缀。本选项卡含两个选项组，分别对线性标注和角度标注进行设置，如图 5-51 所示。

6）换算单位

该选项卡用于对替换单位进行设置，如图 5-52 所示。

Note

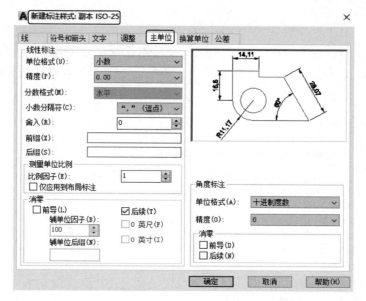

图 5-51 "新建标注样式：副本 ISO-25"对话框"主单位"选项卡

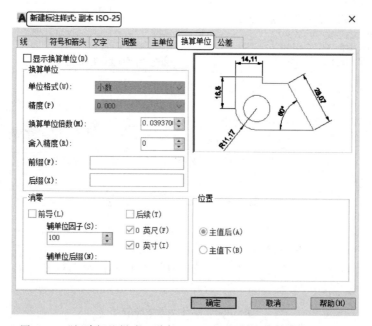

图 5-52 "新建标注样式：副本 ISO-25"对话框"换算单位"选项卡

7）公差

该选项卡用于对尺寸公差进行设置，如图 5-53 所示。其中，"方式"下拉列表框列出了 AutoCAD 提供的五种标注公差的形式，用户可从中选择。这五种形式分别是"无""对称""极限偏差""极限尺寸""基本尺寸"，其中"无"表示不标注公差，即前面讲述的通常标注情形。其余四种标注情况如图 5-54 所示。可在"精度""上偏差""下偏差""高度比例""垂直位置"等文本框中输入或选择相应的参数值。

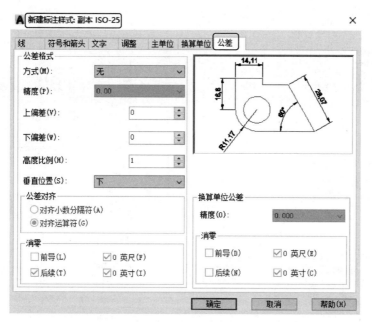

图 5-53 "新建标注样式：副本 ISO-25"对话框的"公差"选项卡

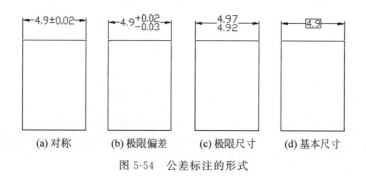

(a) 对称 (b) 极限偏差 (c) 极限尺寸 (d) 基本尺寸

图 5-54 公差标注的形式

注意：系统自动在上偏差数值前加一个"＋"号，在下偏差数值前加一个"－"号。如果上偏差是负值，下偏差是正值，都需要在输入的偏差值前加负号。如下偏差是＋0.005，则需要在"下偏差"微调框中输入－0.005。

5.3.2 尺寸标注

1. 线性标注

1）执行方式

命令行：DIMLINEAR。

菜单：标注→线性。

工具栏：标注→线性 ⊢⊣。

功能区：单击"默认"选项卡"注释"面板中的"线性"按钮 ⊢⊣（图 5-55），或单击"注释"选项卡"标注"面板中的"线性"按钮 ⊢⊣（图 5-56）。

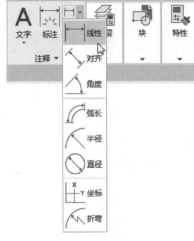

图 5-55 "注释"面板

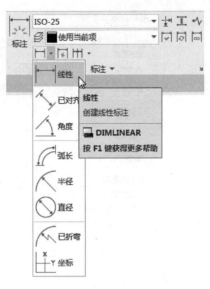

图 5-56 "标注"面板

2）操作步骤

命令:DIMLINEAR↙
指定第一个尺寸界线原点或 <选择对象>:

在此提示下有两种选择，直接按 Enter 键选择要标注的对象或确定尺寸界线的起始点，按 Enter 键并选择要标注的对象或指定两条尺寸界线的起始点后，系统继续提示：

选择标注对象:用拾取框选择要标注尺寸的线段
指定尺寸线位置或[多行文字(M)/文字(T)/角度(A)/水平(H)/垂直(V)/旋转(R)]:

3）选项说明

"线性"命令各个选项含义如表 5-7 所示。

表 5-7 "线性"命令各选项含义

选 项	含 义
指定尺寸线位置	用于确定尺寸线的位置。用户可移动鼠标选择合适的尺寸线位置，然后按 Enter 键或单击，AutoCAD 则自动测量要标注线段的长度并标注出相应的尺寸
多行文字(M)	用多行文本编辑器确定尺寸文本
文字(T)	用于在命令行提示下输入或编辑尺寸文本。选择此选项后，命令行提示如下。 　　输入标注文字<默认值>: 　　其中的默认值是 AutoCAD 自动测量得到的被标注线段的长度，直接按 Enter 键即可采用此长度值，也可输入其他数值代替默认值。当尺寸文本中包含默认值时，可使用尖括号"<>"表示默认值

续表

选　　项	含　　义
角度（A）	用于确定尺寸文本的倾斜角度
水平（H）	水平标注尺寸，不论标注什么方向的线段，尺寸线总保持水平放置
垂直（V）	垂直标注尺寸，不论标注什么方向的线段，尺寸线总保持垂直放置
旋转（R）	输入尺寸线旋转的角度值，旋转标注尺寸

对齐标注的尺寸线与所标注的轮廓线平行；坐标尺寸标注点的纵坐标或横坐标；角度标注是标注两个对象之间的角度；直径或半径标注是标注圆或圆弧的直径或半径；圆心标记则标注圆或圆弧的中心或中心线，具体由"新建（修改）标注样式"对话框"尺寸与箭头"选项卡"圆心标记"选项组决定。上面所述这几种尺寸标注与线性标注类似，不再赘述。

2. 基线标注

基线标注用于产生一系列基于同一条尺寸界线的尺寸标注，适用于长度尺寸标注、角度标注和坐标标注等。在使用基线标注方式之前，应该先标注出一个相关的尺寸，如图 5-57 所示。基线标注两平行尺寸线间距由"新建（修改）标注样式"对话框"尺寸与箭头"选项卡"尺寸线"选项组中"基线间距"文本框中的值决定。

1）执行方式

命令行：DIMBASELINE。

菜单：标注→基线。

工具栏：标注→基线标注 ⊟。

功能区：单击"注释"选项卡"标注"面板中的"基线"按钮 ⊟。

2）操作步骤

命令:DIMBASELINE↙
指定第二个尺寸界线原点或 [放弃(U)/选择(S)] <选择>

直接确定另一个尺寸的第二条尺寸界线的起点，AutoCAD 以上次标注的尺寸为基准标注，标注出相应尺寸。

直接按 Enter 键，系统提示：

选择基准标注:(选取作为基准的尺寸标注)

连续标注又叫尺寸链标注，用于产生一系列连续的尺寸标注，后一个尺寸标注均把前一个标注的第二条尺寸界线作为它的第一条尺寸界线。与基线标注一样，在使用连续标注方式之前，应该先标注出一个相关的尺寸。其标注过程与基线标注类似，如图 5-58 所示。

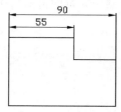

图 5-57　基线标注

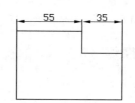

图 5-58　连续标注

Note

3. 引线标注

1) 执行方式

命令行: QLEADER。

2) 操作步骤

```
命令:QLEADER↙
指定第一个引线点或 [设置(S)] <设置>:
指定下一个点:(输入指引线的第二点)
指定下一个点:(输入指引线的第三点)
指定文字宽度 <0.0000>:(输入多行文本的宽度)
输入注释文字的第一行 <多行文字(M)>:(输入单行文本或回车打开多行文字编辑器输入多行文本)
输入注释文字的下一行:(输入另一行文本)
输入注释文字的下一行:(输入另一行文本或回车)
```

也可以在上面操作过程中选择"设置(S)"项打开"引线设置"对话框进行相关参数
设置,如图 5-59 所示。

图 5-59　"引线设置"对话框

另外,还有一个名为"LEADER"的命令行命令也可以进行引线标注,与 QLEADER
命令类似,不再赘述。

5.4　图块及其属性

把一组图形对象组合成图块加以保存,需要的时候可以把图块作为一个整体以任
意比例和旋转角度插入图中任意位置,这样不仅可避免大量的重复工作,提高绘图速度
和工作效率,而且可大大节省磁盘空间。

5.4.1　图块操作

1. 图块定义

1) 执行方式

命令行: BLOCK。

菜单：绘图→块→创建。

工具栏：绘图→创建块 。

功能区：单击"默认"选项卡"块"面板中的"创建"按钮 ，或单击"插入"选项卡"块定义"面板中的"创建块"按钮 。

2）操作步骤

执行上述命令后，系统打开如图5-60所示的"块定义"对话框，利用该对话框指定定义对象和基点以及其他参数，可定义图块并命名。

图 5-60　"块定义"对话框

2．图块保存

1）执行方式

命令行：WBLOCK。

2）操作步骤

执行上述命令后，系统打开如图5-61所示的"写块"对话框。利用此对话框可把图形对象保存为图块，或把图块转换成图形文件。

以 BLOCK 命令定义的图块只能插入当前图形。以 WBLOCK 保存的图块则既可以插入当前图形，也可以插入其他图形。

3．图块插入

1）执行方式

命令行：INSERT。

菜单：插入→块选项板。

工具栏：插入→插入块 或绘图→插入块 。

功能区：单击"默认"选项卡"块"面板中的"插入"下拉菜单，或单击"插入"选项卡"块"面板中的"插入"下拉菜单，如图5-62所示。

2）操作步骤

执行上述命令后，选择"最近使用的块"，系统打开"块"选项板，如图5-63所示。利用此选项板设置插入点位置、插入比例以及旋转角度，可以指定要插入的图块及插入位置。

图 5-61 "写块"对话框

图 5-62 "插入"下拉菜单

图 5-63 "块"选项板

4. 动态块

动态块具有灵活性和智能性。用户在操作时，可以轻松地更改图形中的动态块参照。可以通过自定义夹点或自定义特性来操作动态块参照中的几何图形。这使得用户可以根据需要在位调整块,而不用搜索另一个块以插入或重定义现有的块。

可以使用块编辑器创建动态块。块编辑器是一个专门的编写区域,用于添加能够使块成为动态块的元素。用户可以从头创建块,可以向现有的块定义中添加动态行为,也可以像在绘图区域中一样创建几何图形。

1)执行方式

命令行:BEDIT。

菜单:工具→块编辑器。

工具栏:标准→块编辑器 。

快捷菜单:选择一个块参照,右击,在快捷菜单中选择"块编辑器"项。

2)操作步骤

执行上述命令后,系统打开"编辑块定义"对话框,如图 5-64 所示。在"要创建或编辑的块"文本框中输入块名或在列表框中选择已定义的块或当前图形。确认后系统打开"块编辑器"选项卡,如图 5-65 所示。

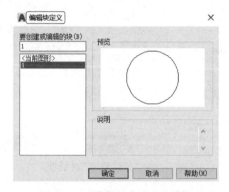

图 5-64　"编辑块定义"对话框

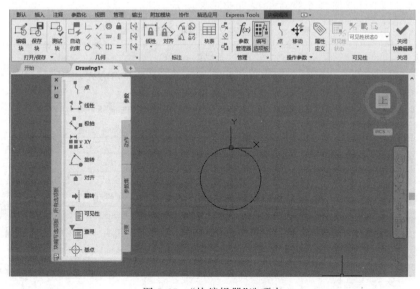

图 5-65　"块编辑器"选项卡

5.4.2 图块的属性

1. 属性定义

1) 执行方式

命令行：ATTDEF。

菜单：绘图→块→定义属性。

功能区：单击"插入"选项卡"块定义"面板中的"定义属性"按钮 ✎，或单击"默认"选项卡"块"面板中的"定义属性"按钮 ✎。

2) 操作步骤

执行上述命令后，系统打开"属性定义"对话框，如图 5-66 所示。

图 5-66 "属性定义"对话框

3) 选项说明

"属性定义"对话框各个选项含义如表 5-8 所示。

表 5-8 "属性定义"对话框各选项含义

选　　项		含　　义
"模式"选项组	"不可见"复选框	选中此复选框，属性为不可见显示方式，即插入图块并输入属性值后，属性值在图中并不显示出来
	"固定"复选框	选中此复选框，属性值为常量，即属性值在属性定义时给定，在插入图块时 AutoCAD 不再提示输入属性值
	"验证"复选框	选中此复选框，当插入图块时，AutoCAD 重新显示属性值让用户验证该值是否正确
	"预设"复选框	选中此复选框，当插入图块时，AutoCAD 自动把事先设置好的默认值赋予属性，而不再提示输入属性值
	"锁定位置"复选框	选中此复选框，当插入图块时，AutoCAD 锁定块参照中属性的位置。解锁后，属性可以相对于使用夹点编辑的块的其他部分移动，并且可以调整多行属性的大小
	"多行"复选框	指定属性值可以包含多行文字。选中此复选框后，可以指定属性的边界宽度

续表

选　项		含　义
"属性"选项组	"标记"文本框	输入属性标签。属性标签可由除空格和感叹号以外的所有字符组成。AutoCAD 自动把小写字母改为大写字母
	"提示"文本框	输入属性提示。属性提示是插入图块时 AutoCAD 要求输入属性值的提示。如果不在此文本框内输入文本,则以属性标签作为提示。如果在"模式"选项组选中"固定"复选框,即设置属性为常量,则不需设置属性提示
	"默认"文本框	设置默认的属性值。可把使用次数较多的属性值作为默认值,也可不设默认值

2. 修改属性定义

1）执行方式

命令行：DDEDIT。

菜单：修改→对象→文字→编辑。

2）操作步骤

```
命令: DDEDIT↙
选择注释对象或[放弃(U)]:
```

在此提示下选择要修改的属性定义,AutoCAD 打开"编辑属性定义"对话框,如图 5-67 所示。可以在该对话框中修改属性定义。

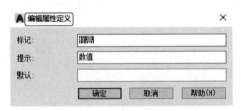

图 5-67 "编辑属性定义"对话框

3. 图块属性编辑

1）执行方式

命令行：EATTEDIT。

菜单：修改→对象→属性→单个。

工具栏：修改Ⅱ→编辑属性 。

2）操作步骤

```
命令: EATTEDIT↙
选择块:
```

选择块后,系统打开"增强属性编辑器"对话框,如图 5-68 所示。该对话框不仅可以编辑属性值,还可以编辑属性的文字选项和图层、线型、颜色等特性值。

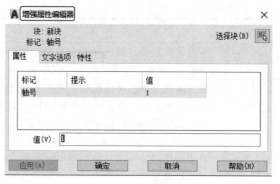

图 5-68 "增强属性编辑器"对话框

5.4.3 上机练习——绘制 A3 样板图框

练习目标

绘制 A3 样板图框,如图 5-69 所示。

设计思路

首先新建图形,并在新建的图形上设置图形单位和文字样式,利用之前所学过的二维绘图命令和二维编辑命令绘制图

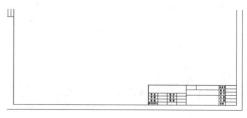

图 5-69 绘制 A3 样板图框

框,在图框中添加文字,最后将所绘制的图框创建为图块。

操作步骤

(1)设置文本样式。单击"默认"选项卡"注释"面板中的"文字样式"按钮 **A**,打开"文字样式"对话框,如图 5-70 所示,单击"新建"按钮,打开"新建文字样式"对话框,如图 5-71 所示,将字体和高度分别进行设置。

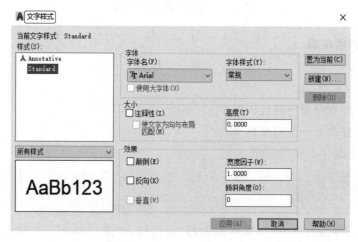

图 5-70 "文字样式"对话框

（2）单击"默认"选项卡"绘图"面板中的"矩形"按钮 ▭，在图形空白位置任选一点为矩形起点绘制一个尺寸为 420mm × 297mm 的矩形，如图 5-72 所示。

图 5-71 "新建文字样式"对话框

（3）单击"默认"选项卡"绘图"面板中的"多段线"按钮 ⊃，指定起点宽度为 0.5mm，指定端点宽度为 0.5mm，在上步绘制矩形内绘制连续多段线，如图 5-73 所示。

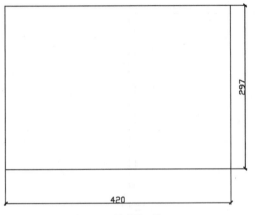

图 5-72 绘制矩形（一）　　　　图 5-73 绘制连续多段线

（4）单击"默认"选项卡"绘图"面板中的"矩形"按钮 ▭，在图形空白位置任选一点为矩形起点绘制一个尺寸为 100mm×20mm 的矩形，如图 5-74 所示。

（5）单击"默认"选项卡"修改"面板中的"分解"按钮 ▣，选择上步所绘制的矩形为分解对象，按 Enter 键确认对其进行分解处理，使其变为独立的线段。

（6）单击"默认"选项卡"修改"面板中的"偏移"按钮 ▤，选择上步分解线段左侧竖直直线为偏移对象将其向右进行偏移，偏移距离为 25mm、25mm、25mm，如图 5-75 所示。

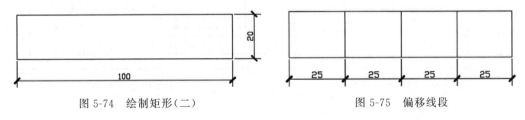

图 5-74 绘制矩形（二）　　　　图 5-75 偏移线段

（7）单击"默认"选项卡"修改"面板中的"偏移"按钮 ▤，选择分解矩形上步水平边为偏移对象将其向下进行偏移，偏移距离为 5mm、5mm、5mm、5mm，如图 5-76 所示。

（8）单击"默认"选项卡"注释"面板中的"多行文字"按钮 A，在上步偏移线段内添加文字，设置字高为 3.5mm，如图 5-77 所示。

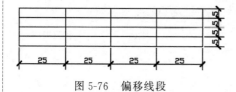

图 5-76　偏移线段

图 5-77　添加文字

（9）单击"默认"选项卡"修改"面板中的"移动"按钮 ✛ ，选择上步绘制的会签栏为移动对象，将其移动放置到前面绘制的矩形左上角位置，如图 5-78 所示。

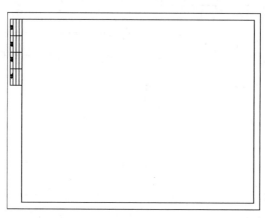

图 5-78　绘制矩形（三）

（10）单击"默认"选项卡"绘图"面板中的"多段线"按钮 ⤵ ，指定起点宽度为0.8mm，指定端点宽度为 0.8mm，在绘制内部矩形右下角位置绘制连续多段线，如图 5-79所示。

（11）单击"默认"选项卡"绘图"面板中的"直线"按钮 ╱ ，在上步绘制多段线内绘制多条直线，如图 5-80 所示。

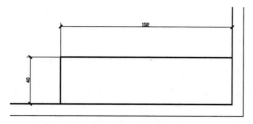

图 5-79　绘制连续多段线

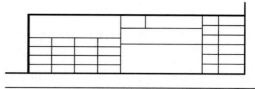

图 5-80　绘制多条直线

（12）单击"默认"选项卡"注释"面板中的"多行文字"按钮 **A** ，在上步绘制线段内添加文字，如图 5-81 所示。

（13）在命令行中输入"WBLOCK"写块命令，弹出"写块"对话框，如图 5-82 所示。选择对话框上的"拾取点" 🔡 ，选择上步绘制完成的图框上左下角点为定义点，单击"选择对象"按钮 🔲 ，选择上步绘制的图框为选择对象，选择保存名和路径将绘制的图框图形定义为块，并为其命名。至此，A3 图框就绘制完成了。

				业务号	
				图 别	
				图 号	
审 定		校 对		比 例	
审 核		设 计		日 期	
校 核		制 图		页 码	
项目负责人					

图 5-81　添加文字

图 5-82　"写块"对话框

2

第2篇　园林单元设计

第 6 章

园林建筑

本 章 导 读

　　园林建筑是造园的五大要素之一,且形式多样,既有使用价值,又能与环境组成景致,供人们游览和休憩。本章首先对各种类型的建筑作简单的介绍,然后结合实例进行讲解。

学 习 要 点

◆ 概述

◆ 亭设计实例

6.1 概 述

园林建筑是指在园林中与园林造景有直接关系的建筑,它既有使用价值,又能与环境组成景致,供人们游览和休憩,因此园林建筑的设计构造等一定要照顾两个方面的因素,使之达到可居、可游、可观。其设计方法概括起来主要有六个方面:立意、选址、布局、借景、尺度与比例、色彩与质感。另外,根据园林设计的立意、功能要求、造景等需要,必须考虑适当的建筑和建筑组合。同时,要考虑建筑的体量、造型、色彩以及与其配合的假山艺术、雕塑艺术、园林植物、水景等诸要素的安排,并要求精心构思,使园林中的建筑起到画龙点睛的作用。

园林建筑常见的有亭、榭、廊、花架、大门、园墙、桥等。

6.1.1 园林建筑基本特点

园林建筑作为造园五要素之一,是一种独具特色的建筑,既要满足建筑的使用功能要求,又要满足园林景观的造景要求,是既与园林环境密切结合又与自然融为一体的建筑类型。

1. 功能

1)满足功能要求

园林是改善、美化人们生活环境的设施,也是供人们休息、游览、文化娱乐的场所,随着园林活动的日益增多,园林建筑类型也日益丰富起来,主要有茶室、餐厅、展览馆、体育场所等,以满足人们的需要。

2)满足园林景观要求

(1)点景:点景要与自然风景融汇结合,园林建筑常成为园林景观的构图中心主体,或易于近观的局部小景或成为主景,控制全园布局,园林建筑在园林景观构图中常有画龙点睛的作用。

(2)赏景:赏景作为观赏园内外景物的场所,一栋建筑常成为画面的亮点,而一组建筑物与游廊相连成为动观全景的观赏线。因此,建筑朝向、门窗位置大小要考虑赏景的要求。

(3)引导游览路线:园林建筑常常具有起承转合的作用,当人们的视线触及某处优美的园林建筑时,游览路线就会自然而然地延伸,建筑常成为视线引导的主要目标。人们常说的步移景异就是这个意思。

(4)组织园林空间:园林设计空间组合和布局是重要内容,园林常以一系列的空间的变化巧妙安排给人以艺术享受,以建筑构成的各种形式的庭院及游廊、花墙、圆洞门等恰是组织空间、划分空间的最好手段。

2. 特点

1)布局

园林建筑布局上要因地制宜,巧于因借,建筑规划选址除考虑功能要求外,要善于利用地形,结合自然环境,与自然融为一体。

2）情景交融

园林建筑应结合情景,抒发情趣,尤其在古典园林建筑中,常与诗画结合,加强感染力,达到情景交融的境界。

3）空间处理

在园林建筑的空间处理上,应尽量避免轴线对称,整形布局,力求曲折变化,参差错落,空间布置要灵活。通过空间划分,形成大小空间的对比,增加层次感,扩大空间感。

4）造型

园林建筑在造型上更重视美观的要求,建筑体型、轮廓要有表现力,增加园林画面美,建筑体量、体态都应与园林景观协调统一,造型要表现园林特色、环境特色、地方特色。一般而言,在造型上,体量宜轻盈,形式宜活泼,力求简洁明快,通透有度,达到功能与景观的有机统一。

5）装修

在细节装饰上,应有精巧的装饰,增加本身的美观,又以之用来组织空间画面。如常用的挂落、栏杆、漏窗、花格等。

3．园林建筑的分类

按使用功能,园林建筑可划分为以下类型。

（1）游憩性建筑：有休息、游赏使用功能,具有优美造型,如亭、廊、花架、榭、舫、园桥等。

（2）园林建筑小品：以装饰园林环境为主,注重外观形象的艺术效果,兼有一定使用功能,如园灯、园椅、展览牌、景墙、栏杆等。

（3）服务性建筑：为游人在旅途中提供生活上服务的设施,如小卖部、茶室、小吃部、餐厅、小型旅馆、厕所等。

（4）文化娱乐设施或开展活动用的设施：如游船码头、游艺室、俱乐部、演出厅、露天剧场、展览厅等。

（5）办公管理用设施：主要有公园大门、办公室、实验室、栽培温室；在动物园,还应有动物的兽室。

6.1.2 园林建筑图绘制

园林建筑的设计程序一般分为初步设计和施工图设计两个阶段,较复杂的工程项目还要进行技术设计。

初步设计主要是提出方案,说明建筑的平面布置、立面造型、结构选型等内容,绘制出建筑初步设计图,送有关部门审批。

技术设计主要是确定建筑的各项具体尺寸和构造做法；进行结构计算,确定承重构件的截面尺寸和配筋情况。

施工图设计主要是根据已批准的初步设计图,绘制出符合施工要求的图纸。园林建筑景观施工图一般包括平面图、施工图、剖面图以及建筑详图等内容,与建筑施工图的绘制基本类似。

1．初步设计图的绘制

1）初步设计图的内容

初步设计图包括基本图样，即总平面图，建筑平面图、立面图、剖面图，有关技术和构造说明，主要技术经济指标等。通常要作一幅透视图，表示园林建筑竣工后的外貌。

2）初步设计图的表达方法

初步设计图尽量画在同一张图纸上，图面布置可以灵活些，表达方法可以多样。例如，可以画上阴影和配景，或用色彩渲染，以加强图面效果。

3）初步设计图的尺寸

初步设计图上要画出比例尺并标注主要设计尺寸，如总体尺寸、主要建筑的外形尺寸、轴线定位尺寸和功能尺寸等。

2．施工图的绘制

设计图审批后，再按施工要求绘制出完整的建施、结施图样及有关技术资料。绘图步骤如下。

（1）确定绘制图样的数量。建筑的外形、平面布置、构造和结构的复杂程度决定绘制哪种图样。在保证能顺利完成施工的前提下，图样的数量应尽量少。

（2）在保证图样能清晰地表达其内容的情况下，根据各类图样的不同要求，选用合适的比例，平面图、立面图、剖面图尽量采用同一比例。

（3）进行合理的图面布置。尽量保持各图样的投影关系，或将同类型、内容关系密切的图样集中绘制。

（4）通常先画建筑施工图，一般按总平面→平面图→立面图→剖面图→建筑详图的顺序进行绘制。再画结构施工图，一般先画基础图、结构平面图，然后分别画出各构件的结构详图。

（5）编写施工总说明。施工总说明的内容有放样和设计标高、基础防潮层、楼面、楼地面、屋面、楼梯和墙身的材料和做法，室内外粉刷、装修的要求、材料和做法等。

6.2　亭设计实例

亭是我国园林造景中运用最多的一种建筑形式。无论是在传统的古典园林中，或是在1949年后新建的公园及风景游览区，都可以看到各种各样的亭子，或屹立于山冈之上；或依附在建筑之旁；或漂浮在水池之畔。亭以玲珑美丽、丰富多样的形象与园林中的其他建筑、山水、绿化等相结合，构成一幅幅生动的图画。在造型上，亭要结合具体地形、自然景观和传统设计，并以其特有的娇美轻巧、玲珑剔透形象与周围的建筑、绿化、水景等结合而构成园林一景。

6.2.1　亭的基本特点

亭的构造大致可分为亭顶、亭身、亭基三部分。体量宁小勿大，形制也较细巧，竹、木、石、砖、瓦等地方性传统材料均可用于修建亭。现在，亭更多的是用钢筋混凝土或兼以轻钢、铝合金、玻璃钢、镜面玻璃、充气塑料等材料组建而成。

亭四面多开放,空间流动,内外交融,榭廊亦如此。解析了亭,也就能举一反三于其他楼阁殿堂。亭、榭等体量不大,但在园林造景中作用不小,是室内的室外;而在庭院中,则是室外的室内。选择要有分寸,大小要得体,即要有恰到好处的比例与尺度,只注重某一方面都是不好的。任何作品只有在一定的环境下,它才是艺术、科学。生搬硬套学流行,会失去其神韵和灵性,就谈不上艺术性与科学性。

园亭,是指园林绿地中精致细巧的小型建筑物。可分为两类:一类是供人休憩观赏的亭;另一类是具有实用功能的票亭、售货亭等。

1. 园亭的位置选择

建亭的位置要从两方面考虑,一是由内向外好看,二是由外向内也好看。园亭要建在风景好的地方,使入内歇足休息的人有景可赏,即留得住人;同时,更要考虑建亭后成为一处园林美景,园亭在这里往往可以起到画龙点睛的作用。

2. 园亭的设计构思

园亭虽小巧,却必须深思才能出类拔萃。具体要求如下。

(1) 选择所设计的园亭,是传统或是现代,是中式或是西洋,是自然野趣或是奢华富贵,这些款式的不同是不难理解的。

(2) 同种款式中,平面、立面、装修的大小、形状、繁简也有很大的不同,需要斟酌。例如,同样是植物园内的中国古典园亭,牡丹园和槭树园不同。牡丹亭必须重檐起翘,大红柱子;槭树亭则白墙灰瓦足矣。这是因它们所在的环境气质不同而异。同样是欧式古典圆顶亭,高尔夫球场和私宅庭园的大小有很大不同,这是因它们所在环境的开阔郁闭不同而异。同是自然野趣,水际竹筏嬉鱼和树上权窝观鸟不同,这是因环境的功能要求不同而异。

(3) 所有的形式、功能、建材都在演变进步之中,常常相互交叉,必须着重于创造。例如,在中国古典园亭的梁架上,以卡普隆阳光板作顶代替传统的瓦,古中有今,洋为我用,可以取得很好的效果。以四片实墙,边框采用中国古典园亭的外轮廓,组成虚拟的亭,也是一种创造。也可采用悬索、布幕、玻璃、阳光板等进行创造。

只有深入考虑这些关节,才能标新立异,不落俗套。

3. 园亭的平立面

园亭体量小,平面严谨。自点状伞亭起,三角、正方、长方、六角、八角以至圆形、海棠形、扇形,由简单而复杂,基本上都是规则几何形体,或再加以组合变形。根据这个道理,可构思其他形状,也可以和其他园林建筑如花架、长廊、水榭组合成一组建筑。

园亭的平面组成比较单纯,除了柱子、坐凳(椅)、栏杆,有时也有一段墙体、桌、碑、井、镜、匾等。

园亭的平面布置,一种是一个出入口,为终点式;还有一种是两个出入口,为穿过式。可视亭大小而采用不同布置方式。

4. 园亭的立面

园亭的立面因款式的不同而有很大的差异。但有一点是共同的,就是内、外空间相互渗透,立面显得开畅通透。园亭的立面可以分成几种类型,这是决定园亭风格款式的主要因素,如中国古典、西洋古典传统式样,它们都有程式可依,困难的是施工十分繁复。中国传统园亭柱子有木和石两种,用真材或混凝土仿制;但屋盖变化多,如以混凝土代木,则所费工、料均不合算,效果也不甚理想。西洋传统形式,现在市面有各种规格的玻璃钢、GRC(罗马柱)柱式、檐口,可在结构外套用。

园亭可采用平顶、斜坡、曲线等各种新式样。要注意园亭平面和组成均很简洁,观赏功能又强,因此屋面变化不妨多一些,如做成折板、弧形、波浪形,或者用新型建材、瓦、板材;或者强调某一部分构件和装修,来丰富园亭外立面。

园亭可采用仿自然、野趣的式样。目前用得多的是竹、松木、棕榈等植物外形或木结构,真实石材或仿石结构,用茅草作顶也特别有表现力。

5. 设计要点

有关亭的设计,归纳起来,应掌握下面几个要点:

(1) 必须选择好位置,按照总的规划意图选点。

(2) 亭的体量与造型的选择,主要应看它所处的周围环境的大小、性质等,因地制宜而定。

(3) 亭子的材料及色彩,应力求就地选用地方材料,加工便利,又易于配合自然。

6.2.2　设计思路

设计时,首先应新建文件,设置图层、文字样式以及标注样式,然后利用之前所学过的二维绘图和二维编辑命令,绘制亭平面图、亭立面图、亭屋顶平面图以及亭详图等,形成一整套图形。

6.2.3　绘图前准备以及绘图设置

1. 建立新文件

打开 AutoCAD 2022 应用程序,单击"快速访问"工具栏中的"新建"按钮 ,以无样板打开-公制(M)建立新文件,将新文件命名为"亭平面图.dwg"并保存。

2. 设置图层

根据需要,设置以下几个图层:"标注""亭""轴线""文字",把"轴线"设置为当前图层,设置好的各图层的属性如图 6-1 所示。

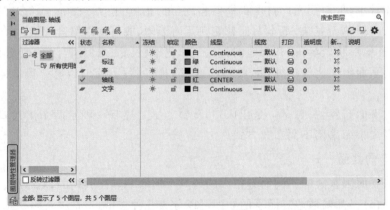

图 6-1　亭平面图图层设置

3. 修改文字样式

单击"默认"选项卡"注释"面板中的"文字样式"按钮 ，进入"文字样式"对话框，选择右边"新建(N)"按钮，进入"新建文字样式"对话框，如图 6-2 所示，输入样式名为"样式 1"，然后按"确定"按钮，重返"文字样式"对话框，将字体设置为宋体，高度设置为2000mm，然后单击"应用"按钮和"置为当前"按钮，最后单击"关闭"按钮完成操作。

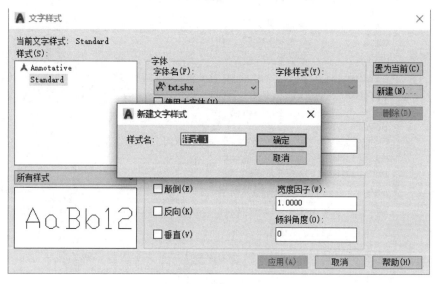

图 6-2　新建文字样式

4. 新建标注样式

单击"默认"选项卡"注释"面板中的"标注样式"按钮 ，打开"标注样式管理器"对话框，如图 6-3 所示，在"标注样式管理器"对话框中单击"新建"按钮，然后进入创建新标注样式对话框，输入新建样式名，单击"继续"按钮来进行标注样式的设置。

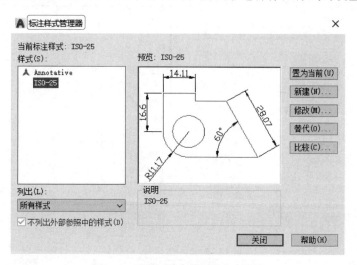

图 6-3　"标注样式管理器"对话框

5．设置新标注样式

根据绘图比例，对线、符号和箭头、文字、主单位选项卡进行设置，具体如下。

（1）线：超出尺寸线为 1000mm，起点偏移量为 1000mm，如图 6-4 所示。

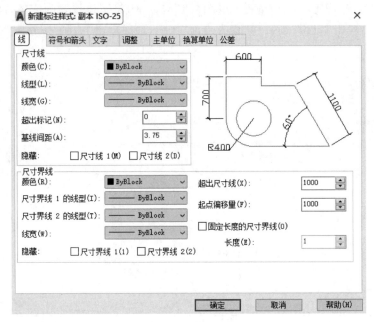

图 6-4 "线"选项卡设置

（2）符号和箭头：第一个为用户箭头，选择建筑标记，箭头大小为 1000mm，如图 6-5 所示。

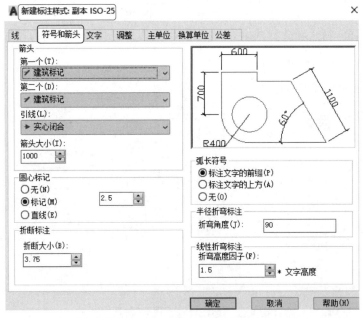

图 6-5 "符号和箭头"选项卡设置

（3）文字：文字高度为2000mm，文字位置为垂直上，文字对齐为 ISO 标准，如图 6-6 所示。

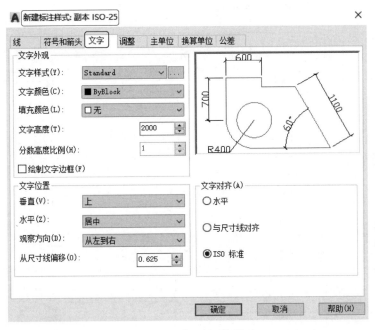

图 6-6　"文字"选项卡设置

（4）主单位：精度为 0，舍入为 100，比例因子为 0.05，如图 6-7 所示。

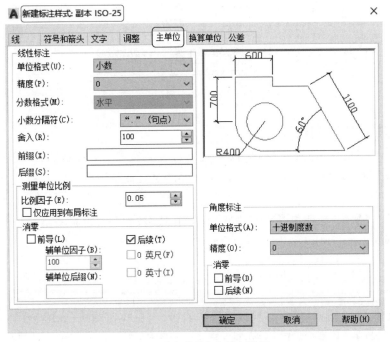

图 6-7　"主单位"选项卡设置

6.2.4 绘制亭平面图

本节绘制如图 6-8 所示的亭平面图。

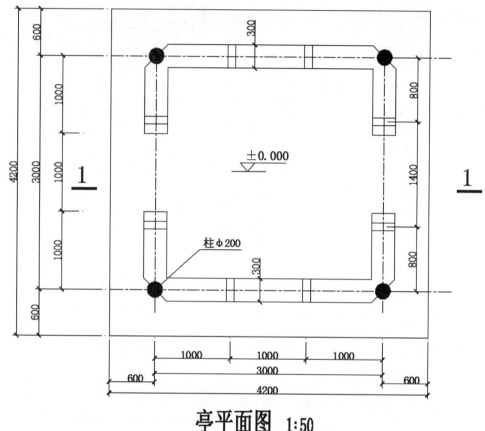

图 6-8 亭平面图

1. 绘制平面定位轴线

（1）在状态栏单击"正交模式"按钮 ，打开正交模式；在状态栏，单击"对象捕捉"按钮 ，打开对象捕捉模式；在状态栏单击"对象捕捉追踪"按钮 ，打开对象捕捉追踪。

（2）单击"默认"选项卡"绘图"面板中的"直线"按钮 ，绘制一条长为 89 600mm 的水平轴线，如图 6-9 所示。

图 6-9 水平轴线

（3）选中上步绘制的水平直线单击鼠标右键，打开快捷菜单，如图 6-10 所示，然后选择"特性"，打开"特性"选项板，如图 6-11 所示，将线型比例设置为 100，得到的轴线如图 6-12 所示。

图 6-10 快捷菜单

图 6-11 设置线型比例

图 6-12 设置线型后的轴线

（4）单击"默认"选项卡"修改"面板中的"偏移"按钮 ，将水平轴线向下偏移，偏移距离为 60 000mm，如图 6-13 所示。

（5）单击"默认"选项卡"绘图"面板中的"直线"按钮 ，绘制一条长为 65 900mm 的竖向轴线，如图 6-14 所示。

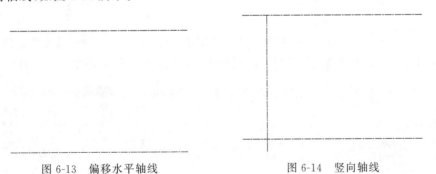

图 6-13 偏移水平轴线

图 6-14 竖向轴线

（6）单击"默认"选项卡"修改"面板中的"偏移"按钮 ，将竖向轴线向右偏移，偏移距离为 60 000mm，最终完成轴线的绘制，如图 6-15 所示。

2. 柱和矩形的绘制

（1）单击"默认"选项卡"修改"面板中的"偏移"按钮 ，将四条轴线分别向外偏移,偏移距离为 12 000mm,如图 6-16 所示。

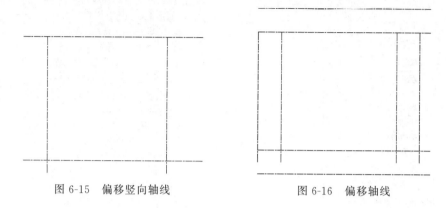

图 6-15　偏移竖向轴线　　　　　　　图 6-16　偏移轴线

（2）单击"默认"选项卡"修改"面板中的"延伸"按钮 ➝ 和"修剪"按钮 ，修剪图形,并修改线型,完成亭子外轮廓线的绘制,如图 6-17 所示。

（3）单击"默认"选项卡"绘图"面板中的"圆"按钮 ⊙ ,绘制一个半径为 2000mm 的圆,如图 6-18 所示。

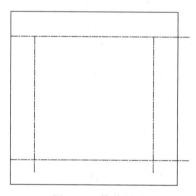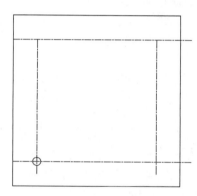

图 6-17　修剪图形　　　　　　　　　图 6-18　绘制的圆

（4）单击"默认"选项卡"绘图"面板中的"图案填充"按钮 ,打开"图案填充创建"选项卡,如图 6-19 所示,选择 SOLID 图案,选择填充区域,填充圆,结果如图 6-20 所示。

图 6-19　"图案填充创建"选项卡

（5）单击"默认"选项卡"修改"面板中的"复制"按钮 ,将填充圆复制到图中其他位置处,完成柱子的绘制,如图 6-21 所示。

Note

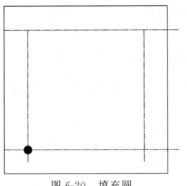

图 6-20　填充圆

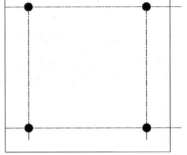

图 6-21　复制填充圆

3. 绘制坐凳

（1）单击"默认"选项卡"修改"面板中的"偏移"按钮 ，将各个轴线分别向内外偏移 3000mm，如图 6-22 所示。

（2）单击"默认"选项卡"绘图"面板中的"直线"按钮 ，在四个角点处绘制 4 条斜线，如图 6-23 所示。

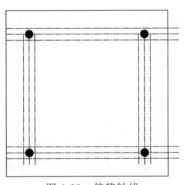

图 6-22　偏移轴线

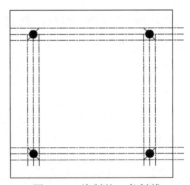

图 6-23　绘制的 4 条斜线

（3）单击"默认"选项卡"修改"面板中的"修剪"按钮 ，修剪掉多余的直线，并修改线型，如图 6-24 所示。

（4）单击"默认"选项卡"修改"面板中的"偏移"按钮 ，将最上侧水平直线向下偏移，偏移距离为 27 500mm、2000mm、2500mm、20 000mm、2500mm 和 2000mm，如图 6-25 所示。

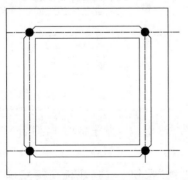

图 6-24　修剪掉多余的直线（一）

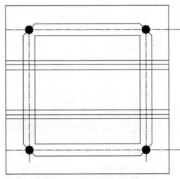

图 6-25　偏移水平直线

（5）单击"默认"选项卡"修改"面板中的"修剪"按钮，修剪掉多余的直线，如图 6-26 所示。

（6）单击"默认"选项卡"修改"面板中的"偏移"按钮，将最左侧竖直直线向右偏移，偏移距离为 31 000mm、2000mm、18 000mm 和 2000mm，如图 6-27 所示。

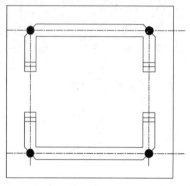

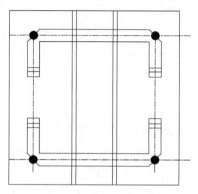

图 6-26　修剪掉多余的直线（二）

图 6-27　偏移竖直直线

（7）单击"默认"选项卡"修改"面板中的"修剪"按钮，修剪掉多余的直线，最终完成坐凳的绘制，如图 6-28 所示。

4. 标注尺寸和文字

（1）将"标注"图层设置为当前层，单击"注释"选项卡"标注"面板中的"线性"按钮和"连续"按钮，标注第一道尺寸，如图 6-29 所示。

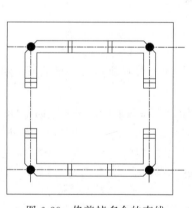

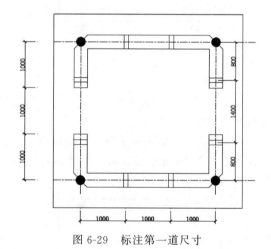

图 6-28　修剪掉多余的直线

图 6-29　标注第一道尺寸

（2）同理，标注第二道尺寸，如图 6-30 所示。

（3）单击"默认"选项卡"注释"面板中的"线性"按钮，标注总尺寸，如图 6-31 所示。

（4）同理，标注图形内部尺寸，如图 6-32 所示。

（5）单击"默认"选项卡"绘图"面板中的"直线"按钮，标注标高符号，如图 6-33 所示。

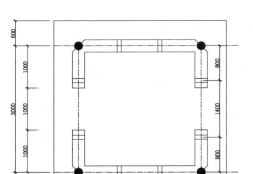

图 6-30 标注第二道尺寸

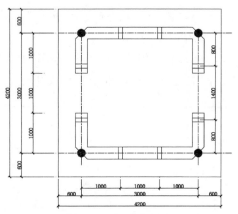

图 6-31 标注总尺寸

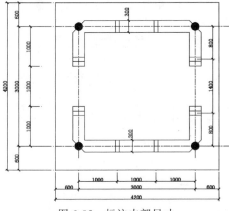

图 6-32 标注内部尺寸

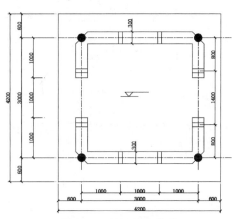

图 6-33 标注标高符号

（6）单击"默认"选项卡"注释"面板中的"多行文字"按钮 $\mathbf{A}$，输入标高数值，如图 6-34 所示。

（7）单击"默认"选项卡"绘图"面板中的"直线"按钮 ╱，在图中引出直线，如图 6-35 所示。

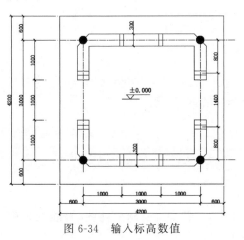

图 6-34 输入标高数值

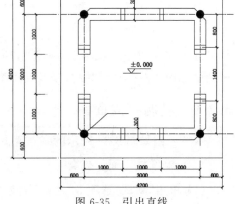

图 6-35 引出直线

（8）单击"默认"选项卡"注释"面板中的"多行文字"按钮 A，在直线上方标注文字，如图 6-36 所示。

（9）单击"默认"选项卡"绘图"面板中的"多段线"按钮 和"注释"面板中的"多行文字"按钮 A，绘制剖切符号，如图 6-37 所示。

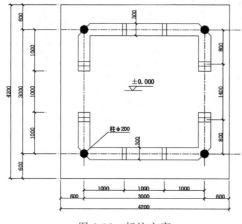

| 图 6-36　标注文字 | 图 6-37　绘制剖切符号 |

（10）单击"默认"选项卡"修改"面板中的"复制"按钮，将剖切符号复制到另外一侧，如图 6-38 所示。

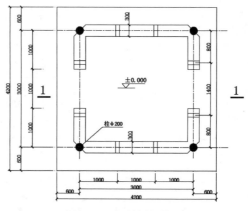

图 6-38　复制剖切符号

（11）单击"默认"选项卡"绘图"面板中的"直线"按钮、"多段线"按钮 和"注释"面板中的"多行文字"按钮 A，标注图名，如图 6-8 所示。

6.2.5　绘制亭立面图

本节绘制如图 6-39 所示的亭立面图。

1．绘制圆柱立面和坐凳

（1）单击"默认"选项卡"绘图"面板中的"直线"按钮，绘制地坪线，直线的长度分别为 38 702,3000,84 000,3000,42 748，如图 6-40 所示。

Note

图 6-39　绘制亭立面图

（2）单击"默认"选项卡"绘图"面板中的"直线"按钮／，在距离左端竖线 10 000 的位置处绘制一条长度为 52 000 的竖向直线，如图 6-41 所示。

图 6-40　绘制地坪线　　　　　　　　　图 6-41　绘制竖向直线

（3）单击"默认"选项卡"修改"面板中的"偏移"按钮 ⊆，将上步绘制的直线向右偏移 4000mm，如图 6-42 所示。

（4）单击"默认"选项卡"修改"面板中的"复制"按钮 ℅，将圆柱复制到另外一侧，如图 6-43 所示。

图 6-42　偏移直线　　　　　　　　　　图 6-43　复制圆柱

（5）单击"默认"选项卡"修改"面板中的"偏移"按钮 ⊆，将下侧水平线向上偏移，偏移距离为 7000mm 和 2000mm，将最左侧竖直直线向右偏移，偏移距离为 3100mm、17 900mm、2000mm、18 000mm、2000mm 和 17 900mm，如图 6-44 所示。

（6）单击"默认"选项卡"修改"面板中的"修剪"按钮 ▼，修剪掉多余的直线，如图 6-45 所示。

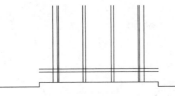

图 6-44　偏移直线

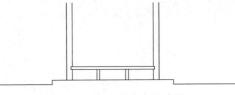

图 6-45　修剪掉多余的直线

2．绘制亭顶轮廓线

（1）单击"默认"选项卡"绘图"面板中的"矩形"按钮 ⬚ ，在顶部绘制一个 100 000×3000 的矩形，如图 6-46 所示。

（2）单击"默认"选项卡"绘图"面板中的"直线"按钮 ╱ ，绘制两条斜线，斜线顶端垂直高度 30 000，完成屋脊线的绘制，如图 6-47 所示。

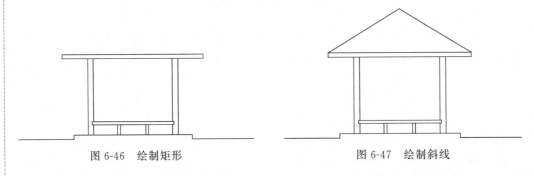

图 6-46　绘制矩形　　　　　　　　　　　图 6-47　绘制斜线

（3）单击"默认"选项卡"修改"面板中的"偏移"按钮 ⬱ ，将上步绘制的斜线向内偏移 600，然后单击"默认"选项卡"修改"面板中的"修剪"按钮 ⯎ ，修剪掉多余的直线，如图 6-48 所示。

（4）单击"默认"选项卡"绘图"面板中的"直线"按钮 ╱ ，细化亭顶，如图 6-49 所示。

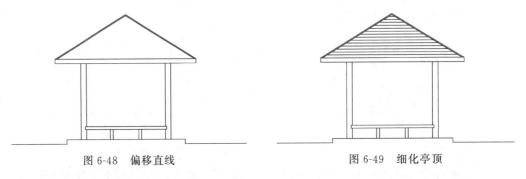

图 6-48　偏移直线　　　　　　　　　　　图 6-49　细化亭顶

3．屋面和挂落

（1）单击"默认"选项卡"修改"面板中的"偏移"按钮 ⬱ ，将亭顶处的水平直线向下偏移，偏移距离为 4000mm，如图 6-50 所示。

（2）单击"默认"选项卡"修改"面板中的"修剪"按钮 ⯎ ，修剪掉多余的直线，如图 6-51 所示。

图 6-50 偏移直线

图 6-51 修剪掉多余的直线

（3）单击"默认"选项卡"绘图"面板中的"直线"按钮 ／，绘制挂落，如图 6-52 所示。

（4）单击"默认"选项卡"绘图"面板中的"直线"按钮 ／ 和"矩形"按钮 ▭，绘制剩余图形，如图 6-53 所示。

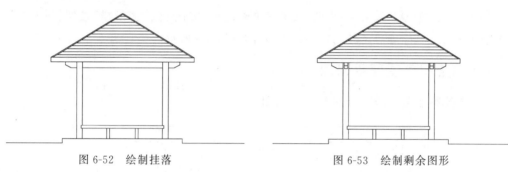

图 6-52 绘制挂落

图 6-53 绘制剩余图形

4．标注文字

（1）单击"默认"选项卡"绘图"面板中的"直线"按钮 ／，在图中引出直线，如图 6-54 所示。

（2）单击"默认"选项卡"注释"面板中的"多行文字"按钮 **A**，在直线右侧输入文字，如图 6-55 所示。

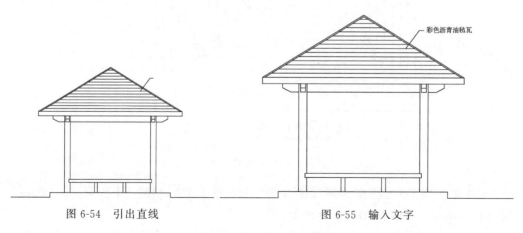

彩色沥青油毡瓦

图 6-54 引出直线

图 6-55 输入文字

（3）同理，标注其他位置处的文字说明，也可以利用复制命令，将上步输入的文字进行复制，然后双击文字修改文字内容，方便文字格式的统一，结果如图 6-56 所示。

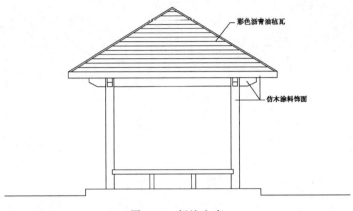

图 6-56　标注文字

（4）单击"默认"选项卡"绘图"面板中的"直线"按钮 、"多段线"按钮 和"注释"面板中的"多行文字"按钮 A ，标注图名，如图 6-39 所示。

6.2.6　绘制亭屋顶平面图

本节绘制如图 6-57 所示的屋顶平面图。

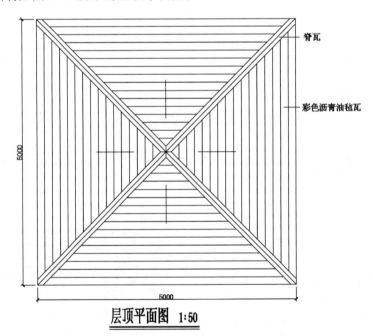

图 6-57　屋顶平面图

（1）单击"默认"选项卡"绘图"面板中的"矩形"按钮 ，绘制一个长为 100 000mm，宽为 100 000mm 的矩形，如图 6-58 所示。

（2）单击"默认"选项卡"绘图"面板中的"直线"按钮 ，在矩形内绘制两条相交的斜线，如图 6-59 所示。

图 6-58 绘制矩形

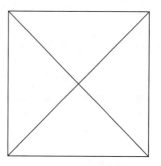

图 6-59 绘制斜线

（3）单击"默认"选项卡"修改"面板中的"偏移"按钮 €，将两条斜线分别向两侧偏移，偏移距离为 1500mm，如图 6-60 所示。

（4）单击"默认"选项卡"修改"面板中的"修剪"按钮 ，修剪掉多余的直线，如图 6-61 所示。

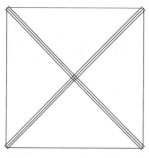

图 6-60 偏移直线

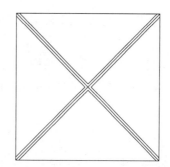

图 6-61 修剪掉多余的直线

（5）单击"默认"选项卡"绘图"面板中的"直线"按钮 ，在图形的中间位置处，绘制两条互相垂直的直线，如图 6-62 所示。

（6）单击"默认"选项卡"修改"面板中的"偏移"按钮 €，将矩形分别向内偏移，偏移距离为 2900mm、3000mm、3000mm、3000mm、3000mm、3000mm、3000mm、3000mm、3000mm、3000mm、3000mm、3000mm、3000mm 和 3000mm，如图 6-63 所示。

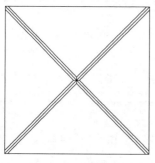

图 6-62 绘制直线

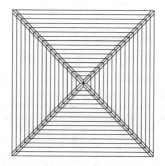

图 6-63 偏移矩形

（7）单击"默认"选项卡"修改"面板中的"修剪"按钮，修剪掉多余的直线，如图 6-64 所示。

（8）单击"默认"选项卡"绘图"面板中的"直线"按钮 ╱ ，绘制 4 条虚线，如图 6-65 所示。

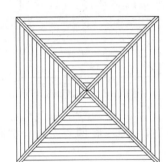

图 6-64　修剪掉多余的直线

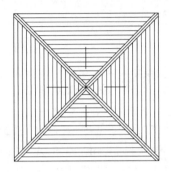

图 6-65　绘制虚线

（9）单击"默认"选项卡"注释"面板中的"线性"按钮，标注尺寸，如图 6-66 所示。

（10）单击"默认"选项卡"绘图"面板中的"直线"按钮 ╱ 和"注释"面板中的"多行文字"按钮 A ，标注文字，如图 6-67 所示。

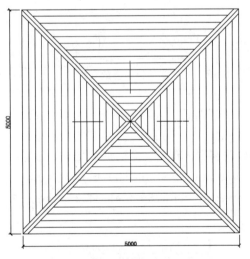

图 6-66　标注尺寸

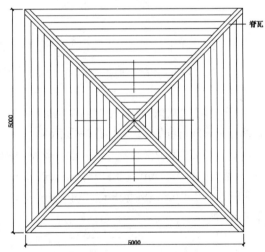

图 6-67　标注文字

（11）单击"默认"选项卡"修改"面板中的"复制"按钮，将上步标注的文字复制到其他位置处，然后双击文字，修改文字内容，完成其他位置处文字的标注说明，以便文字格式的统一，结果如图 6-68 所示。

（12）单击"默认"选项卡"绘图"面板中的"直线"按钮 ╱ 、"多段线"按钮 和"注释"面板中的"多行文字"按钮 A ，标注图名，如图 6-57 所示。

Note

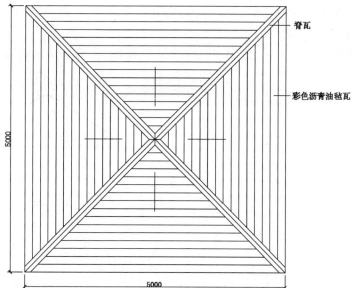

脊瓦

彩色沥青油毡瓦

图 6-68 复制文字

6.2.7 绘制 1—1 剖面图

本节绘制如图 6-69 所示的 1—1 剖面图。

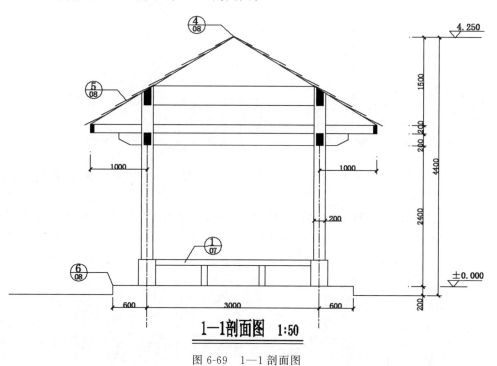

6-4

图 6-69 1—1 剖面图

（1）单击"快速访问"工具栏中的"打开"按钮 ⏏,将亭立面图打开,然后将其另存为"1—1 剖面图"。

（2）单击"默认"选项卡"修改"面板中的"删除"按钮 ，和"修剪"按钮 ，删除多余的图形，并进行整理，如图 6-70 所示。

（3）单击"默认"选项卡"绘图"面板中的"直线"按钮 ／，在图中绘制轴线，如图 6-71 所示。

图 6-70　整理图形

图 6-71　绘制轴线

（4）单击"默认"选项卡"修改"面板中的"偏移"按钮 ，将轴线分别向两侧偏移 3000mm，如图 6-72 所示。

（5）单击"默认"选项卡"修改"面板中的"修剪"按钮 ，和"延伸"按钮 ，绘制底柱，如图 6-73 所示。

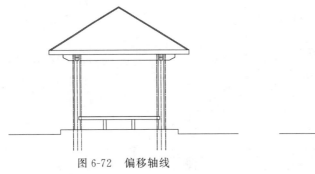

图 6-72　偏移轴线

图 6-73　绘制底柱

（6）单击"默认"选项卡"修改"面板中的"延伸"按钮 ，将柱子延伸到亭顶，如图 6-74 所示。

（7）单击"默认"选项卡"修改"面板中的"修剪"按钮 ，修剪掉多余的直线，如图 6-75 所示。

图 6-74　延伸柱子

图 6-75　修剪掉多余的直线

（8）单击"默认"选项卡"绘图"面板中的"直线"按钮 ╱，以内部斜线端点处为起点，绘制两条较短的直线，然后单击"默认"选项卡"修改"面板中的"删除"按钮 ✍，将内部斜线删除，如图 6-76 所示。

（9）单击"默认"选项卡"修改"面板中的"偏移"按钮 ⊏，将最上侧水平直线向上偏移，偏移距离为 6600mm 和 6600mm，如图 6-77 所示。

图 6-76　绘制直线

图 6-77　偏移直线

（10）单击"默认"选项卡"绘图"面板中的"直线"按钮 ╱，细化亭顶，如图 6-78 所示。

（11）单击"默认"选项卡"绘图"面板中的"直线"按钮 ╱，绘制剩余图形，如图 6-79 所示。

图 6-78　细化亭顶

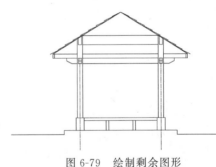

图 6-79　绘制剩余图形

（12）单击"默认"选项卡"绘图"面板中的"图案填充"按钮 ▨，打开"图案填充创建"选项卡，图案设置成"SOLID"，如图 6-80 所示，用鼠标指定将要填充的区域，确认后生成如图 6-81 所示的图形。

图 6-80　"图案填充创建"选项卡

（13）单击"注释"选项卡"标注"面板中的"线性"按钮 ⊢⊣和"连续"按钮 ⊪，为图形标注尺寸，如图 6-82 所示。

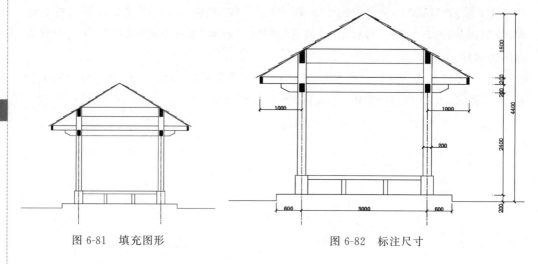

图 6-81　填充图形　　　　　　　　　　图 6-82　标注尺寸

（14）单击"默认"选项卡"绘图"面板中的"直线"按钮 ∕，在图中绘制标高符号，如图 6-83 所示。

（15）单击"默认"选项卡"注释"面板中的"多行文字"按钮 **A**，输入标高数值，如图 6-84 所示。

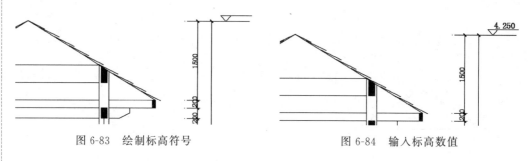

图 6-83　绘制标高符号　　　　　　　　图 6-84　输入标高数值

（16）单击"默认"选项卡"修改"面板中的"复制"按钮 ❀，将绘制的标高复制到图中其他位置处，然后双击标高数值，修改内容，完成其他位置处标高的绘制，如图 6-85 所示。

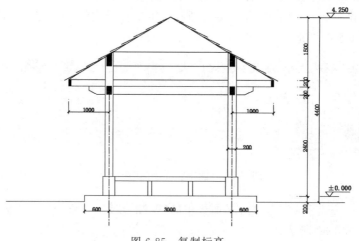

图 6-85　复制标高

（17）单击"默认"选项卡"绘图"面板中的"直线"按钮 ╱ ，在图中引出直线，如图 6-86 所示。

（18）单击"默认"选项卡"绘图"面板中的"圆"按钮 ⊘ ，在直线处绘制一个圆，如图 6-87 所示。

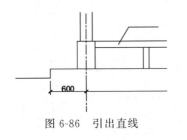

图 6-86　引出直线

图 6-87　绘制圆

（19）单击"默认"选项卡"注释"面板中的"多行文字"按钮 **A** ，在圆内输入文字，如图 6-88 所示。

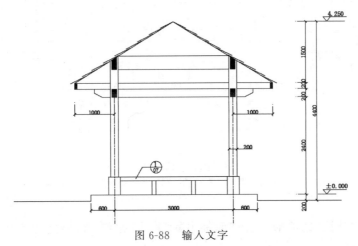

图 6-88　输入文字

（20）单击"默认"选项卡"修改"面板中的"复制"按钮 ⬚ ，将标号复制到图中其他位置处，并修改内容，如图 6-89 所示。

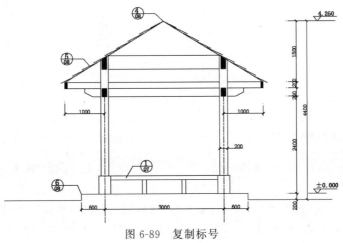

图 6-89　复制标号

（21）单击"默认"选项卡"绘图"面板中的"直线"按钮 ╱、"多段线"按钮 ⌐ 和"注释"面板中的"多行文字"按钮 **A**，标注图名，如图 6-69 所示。

6.2.8 绘制架顶平面图

本节绘制如图 6-90 所示的架顶平面图。

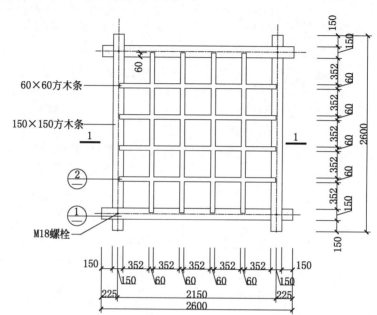

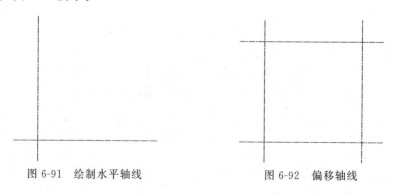

图 6-90 架顶平面图

（1）单击"默认"选项卡"绘图"面板中的"直线"按钮 ╱，绘制两条互相垂直的轴线，如图 6-91 所示。

（2）单击"默认"选项卡"修改"面板中的"偏移"按钮 ⊑，将轴线分别向右、向上偏移 2150，如图 6-92 所示。

图 6-91 绘制水平轴线

图 6-92 偏移轴线

（3）单击"默认"选项卡"绘图"面板中的"矩形"按钮 ▭，在图中合适的位置处，绘制一个长度为 2600，截面尺寸为 150mm×150mm 的方木条，木条左端距离左侧竖直中心线距离为 225，如图 6-93 所示。

（4）单击"默认"选项卡"修改"面板中的"复制"按钮 ，将方木条复制到另外一侧，如图 6-94 所示。

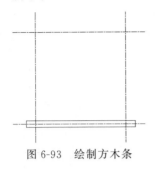

图 6-93　绘制方木条

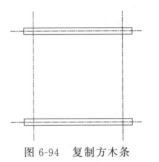

图 6-94　复制方木条

（5）单击"默认"选项卡"绘图"面板中的"矩形"按钮 ，绘制竖直轴线上的方木条，如图 6-95 所示。

（6）单击"默认"选项卡"修改"面板中的"修剪"按钮 ，修剪掉多余的直线，如图 6-96 所示。

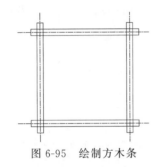

图 6-95　绘制方木条

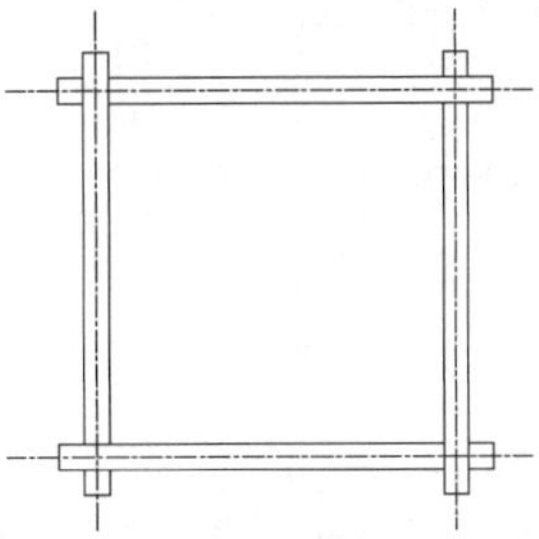

图 6-96　修剪掉多余的直线

（7）单击"默认"选项卡"绘图"面板中的"圆"按钮 ，在轴线的交点处绘制圆，半径设置为 9，如图 6-97 所示。

（8）单击"默认"选项卡"修改"面板中的"复制"按钮 ，将圆复制到其他三个角处，完成螺栓的绘制，如图 6-98 所示。

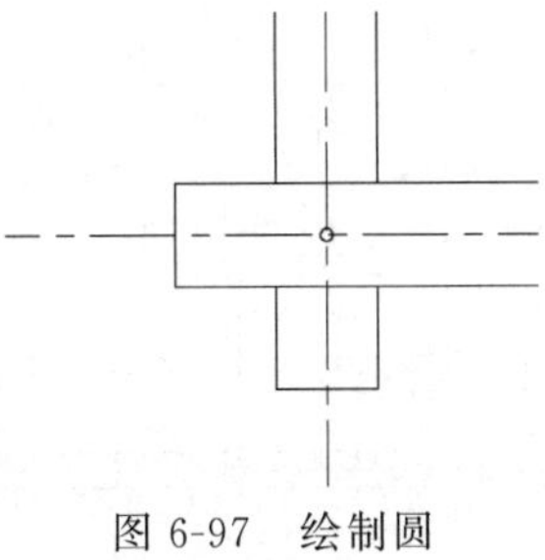

图 6-97　绘制圆

图 6-98　绘制螺栓

（9）单击"默认"选项卡"绘图"面板中的"矩形"按钮 ，绘制水平方向长度为2120，截面尺寸为 $60\text{mm}\times60\text{mm}$ 的方木条，木条左端距离左侧竖直中心线距离为 15，竖直方向与上端水平中心线距离为457,如图6-99所示。

(10)单击"默认"选项卡"修改"面板中的"复制"按钮，将方木条向下复制3个方木条,距离均为142mm,如图6-100所示。

图6-99　绘制方木条

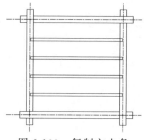

图6-100　复制方木条

(11)同理,绘制竖直方向的方木条,如图6-101所示。

(12)单击"默认"选项卡"修改"面板中的"修剪"按钮，修剪掉多余的直线,如图6-102所示。

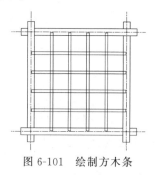

图6-101　绘制方木条

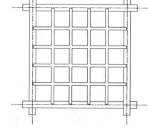

图6-102　修剪掉多余的直线

(13)将"主单位"选项卡中的舍入改为1,单击"默认"选项卡"注释"面板中的"线性"按钮和"连续"按钮，标注第一道尺寸,如图6-103所示。

(14)单击"默认"选项卡"注释"面板中的"线性"按钮，标注第二道尺寸,如图6-104所示。

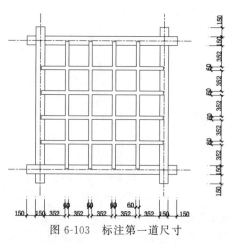

图6-103　标注第一道尺寸

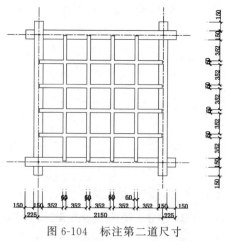

图6-104　标注第二道尺寸

（15）单击"默认"选项卡"注释"面板中的"线性"按钮，标注总尺寸，如图 6-105 所示。

（16）同理，标注细节尺寸，如图 6-106 所示。

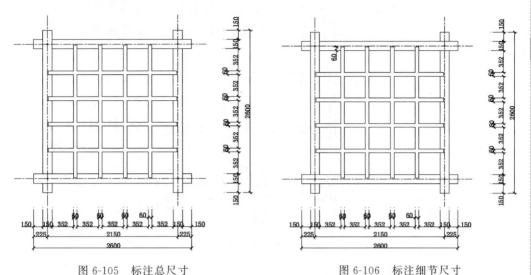

图 6-105　标注总尺寸　　　　　　　　图 6-106　标注细节尺寸

注意：对于尺寸字样出现重叠的情况，应将它移开。用鼠标单击尺寸数字，再用鼠标点中中间的蓝色方块标记，将字样移至外侧适当位置后单击"确定"。

（17）单击"默认"选项卡"绘图"面板中的"直线"按钮，在图中引出直线，如图 6-107 所示。

（18）单击"默认"选项卡"注释"面板中的"多行文字"按钮 A，在直线左侧输入文字，如图 6-108 所示。

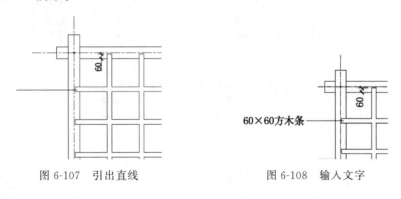

图 6-107　引出直线　　　　　　　　图 6-108　输入文字

（19）单击"默认"选项卡"修改"面板中的"复制"按钮，将文字复制到图中其他位置处，然后双击文字，修改文字内容，完成其他位置处文字的标注，如图 6-109 所示。

（20）单击"默认"选项卡"绘图"面板中的"直线"按钮、"圆"按钮 和"注释"面板中的"多行文字"按钮 A，标注标号，如图 6-110 所示。

（21）单击"默认"选项卡"绘图"面板中的"多段线"按钮 和"注释"面板中的"多

Note

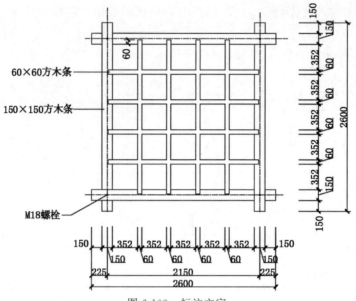

图 6-109　标注文字

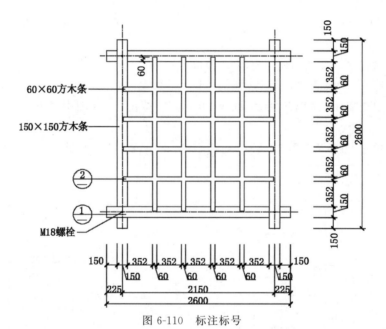

图 6-110　标注标号

行文字"按钮 **A**，绘制剖切符号，如图 6-111 所示。

（22）单击"默认"选项卡"修改"面板中的"复制"按钮，将剖切符号复制到另外一侧，如图 6-112 所示。

（23）单击"默认"选项卡"绘图"面板中的"直线"按钮、"多段线"按钮 和"注释"面板中的"多行文字"按钮 **A**，标注图名，如图 6-90 所示。

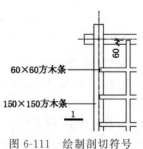

图 6-111　绘制剖切符号

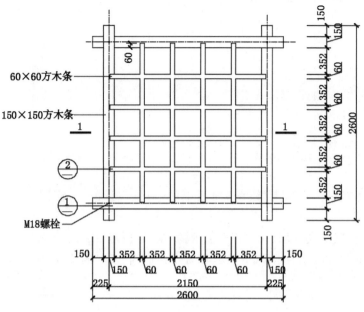

图 6-112　复制剖切符号

6.2.9　绘制架顶立面图

本节绘制如图 6-113 所示的架顶立面图。

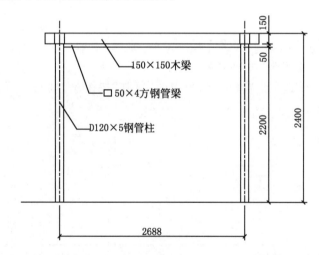

架顶立面图　1：50

图 6-113　架顶立面图

6-6

（1）单击"默认"选项卡"绘图"面板中的"直线"按钮　，绘制竖向轴线，如图 6-114 所示。

（2）单击"默认"选项卡"修改"面板中的"偏移"按钮　，将轴线向右偏移，偏移距离为 2700mm，如图 6-115 所示。

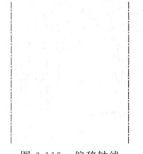

图 6-114　绘制竖向轴线　　　　　图 6-115　偏移轴线

（3）单击"默认"选项卡"绘图"面板中的"直线"按钮 ╱，绘制一条水平直线，如图 6-116 所示。

（4）单击"默认"选项卡"绘图"面板中的"矩形"按钮 ▢，绘制长度为 3108，截面尺寸为 150mm×150mm 的木梁，并将其放置在距底面 2250 的位置，如图 6-117 所示。

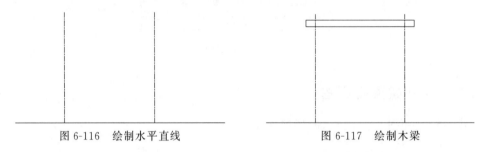

图 6-116　绘制水平直线　　　　　　　　图 6-117　绘制木梁

（5）单击"默认"选项卡"绘图"面板中的"直线"按钮 ╱，绘制柱子，柱子直径为 145mm 和 120mm，如图 6-118 所示。

（6）单击"默认"选项卡"修改"面板中的"复制"按钮 ⅔，将柱子复制到另外一侧，如图 6-119 所示。

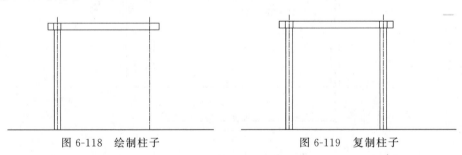

图 6-118　绘制柱子　　　　　　　　　图 6-119　复制柱子

（7）单击"默认"选项卡"修改"面板中的"偏移"按钮 ⊆，绘制方钢管梁，偏移距离为 50mm，如图 6-120 所示。

（8）将"主单位"选项卡中的舍入改为 1。单击"注释"选项卡"标注"面板中的"线性"按钮 ⊢⊣ 和"连续"按钮 ⊢⊢，标注尺寸，如图 6-121 所示。

（9）单击"默认"选项卡"绘图"面板中的"直线"按钮 ╱，在图中引出直线，如图 6-122 所示。

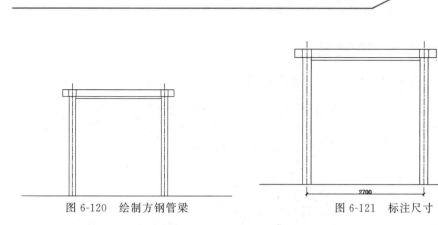

图 6-120　绘制方钢管梁　　　　　　图 6-121　标注尺寸

（10）单击"默认"选项卡"注释"面板中的"多行文字"按钮 **A**，在直线右侧输入文字，如图 6-123 所示。

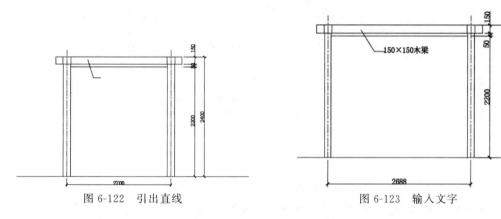

图 6-122　引出直线　　　　　　　　图 6-123　输入文字

（11）单击"默认"选项卡"修改"面板中的"复制"按钮 ⊞，将文字复制到图中其他位置处，然后双击文字，修改文字内容，完成其他位置处文字的标注，如图 6-124 所示。

（12）单击"默认"选项卡"绘图"面板中的"直线"按钮 ╱、"多段线"按钮 ⊃ 和"注释"面板中的"多行文字"按钮 **A**，标注图名，如图 6-113 所示。

（13）架顶剖面图的绘制方法与架顶立面图的绘制方法类似，这里不再重述，如图 6-125 所示。

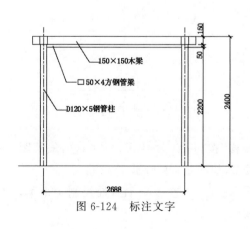

图 6-124　标注文字

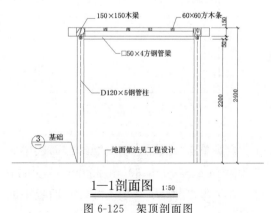

图 6-125　架顶剖面图

6.2.10 绘制亭屋面配筋图

本节绘制如图 6-126 所示的亭屋面配筋图。

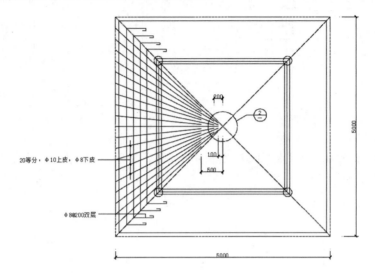

亭屋面配筋图 1∶50

图 6-126 亭屋面配筋图

（1）单击"默认"选项卡"绘图"面板中的"矩形"按钮 ⬜，绘制一个长为 5000mm，宽为 5000mm 的矩形，并将线型改为虚线，如图 6-127 所示。

（2）单击"默认"选项卡"绘图"面板中的"直线"按钮 ⬜，在矩形内绘制两条相交的直线，并将线型修改为虚线，如图 6-128 所示。

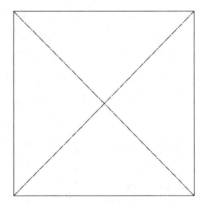

图 6-127 绘制矩形　　　　　　　　　　图 6-128 绘制斜线

（3）单击"默认"选项卡"修改"面板中的"偏移"按钮 ⬅，将矩形向内偏移，偏移距离为 85mm、870mm、60mm 和 60mm，并修改线型，如图 6-129 所示。

（4）单击"默认"选项卡"绘图"面板中的"圆"按钮 ⊙，在 4 个端点处绘制 4 个圆，半径为 100，并将线型修改为虚线，如图 6-130 所示。

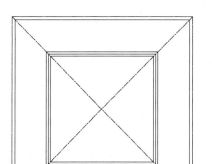

图 6-129　偏移矩形

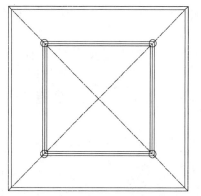

图 6-130　绘制 4 个圆

（5）单击"默认"选项卡"绘图"面板中的"圆"按钮 ⊙ ，在图中中间位置处，绘制 1 个大圆，半径为 380，将线型修改为虚线，如图 6-131 所示。

（6）单击"默认"选项卡"修改"面板中的"环形阵列"按钮 ，环形列数为 20 在图中绘制多条斜线，单击"默认"选项卡"修改"面板中的"修剪"按钮 ，修改后如图 6-132 所示。

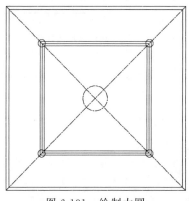

图 6-131　绘制大圆

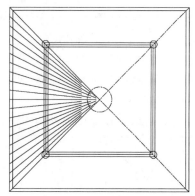

图 6-132　绘制斜线

（7）单击"默认"选项卡"绘图"面板中的"直线"按钮 ／，绘制配筋，如图 6-133 所示。

（8）同理，绘制其他位置处的配筋，如图 6-134 所示。

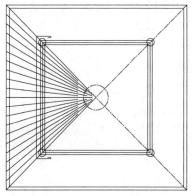

图 6-133　绘制配筋

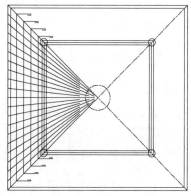

图 6-134　绘制剩余配筋

（9）单击"默认"选项卡"注释"面板中的"线性"按钮 ⊢╌┤，为图形标注尺寸，如图 6-135 所示。

（10）单击"默认"选项卡"绘图"面板中的"直线"按钮 ╱，在图中引出直线，如图 6-136 所示。

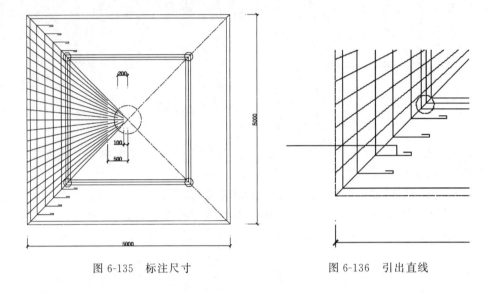

图 6-135　标注尺寸　　　　　　　　　　图 6-136　引出直线

（11）单击"默认"选项卡"注释"面板中的"多行文字"按钮 A，在直线左侧输入文字，如图 6-137 所示。

（12）同理，标注其他位置处的文字，如图 6-138 所示。

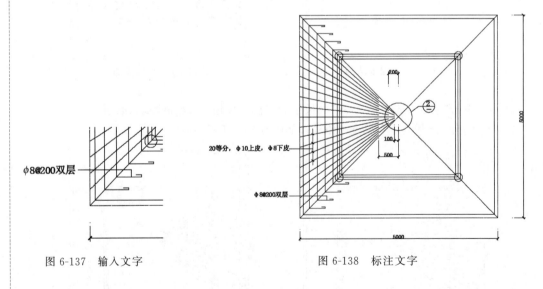

图 6-137　输入文字　　　　　　　　　　图 6-138　标注文字

（13）单击"默认"选项卡"绘图"面板中的"直线"按钮 ╱、"多段线"按钮 ⊃ 和"注释"面板中的"多行文字"按钮 A，标注图名，如图 6-126 所示。

Note

6.2.11 绘制梁展开图

本节绘制如图 6-139 所示的梁展开图。

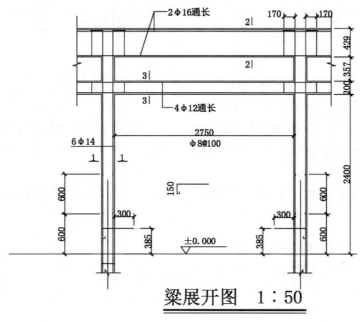

图 6-139 梁展开图

（1）单击"默认"选项卡"绘图"面板中的"直线"按钮 ╱，绘制一条水平直线，如图 6-140 所示。

图 6-140 绘制水平直线

（2）单击"默认"选项卡"绘图"面板中的"直线"按钮 ╱，绘制竖向直线，如图 6-141 所示。

（3）单击"默认"选项卡"修改"面板中的"偏移"按钮 ⊑，将上步绘制的竖直直线向右偏移 20mm、160mm 和 20mm，如图 6-142 所示。

图 6-141 绘制竖向直线　　　　　图 6-142 偏移直线

（4）单击"默认"选项卡"修改"面板中的"复制"按钮 ☜，将竖直直线复制到另外一侧，距离为 2950，如图 6-143 所示。

（5）单击"默认"选项卡"绘图"面板中的"直线"按钮 ／，在最上侧绘制一条水平直线，与底面距离2400mm，如图6-144所示。

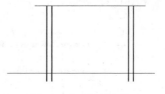

图6-143　复制竖直直线　　　　　图6-144　绘制直线

（6）单击"默认"选项卡"修改"面板中的"偏移"按钮 ⊂ ，将水平直线向上偏移。偏移距离为20mm、160mm、20mm、357mm、20mm、369mm、20mm和20mm，结果如图6-145所示。

（7）单击"默认"选项卡"修改"面板中的"延伸"按钮 ⟶｜，将部分竖直直线向上延伸，如图6-146所示。

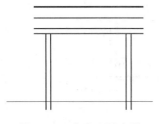 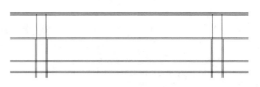

图6-145　偏移水平直线　　　　　　图6-146　延伸直线

（8）单击"默认"选项卡"修改"面板中的"修剪"按钮 ，修剪掉多余的直线，如图6-147所示。

（9）单击"默认"选项卡"绘图"面板中的"直线"按钮 ／和"修改"面板中的"修剪"按钮 ，细化顶部，如图6-148所示。

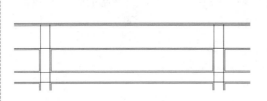 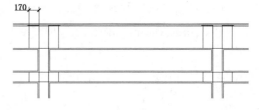

图6-147　修剪掉多余的直线　　　　　图6-148　细化顶部

（10）单击"默认"选项卡"绘图"面板中的"直线"按钮 ／，在图形左侧绘制折断线，如图6-149所示。

（11）单击"默认"选项卡"修改"面板中的"镜像"按钮 △，将左侧折断线镜像到另外一侧，如图6-150所示。

（12）同理，绘制其他位置处的折断线，结果如图6-151所示。

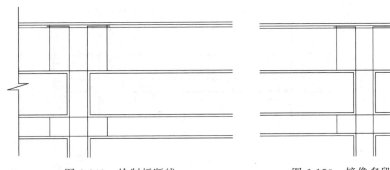

图 6-149　绘制折断线　　　　图 6-150　镜像多段线

（13）单击"默认"选项卡"修改"面板中的"偏移"按钮 ⊂，将最下侧水平直线向上偏移，偏移距离为 385mm，将最左侧竖直直线向右偏移 500mm，最右侧竖直直线向左偏移 500mm，如图 6-152 所示。

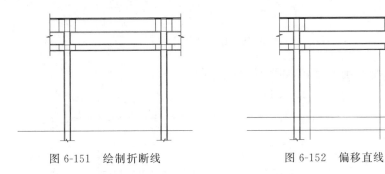

图 6-151　绘制折断线　　　　图 6-152　偏移直线

（14）单击"默认"选项卡"修改"面板中的"修剪"按钮，修剪掉多余的直线，如图 6-153 所示。

（15）首先将底面的水平直线向上偏移 600mm，600mm。再将内侧的两条竖直线分别向内偏移 10mm，将偏移后的两条水平线再分别向内偏移 14mm。单击"默认"选项卡"绘图"面板中的"直线"按钮 ╱，绘制剩余图形，左下角方框内三段的直线的长度分别为 150mm、36mm、32mm，如图 6-154 所示。

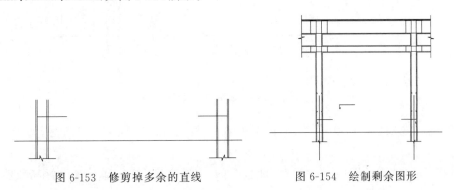

图 6-153　修剪掉多余的直线　　　　图 6-154　绘制剩余图形

（16）单击"注释"选项卡"标注"面板中的"线性"按钮 和"连续"按钮，标注外部尺寸，如图 6-155 所示。

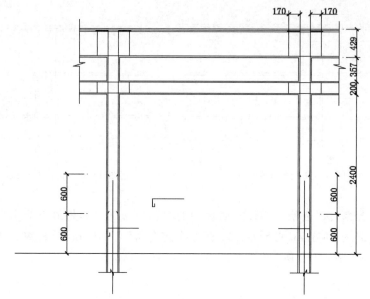

图 6-155　标注外部尺寸

（17）同理，标注细节尺寸，如图 6-156 所示。

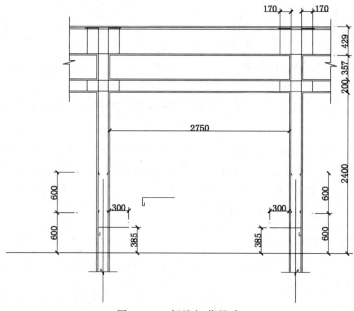

图 6-156　标注细节尺寸

（18）单击"默认"选项卡"绘图"面板中的"直线"按钮 ╱，绘制标高符号，如图 6-157 所示。

（19）单击"默认"选项卡"注释"面板中的"多行文字"按钮 **A** ，输入标高数值，如图 6-158 所示。

（20）单击"默认"选项卡"绘图"面板中的"直线"按钮 ╱，在图中引出直线，如图 6-159 所示。

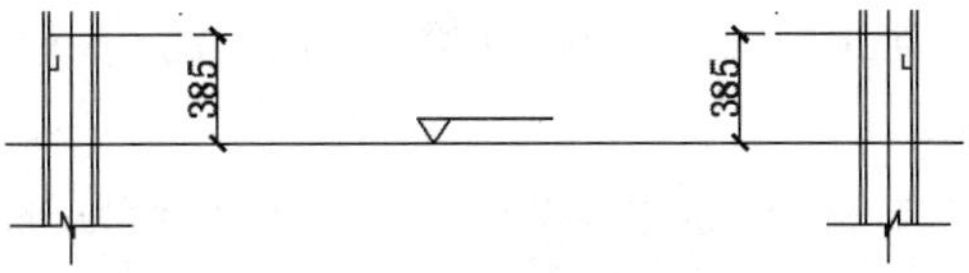

图 6-157 绘制标高符号 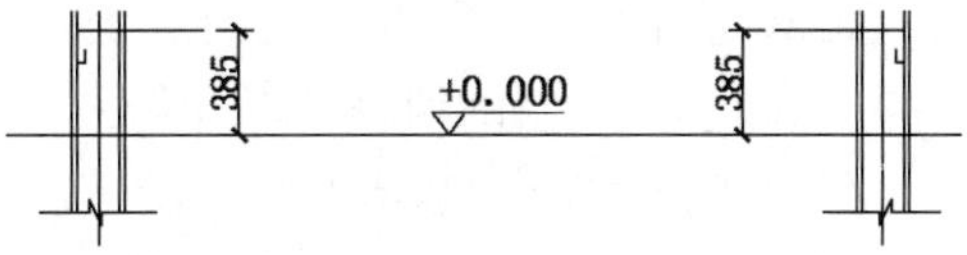　　　　　　图 6-158 输入标高数值

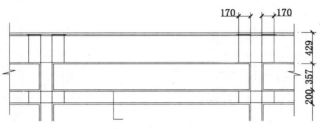

图 6-159 引出直线

（21）单击"默认"选项卡"注释"面板中的"多行文字"按钮 **A**，在直线右侧输入文字，如图 6-160 所示。

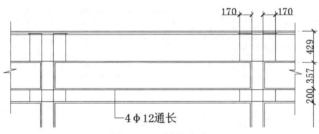

4ϕ12通长

图 6-160 输入文字

（22）同理，标注其他位置处的文字说明，如图 6-161 所示。

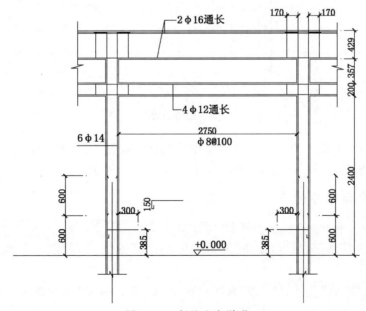

图 6-161 标注文字说明

（23）单击"默认"选项卡"绘图"面板中的"直线"按钮 ∕ 和"注释"面板中的"多行文字"按钮 **A**，绘制剖切符号，如图 6-162 所示。

（24）单击"默认"选项卡"修改"面板中的"复制"按钮 ❏❏，将剖切符号复制到另外一侧，如图 6-163 所示。

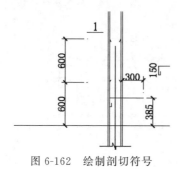

图 6-162　绘制剖切符号

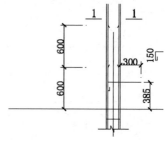

图 6-163　复制剖切符号

（25）同理，绘制其他位置处的剖切符号，结果如图 6-164 所示。

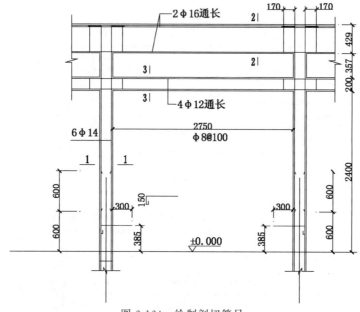

图 6-164　绘制剖切符号

（26）单击"默认"选项卡"绘图"面板中的"直线"按钮 ∕、"多段线"按钮 ⌐⌐ 和"注释"面板中的"多行文字"按钮 **A**，标注图名，如图 6-139 所示。

6.2.12　绘制亭中坐凳

本节绘制如图 6-165 所示的亭中坐凳。

（1）单击"默认"选项卡"绘图"面板中的"直线"按钮 ∕，绘制一条水平直线，如图 6-166 所示。

（2）单击"默认"选项卡"修改"面板中的"偏移"按钮 ⊆，将水平直线向上依次偏移距离为 60mm、10mm、70mm，如图 6-167 所示。

6-9

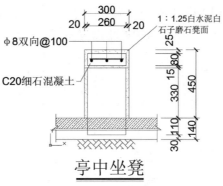

图 6-165　亭中坐凳

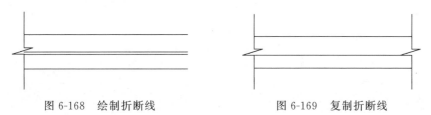

图 6-166　绘制水平直线　　　　　　　　图 6-167　偏移直线

（3）单击"默认"选项卡"绘图"面板中的"直线"按钮 ╱，绘制折断线，如图 6-168 所示。

（4）单击"默认"选项卡"修改"面板中的"复制"按钮 ，将折断线复制到另外一侧，并整理图形，结果如图 6-169 所示。

图 6-168　绘制折断线　　　　　　　　图 6-169　复制折断线

（5）单击"默认"选项卡"绘图"面板中的"直线"按钮 ╱，绘制基础结构图形，如图 6-170 所示。

（6）单击"默认"选项卡"绘图"面板中的"多段线"按钮 ，绘制钢筋，如图 6-171 所示。

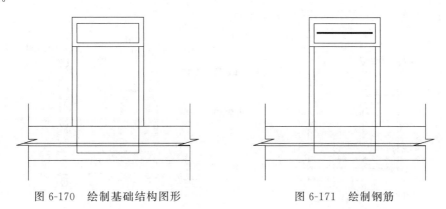

图 6-170　绘制基础结构图形　　　　　　图 6-171　绘制钢筋

（7）单击"默认"选项卡"绘图"面板中的"圆"按钮 ⊙，绘制一个圆，如图 6-172 所示。

（8）单击"默认"选项卡"绘图"面板中的"图案填充"按钮 ▨，填充圆，如图 6-173 所示。

图 6-172　绘制圆

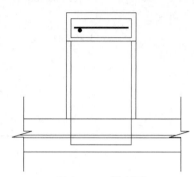

图 6-173　填充圆

（9）单击"默认"选项卡"修改"面板中的"复制"按钮 ⅋，将填充圆复制到图中其他位置处，完成配筋的绘制，如图 6-174 所示。

（10）单击"默认"选项卡"绘图"面板中的"图案填充"按钮 ▨，打开"图案填充创建"选项卡，选择图案 AR-SAND、ANSI33 和 AR-HBONE，分别设置填充比例，填充图形，结果如图 6-175 所示。

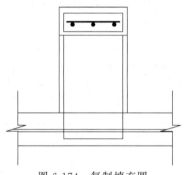

图 6-174　复制填充圆

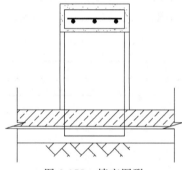

图 6-175　填充图形

（11）单击"默认"选项卡"注释"面板中的"线性"按钮 ⊢⊣，标注尺寸，如图 6-176 所示。

（12）单击"默认"选项卡"绘图"面板中的"直线"按钮 ／和"注释"面板中的"多行文字"按钮 **A**，标注文字，如图 6-177 所示。

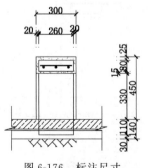

图 6-176　标注尺寸

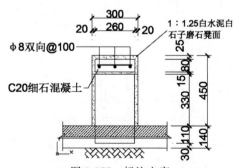

图 6-177　标注文字

（13）单击"默认"选项卡"绘图"面板中的"直线"按钮 ╱、"多段线"按钮 ⊃ 和"注释"面板中的"多行文字"按钮 **A**，标注图名，如图 6-165 所示。

6.2.13 绘制亭详图

利用二维绘制和编辑命令绘制亭详图，绘制方法与前面亭的其他图形绘制方法类似，这里不再重述，结果如图 6-178 所示。

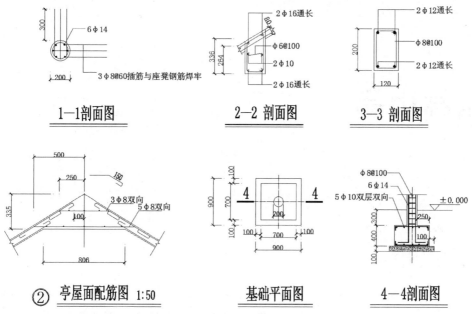

图 6-178 亭详图

第 **7** 章

园林小品

本 章 导 读

园林中供休息、装饰、照明、展示和为园林管理及方便游人之用的小型建筑设施称为园林建筑小品，一般没有内部空间，体量小巧，造型别致，富有特色，并讲究适得其所。这种建筑设置在城市街头、广场、绿地等室外环境中便称为城市建筑小品。园林建筑小品在园林中既能美化环境，丰富园趣，为游人提供文化休息和公共活动的便利，又能使游人从中获得美的感受和良好的教益。

学 习 要 点

◆ 概述

◆ 花钵坐凳

◆ 铺装大样图

7.1　概　　述

园林小品是园林环境中不可缺少的因素之一,它虽不像园林建筑那样处于举足轻重的地位,却像园林中的奇葩,闪烁着异样的光彩。它体量小巧,造型新颖,既有简单的使用功能,又有装饰品的造型艺术特点。因此它既有园林建筑技术的要求,又含有造型艺术和空间组合上的美感要求。常见的园林小品有花池、园桌、园凳、标志牌、栏杆、花格、果皮箱等。小品的设计首先要巧于立意,要表达出一定的意境和乐趣,才能成为耐人寻味的作品;其次要独具特色,切忌生搬硬套;另外要追求自然,使得"虽有人作、宛自天开"。小品作为园林的陪衬,体量要合宜,不可喧宾夺主。最后,由于绝大多数园林小品均有实用意义,因此除了造型上的美观,还要符合实用功能及技术上的要求。本章主要介绍花池、园桌、园凳、标志牌的绘制方法。

7.1.1　园林小品基本特点

1. 园林小品的分类

园林建筑小品按其功能分为五类。

(1) 供休息的小品:包括各种造型的靠背园椅、园凳、园桌和遮阳的伞、罩等。常结合环境,用自然块石或用混凝土做成仿石、仿树墩的凳、桌;或利用花坛、花台边缘的矮墙和地下通气孔道来做椅、凳等;围绕大树基部设椅凳,既可休息又能纳凉。

(2) 装饰性小品:各种固定的和可移动的花钵、饰瓶,可以经常更换花卉。装饰性的日晷、香炉、水缸,各种景墙(如九龙壁)、景窗等,在园林中起点缀作用。

(3) 照明的小品:园灯的基座、灯柱、灯头、灯具都有很强的装饰作用。

(4) 展示性小品:各种布告板、导游图板、指路标牌以及动物园、植物园和文物古建筑的说明牌、阅报栏、图片画廊等,都对游人有宣传、教育的作用。

(5) 服务性小品:如为游人服务的饮水泉、洗手池、公用电话亭、时钟塔等;为保护园林设施的栏杆、格子垣、花坛绿地的边缘装饰等;为保持环境卫生的废物箱等。

2. 园林小品主要构成要素

1) 墙

园林景墙有分隔空间、组织导游、衬托景物、装饰美化或遮蔽视线的作用,是园林空间构图的一个重要因素。其作用在于加强建筑线条、质地、阴阳、繁简及色彩上的对比。其式样可分为博古式、栅栏式、组合式和主题式等几类。

2) 装饰隔断

其作用在于加强建筑线条、质地、阴阳、繁简及色彩上的对比。其式样可分为博古式、栅栏式、组合式和主题式等几类。

3) 门窗洞口

门洞的形式有曲线型、直线型、混合式。现代园林建筑中还出现一些新的不对称的门洞式样,可以称之为自由型。门洞,门框游人进出繁忙,易受碰挤磨损,需要配置坚硬耐磨的材料,特别位于门槛部位的材料,更应如此;若有车辆出入,其宽度应该考虑车辆的净空要求。

4)园凳、椅

园凳、椅的首要功能是供游人就座休息,欣赏周围景物。园椅不仅作为休息、赏景的设施,而又作为园林装饰小品,以其优美精巧的造型,点缀园林环境,成为园林景色之一。

5)引水台,烧烤场及路标等

为了满足游人日常之需和野营等特殊需要,应该在风景区设置引水台和烧烤场,以及野餐桌、路标、厕所、废物箱、垃圾筒等。

6)铺地

园中铺地,其实是一种地面装饰。铺地形式多样,有乱石铺地、冰裂纹以及各式各样的砖花地等。砖花地形式多样,若做得巧妙,则价廉形美。

有的铺地是用砖、瓦等与卵石混用拼出美丽的图案,这种形式是用立砖为界,中间填卵石;也有的用瓦片,以瓦的曲线做出"双钱"及其他带有曲线的图形。这种地面是园林中的庭院常用的铺地形式。另外,还有利用卵石的不同大小或色泽拼搭出各种图案。例如,以深色(或较大的)卵石为界线,以浅色(或较小的)卵石填入其间,拼填出鹿、鹤、麒麟等,或拼填出"平升三级"等吉祥如意的图形,当然还有"暗八仙"或其他形象。总之,可以用这种材料铺成各种形象的地面。

还可以用碎的、大小不等的青板石铺出冰裂纹地面。冰裂纹图案除了形式美,还有文化上的内涵。文人们喜欢这种形式,它具有"寒窗苦读"或"玉洁冰清"之意,隐喻出坚毅、高尚、纯朴之意。这又是一种文化。

7)花色景梯

园林规划中结合造景和功能之需,采用不同一般花色景梯小品,有的依楼倚山,有的凌空展翅,或悬挑睡眠等造型,既满足交通功能之需,又以本身姿丽丰富建筑空间的艺术景观效果。花色楼梯造型新颖多姿,与宾馆庭院环境相融相宜。

8)栏杆边饰等装饰细部

园林中的栏杆除起防护作用外,还可用于分隔不同活动内容的空间,划分活动范围以及组织人流,以栏杆点缀装饰园林环境。

9)园灯

(1)园灯中使用的光源及其特征如下。

- 汞灯:使用寿命长,是目前园林中最合适的光源之一。
- 金属卤化物灯:发光效率高,显色性好,也使用于照射游人多的地方,但使用范围受限制。
- 高压钠灯:效率高,多用于节能,照度要求高的场事,如道路、广场、游乐园之中,但不能真实地反映绿色。
- 荧光灯:由于照明效果好、寿命长,适用于范围较小的庭院中,但不适用于广场和低温条件工作。
- 白炽灯:能使红、黄更美丽显目,但寿命短,维修麻烦。
- 水下照明彩灯。

（2）园林中使用的照明器及特征如下。

- 投光器：用在白炽灯，高强度放电处，能增加节日快乐的气氛，能从一个方向照射树木、草坪、纪念碑等。
- 杆头式照明器：布置在院落一侧或庭院角隅，适于全面照射铺地路面、树木、草坪，有静谧浪漫的气氛。
- 低照明器：有固定式、直立移动式和柱式照明器等。

（3）植物的照明：

- 照明方法：树木照明可用自下而上照射的方法，以消除叶里的黑暗阴影。尤其当照明的照度为周围倍数时，被照射的树木就可以得到构景中心感。在一般的绿化环境中，需要的照度为 50～100lx。
- 光源：汞灯、金属卤化灯都适用于绿化照明，但要看清树或花瓣的颜色，可使用白炽灯。同时应该尽可能地安排不直接出现的光源，以免产生色的偏差。
- 照明器：一般使用投光器，调整投光的范围和灯具的高度，以取得预期效果。对于低矮植物，多半使用仅产生向下配光的照明器。

（4）灯具选择与设计原则：

- 外观舒适并符合使用要求与设计意图。
- 艺术性要强，有助于丰富空间的层次和立体感，形成阴影的大小，明暗要有分寸。
- 与环境和气氛相协调。用"光"与"影"来衬托自然的美，创造一定的场面气氛，分隔与变化空间。
- 保证安全。灯具线路开关乃至灯杆设置都要采取安全措施。
- 形美价廉，具有能充分发挥照明功效的构造。

（5）园林照明器具构造：

- 灯柱：多为支柱形，构成材料有钢筋混凝土、钢管、竹木及仿竹木，柱截面多为圆形和多边形两种。
- 灯具：有球形、半球形、圆形、半圆筒形、角形、纺锤形、圆锥形、角锥形、组合形等。所用材料则有贴、镀金金属铝，钢化玻璃，塑料，搪瓷，陶瓷，有机玻璃等。
- 灯泡灯管：普通灯、荧光灯、水银灯、钠灯及其附件。

（6）园林照明标准：

- 照度：目前国内尚无统一标准，一般可采用 0.3～1.5lx，作为照度保证。
- 光悬挂高度：一般取 8.5m 高度。而花坛要求设置低照明度的园路，光源设置高度以不大于 1.0m 为宜。

10）雕塑小品

园林建筑的雕塑小品主要是指带观赏性的小品雕塑，园林雕塑的取材应与园林建筑环境相协调，要有统一的构思。园林雕塑小品的题材确定后，如何在建筑环境中配置是一个值得探讨的问题。

11）游戏设施

游戏设施较为多见的有秋千、滑梯、沙场、爬杆、爬梯、绳具、转盘等。

7.1.2 园林小品设计原则

园林装饰小品在园林中不仅是实用设施,且可作为点缀风景的景观小品。因此它既有园林建筑技术的要求,又有造型艺术和空间组合上的美感要求。一般在设计和应用时,应遵循以下原则。

1. 巧于立意

园林建筑装饰小品作为园林中局部主体景物,具有相对独立的意境,应具有一定的思想内涵,才能产生感染力。如我国园林中常在庭院的白粉墙前设置玲珑山石、几竿修竹,粉墙花影恰似一幅花鸟国画,很有感染力。

2. 突出特色

园林建筑装饰小品应突出地方特色、园林特色及单体的工艺特色,使其有独特的格调,切忌生搬硬套,产生雷同。如广州某园草地一侧,花竹之畔,设一水罐形灯具,造型简洁,色彩鲜明,灯具紧靠地面,与花卉绿草融成一体,独具环境特色。

3. 融于自然

园林建筑小品要将人工与自然成为一体,追求自然,又精于人工。"虽由人作,宛如天开"则是设计者们的匠心之处。如在老榕树下塑以树根造型的园凳,似在一片林木中自然形成的断根树桩,可达到以假乱真的程度。

4. 注重体量

园林装饰小品作为园林景观的陪衬,一般在体量上力求与环境相适宜。如在大广场中设巨型灯具,有明灯高照的效果,而在小林荫曲径旁,只宜设小型园灯,不但体量小,造型更应精致;又如喷泉、花池的体量等,都应根据所处的空间大小确定其相应的体量。

5. 因需设计

园林装饰小品,绝大多数有实用意义,因此除满足美观效果外,还应符合实用功能及技术上的要求。如园林栏杆具有各种使用目的,对于各种园林栏杆的高度也就有不同的要求;又如园墙,则需要从围护要求来确实其高度及其他技术上要求。

6. 功能技术要相符

园林小品绝大多数具有实用功能,因此除满足艺术造型美观的要求外,还应符合实用功能及技术的要求。例如,园林栏杆的高度应根据使用目的不同而有所变化;又如园林坐凳,应符合游人休息的尺度要求。

7. 地域民族风格浓郁

园林小品应充分考虑地域特征和社会文化特征。园林小品的形式,应与当地自然景观和人文景观相协调,尤其在旅游城市,建设新的园林景观时,更应充分注意到这一点。

园林小品设计需考虑的问题是多方面的,不能局限于几条原则,应学会举一反三,融会贯通。园林小品作为园林之点缀,一般在体量上力求精巧,不可喧宾夺主,失去分寸。

7.2 花钵坐凳

选择花钵时,还要注意大小,高矮要合适。花钵过大,就像瘦人穿宽大衣服,影响美观,而且花钵大而植株小,植株吸水能力相对较弱。浇水后,盆土长时间保持湿润,花木呼吸困难,易导致烂根。花盆过小,显得头重脚轻,而且影响根部发育。园桌、园凳既可以单独设置,也可成组布置;既可自由分散布置,又可有规则地连续布置。园椅、园凳也可与花坛等其他小品组合,形成一个整体。园椅、园凳的造型要轻巧美观,形式要活泼多样,构造要简单,制作要方便,要结合园林环境做出具有特色的设计。花钵坐凳不仅能为人提供休息、赏景的处所,若与环境结合得很好,本身也能成为一景。

7.2.1 设计思路

花钵为种花用的器皿,摆设用的器皿,为口大底端小的倒圆台或倒棱台形状,质地多为砂岩、泥、瓷、塑料及木制品。园椅、园凳、园桌是各种园林绿地及城市广场中必备的设施,在湖边池畔、花间林下、广场周边、园路两侧、山腰台地处均可设置,以供游人就座休息、促膝长谈和观赏风景。如果在一片天然的树林中设置一组蘑菇形的休息园凳,宛如林间树下长出的蘑菇,可把树林环境衬托得野趣盎然。而在草坪边、园路旁、竹丛下适当地布置园椅,也会给人以亲切感,并使大自然富有生机。本实例利用之前学过的知识,绘制花钵坐凳的组合平面图、立面图和花钵的剖面图等。

7.2.2 绘制花钵坐凳组合平面图

本节绘制如图 7-1 所示的花钵坐凳组合平面图。

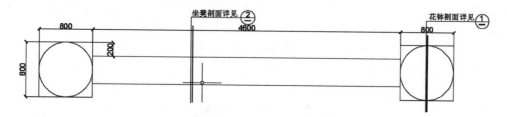

花钵坐凳组合平面图 1:20

图 7-1 花钵坐凳组合平面图

(1) 单击"默认"选项卡"绘图"面板中的"矩形"按钮 ⬜,在图中绘制一个矩形,如图 7-2 所示。

(2) 单击"默认"选项卡"绘图"面板中的"圆"按钮 ⊙,在矩形内绘制一个圆,完成花钵的绘制,如图 7-3 所示。

(3) 单击"默认"选项卡"绘图"面板中的"直线"按钮 ╱,以矩形右侧直线上一点为起点,向右绘制一条水平直线,如图 7-4 所示。

7-1

图 7-2　绘制矩形

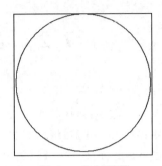

图 7-3　绘制圆形

（4）单击"默认"选项卡"修改"面板中的"偏移"按钮 ⊆ ，将水平直线向下偏移，距离为 400mm，如图 7-5 所示。

图 7-4　绘制水平直线　　　　　　　　　　　图 7-5　偏移直线

（5）单击"默认"选项卡"修改"面板中的"复制"按钮 ⚙ ，将花钵复制到另外一侧，如图 7-6 所示。

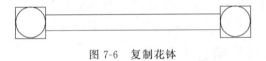

图 7-6　复制花钵

（6）单击"默认"选项卡"绘图"面板中的"多段线"按钮 ⟍ ，绘制剖切符号，如图 7-7 所示。

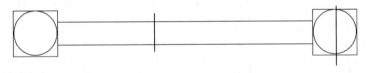

图 7-7　绘制剖切符号

（7）单击"默认"选项卡"注释"面板中的"标注样式"按钮 ⊮ ，打开"标注样式管理器"对话框，然后新建一个新的标注样式，分别对线、符号和箭头、文字以及主单位进行设置。单击"默认"选项卡"注释"面板中的"线性"按钮 ⊟ ，为图形标注尺寸，如图 7-8 所示。

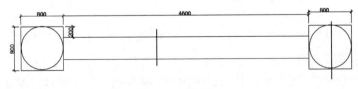

图 7-8　标注尺寸

（8）单击"默认"选项卡"绘图"面板中的"直线"按钮 ╱、"圆"按钮 ⊙ 和"注释"面板中的"多行文字"按钮 **A**，绘制标号，如图 7-9 所示。

（9）单击"默认"选项卡"修改"面板中的"复制"按钮 ╬，将标号复制到图中其他位置处，双击文字，修改文字内容，完成其他位置处标号的绘制，如图 7-10 所示。

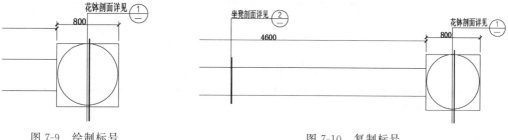

图 7-9　绘制标号　　　　　　　　　　　　图 7-10　复制标号

（10）单击"默认"选项卡"绘图"面板中的"直线"按钮 ╱、"多段线"按钮 ⌐⊃ 和"注释"面板中的"多行文字"按钮 **A**，标注图名，如图 7-1 所示。

7.2.3　绘制花钵坐凳组合立面图

本节绘制如图 7-11 所示的花钵坐凳组合立面图。

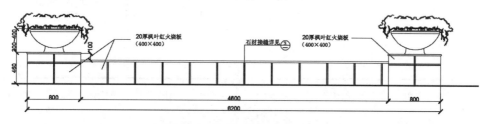

花钵坐凳组合立面图 1∶20

图 7-11　花钵坐凳组合立面图

7-2

（1）单击"默认"选项卡"绘图"面板中的"多段线"按钮 ⌐⊃，设置线宽为 10mm，绘制长为 7000mm 的多段线作为地坪线，如图 7-12 所示。

（2）单击"默认"选项卡"绘图"面板中的"直线"按钮 ╱，以地坪线上任意一点为起点绘制一条竖直直线，如图 7-13 所示。

图 7-12　绘制地坪线　　　　　　　　　　　图 7-13　绘制竖直直线

（3）单击"默认"选项卡"修改"面板中的"偏移"按钮 ⊂，将竖直直线向右偏移，如图 7-14 所示。

图 7-14　偏移直线

（4）单击"默认"选项卡"绘图"面板中的"矩形"按钮 ▭，在直线上方绘制一个矩形，如图 7-15 所示。

（5）单击"默认"选项卡"修改"面板中的"圆角"按钮 ◠，对矩形进行圆角操作，如图 7-16 所示。

图 7-15　绘制矩形

图 7-16　绘制圆角

（6）单击"默认"选项卡"绘图"面板中的"直线"按钮 ╱ 和"修改"面板中的"偏移"按钮 ⊆，细化图形，如图 7-17 所示。

（7）单击"默认"选项卡"绘图"面板中的"圆弧"按钮 ◠，绘制圆弧，如图 7-18 所示。

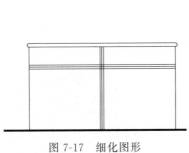

图 7-17　细化图形

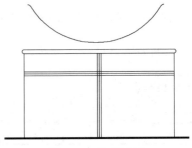

图 7-18　绘制圆弧

（8）同理，在上步绘制的圆弧下侧绘制一小段圆弧，如图 7-19 所示。

（9）单击"默认"选项卡"修改"面板中的"镜像"按钮 ◭，将小段圆弧镜像到另外一侧，如图 7-20 所示。

图 7-19　绘制小段圆弧

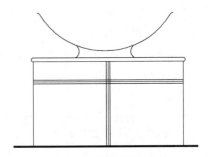

图 7-20　镜像小段圆弧

（10）单击"默认"选项卡"绘图"面板中的"矩形"按钮 ▭，在大段圆弧上侧绘制矩形，如图 7-21 所示。

（11）单击"默认"选项卡"修改"面板中的"圆角"按钮 ◠，对矩形进行圆角操作，如

图 7-22 所示。

图 7-21　绘制矩形

图 7-22　绘制圆角

（12）单击"默认"选项卡"绘图"面板中的"多段线"按钮 ，绘制多条多段线，如图 7-23 所示。

（13）单击"默认"选项卡"绘图"面板中的"徒手画修订云线"按钮 ，绘制云线，最终完成花钵的绘制，如图 7-24 所示。

图 7-23　绘制多段线

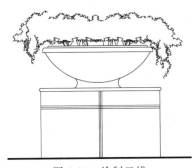

图 7-24　绘制云线

（14）单击"默认"选项卡"绘图"面板中的"直线"按钮 ，绘制一条水平直线，如图 7-25 所示。

图 7-25　绘制水平直线

（15）单击"默认"选项卡"修改"面板中的"偏移"按钮 ，将水平直线向下偏移，如图 7-26 所示。

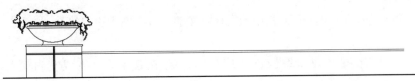

图 7-26　偏移直线

（16）单击"默认"选项卡"绘图"面板中的"直线"按钮 ╱，在图中合适的位置处，绘制 3 条竖直直线，如图 7-27 所示。

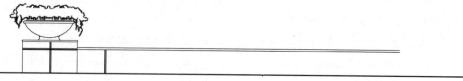

图 7-27　绘制竖直直线

（17）单击"默认"选项卡"修改"面板中的"复制"按钮 ⛋，将竖直直线依次向右进行复制，完成坐凳的绘制，如图 7-28 所示。

图 7-28　复制竖直直线

（18）单击"默认"选项卡"修改"面板中的"复制"按钮 ⛋，将花钵复制到另外一侧，如图 7-29 所示。

图 7-29　复制花钵

（19）单击"默认"选项卡"注释"面板中的"标注样式"按钮 ⟕，打开"标注样式管理器"对话框，然后新建一个新的标注样式，分别对线、符号和箭头、文字以及主单位进行设置。单击"默认"选项卡"注释"面板中的"线性"按钮 ⊢⊣，为图形标注尺寸，如图 7-30 所示。

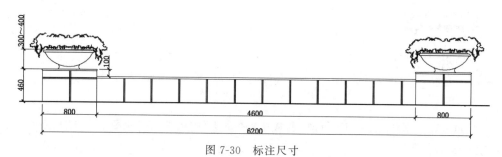

图 7-30　标注尺寸

（20）单击"默认"选项卡"绘图"面板中的"直线"按钮 ╱，在图中引出直线，如图 7-31 所示。

（21）单击"默认"选项卡"注释"面板中的"多行文字"按钮 **A**，在直线左侧输入文字，如图 7-32 所示。

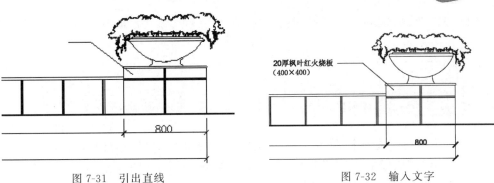

图 7-31 引出直线   图 7-32 输入文字

（22）同理，标注其他位置处的文字，也可以利用复制命令将文字复制，然后双击文字修改文字内容，以便格式的统一，如图 7-33 所示。

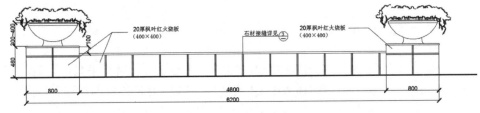

图 7-33 标注文字

（23）单击"默认"选项卡"绘图"面板中的"直线"按钮 ╱、"多段线"按钮 ⌐ 和"注释"面板中的"多行文字"按钮 **A**，标注图名，如图 7-11 所示。

7.2.4 绘制花钵剖面图

本节绘制如图 7-34 所示的花钵剖面图。

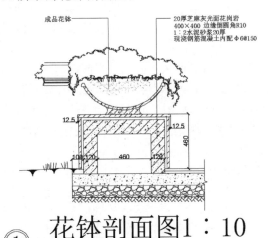

图 7-34 花钵剖面图

（1）单击"默认"选项卡"绘图"面板中的"矩形"按钮 ⬜，绘制一个矩形，如图 7-35 所示。

7-3

（2）单击"默认"选项卡"绘图"面板中的"直线"按钮 ∕，在矩形内绘制一条水平直线，如图 7-36 所示。

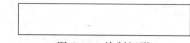

图 7-35　绘制矩形

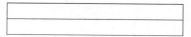

图 7-36　绘制水平直线

（3）单击"默认"选项卡"修改"面板中的"分解"按钮 ，将矩形分解，然后单击"默认"选项卡"修改"面板中的"删除"按钮 ，将右侧直线删除，如图 7-37 所示。

（4）单击"默认"选项卡"绘图"面板中的"直线"按钮 ∕，绘制折断线，如图 7-38 所示。

图 7-37　删除直线

图 7-38　绘制折断线

（5）单击"默认"选项卡"绘图"面板中的"直线"按钮 ∕，绘制连续线段，如图 7-39 所示。单击"默认"选项卡"修改"面板中的"偏移"按钮 ，将刚绘制的连续直线向外偏移，偏移距离为 20mm，并利用"直线"绘制直线进行完善，如图 7-40 所示。

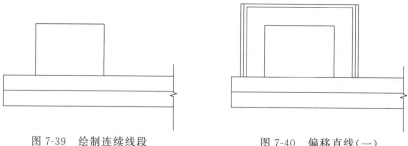

图 7-39　绘制连续线段

图 7-40　偏移直线（一）

（6）单击"默认"选项卡"绘图"面板中的"矩形"按钮 ，在图形顶侧绘制矩形，矩形尺寸为 800mm×20mm，然后单击"默认"选项卡"修改"面板中的"圆角"按钮 ，对矩形进行圆角操作，圆角半径为 10mm，如图 7-41 所示。

（7）单击"默认"选项卡"修改"面板中的"偏移"按钮 ，将最下侧水平直线向上偏移，偏移距离为 20mm，如图 7-42 所示。

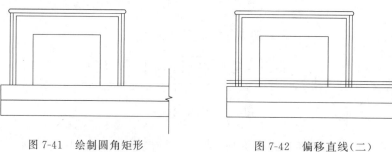

图 7-41　绘制圆角矩形

图 7-42　偏移直线（二）

（8）单击"默认"选项卡"修改"面板中的"修剪"按钮，修剪掉多余的直线，如图 7-43 所示。

（9）单击"默认"选项卡"绘图"面板中的"圆弧"按钮，在图形上侧绘制圆弧，如图 7-44 所示。

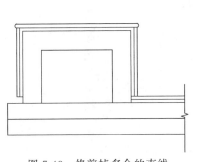
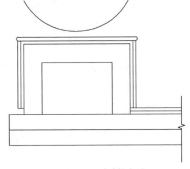

图 7-43　修剪掉多余的直线　　　　　图 7-44　绘制圆弧

（10）单击"默认"选项卡"修改"面板中的"偏移"按钮，将圆弧向上偏移，并整理图形，结果如图 7-45 所示。

（11）单击"默认"选项卡"绘图"面板中的"圆弧"按钮，绘制小段圆弧，如图 7-46 所示。

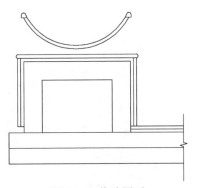
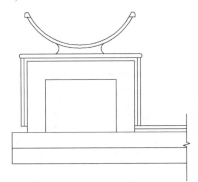

图 7-45　偏移圆弧　　　　　　　　　图 7-46　绘制小段圆弧

（12）单击"默认"选项卡"块"面板中的"插入"按钮，在下拉菜单中选择"最近使用的块"，打开"块"选项板，如图 7-47 所示，将花钵装饰插入图中，结果如图 7-48 所示。

（13）单击"默认"选项卡"绘图"面板中的"样条曲线拟合"按钮，在图中合适的位置处绘制样条曲线，如图 7-49 所示。

（14）单击"默认"选项卡"绘图"面板中的"圆弧"按钮，在样条曲线下侧绘制圆弧，如图 7-50 所示。

（15）单击"默认"选项卡"绘图"面板中的"直线"按钮，在样条曲线上侧绘制直线，如图 7-51 所示。

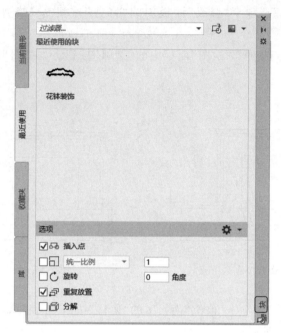

图 7-47 "块"选项板

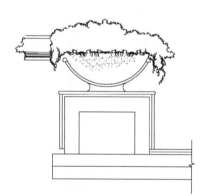

图 7-48 插入花钵装饰

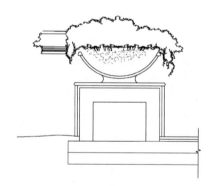

图 7-49 绘制样条曲线

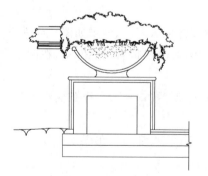

图 7-50 绘制圆弧

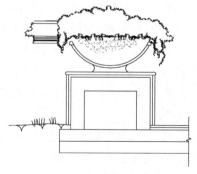

图 7-51 绘制直线

（16）单击"默认"选项卡"绘图"面板中的"图案填充"按钮，打开"图案填充创建"选项卡，选择图案 ANSI31，如图 7-52 所示，然后设置填充比例，填充图形，如图 7-53 所示。

图 7-52　"图案填充创建"选项卡

（17）同理，填充剩余图形，结果如图 7-54 所示。

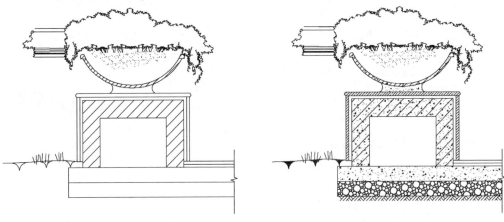

图 7-53　填充图形　　　　　　　　图 7-54　填充剩余图形

（18）单击"默认"选项卡"注释"面板中的"标注样式"按钮，打开"标注样式管理器"对话框，然后新建一个新的标注样式，分别对线、符号和箭头、文字以及主单位进行设置。单击"默认"选项卡"注释"面板中的"线性"按钮，为图形标注尺寸，如图 7-55 所示。

（19）单击"默认"选项卡"绘图"面板中的"直线"按钮，在图中引出直线，如图 7-56 所示。

（20）单击"默认"选项卡"注释"面板中的"多行文字"按钮 A，在直线右侧输入文字，如图 7-57 所示。

（21）单击"默认"选项卡"修改"面板中的"复制"按钮，将直线和文字复制到图中其他位置处，双击文字，修改文字内容，完成其他位置处文字的标注，结果如图 7-58 所示。

（22）单击"默认"选项卡"绘图"面板中的"直线"按钮、"圆"按钮、"多段线"按钮 和"注释"面板中的"多行文字"按钮 A，标注图名，如图 7-34 所示。

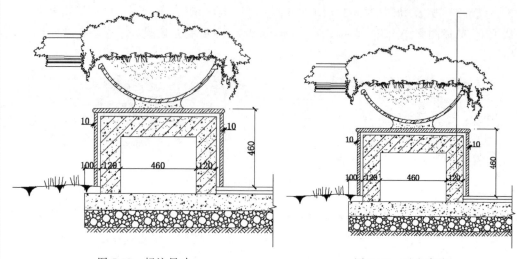

图 7-55 标注尺寸	图 7-56 引出直线

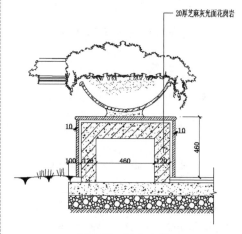

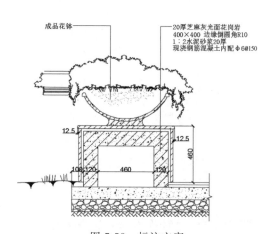

图 7-57 输入文字	图 7-58 标注文字

7-4

7.2.5 绘制坐凳剖面图

本节绘制如图 7-59 所示的花钵坐凳剖面图。

（1）单击"默认"选项卡"修改"面板中的"复制"按钮 ，将花钵剖面图中的部分图形复制到坐凳剖面图中，然后整理图形，如图 7-60 所示。

（2）单击"默认"选项卡"绘图"面板中的"直线"按钮 ，绘制连续线段，如图 7-61 所示。

（3）单击"默认"选项卡"修改"面板中的"偏移"按钮 ，将上步绘制的连续线段进行偏移，偏移距离为 200mm，如图 7-62 所示。

（4）单击"默认"选项卡"绘图"面板中的"矩形"按钮 ，在图中合适的位置处绘制圆角矩形，矩形尺寸为 400mm×30mm，如图 7-63 所示。

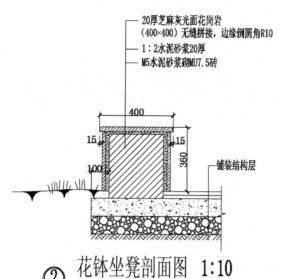

20厚芝麻灰光面花岗岩
（400×400）无缝拼接，边缘倒圆角R10
1：2水泥砂浆20厚
M5水泥砂浆砌MU7.5砖

铺装结构层

400

15　15

360

100

花钵坐凳剖面图　1:10

图 7-59　花钵坐凳剖面图

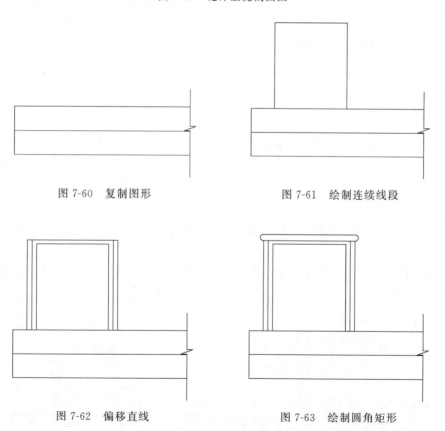

图 7-60　复制图形　　　　　　　　　图 7-61　绘制连续线段

图 7-62　偏移直线　　　　　　　　　图 7-63　绘制圆角矩形

（5）单击"默认"选项卡"绘图"面板中的"直线"按钮 ╱、"圆弧"按钮 ⌒ 和"样条曲线拟合"按钮 ∿，绘制左侧图形，如图 7-64 所示。

（6）单击"默认"选项卡"绘图"面板中的"直线"按钮 ╱ 和"修改"面板中的"修剪"

按钮 ,绘制剩余图形,如图 7-65 所示。

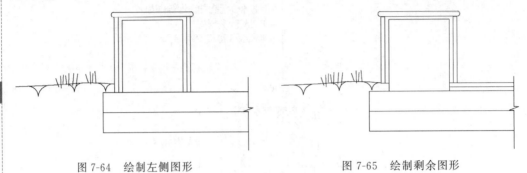

图 7-64　绘制左侧图形　　　　　　　图 7-65　绘制剩余图形

（7）单击"默认"选项卡"绘图"面板中的"图案填充"按钮 ▨，填充图形，如图 7-66 所示。

（8）单击"默认"选项卡"注释"面板中的"标注样式"按钮 ，打开"标注样式管理器"对话框，然后新建一个新的标注样式，分别对线、符号和箭头、文字以及主单位进行设置。单击"默认"选项卡"注释"面板中的"线性"按钮 ，为图形标注尺寸，如图 7-67 所示。

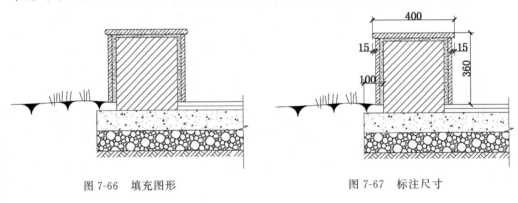

图 7-66　填充图形　　　　　　　　　图 7-67　标注尺寸

（9）单击"默认"选项卡"绘图"面板中的"直线"按钮 ，在图中引出直线，如图 7-68 所示。

（10）单击"默认"选项卡"注释"面板中的"多行文字"按钮 **A**，在直线右侧输入文字，如图 7-69 所示。

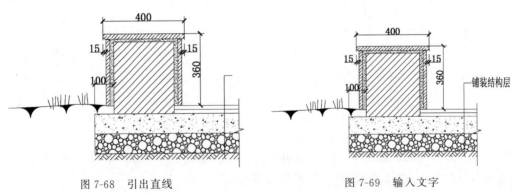

图 7-68　引出直线　　　　　　　　　图 7-69　输入文字

（11）同理，标注其他位置处的文字，如图 7-70 所示。

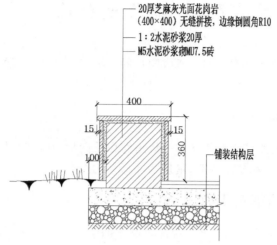

图 7-70　标注文字

（12）单击"默认"选项卡"绘图"面板中的"直线"按钮 ╱ 、"圆"按钮 ⊙ 、"多段线"按钮 ⌐ 和"注释"面板中的"多行文字"按钮 **A** ，标注图名，如图 7-59 所示。

（13）花钵坐凳详图的绘制方法与花钵坐凳其他图形的绘制类似，这里不再重述，结果如图 7-71 所示。

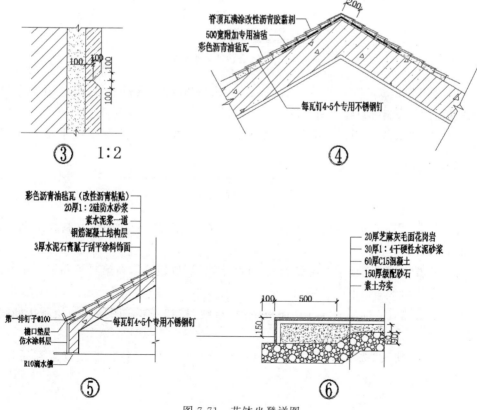

图 7-71　花钵坐凳详图

7.3 铺装大样图

对地面进行铺装是大型公共场所或园林的一种普遍做法。好的铺装能给人带来一种美感，也是体现园林或公共场所整体风格必要的环节。

7.3.1 设计思路

本节绘制一级道路铺装平面图和一级道路做法图形，在绘制时，首先绘制图形的轮廓，然后添加尺寸标注和文字说明，最后为图形添加图名。

7.3.2 一级道路铺装平面图

本节绘制如图 7-72 所示的一级道路铺装平面图。

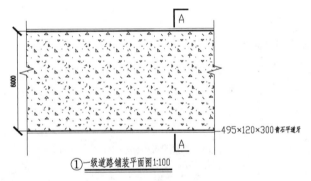

①一级道路铺装平面图1:100

图 7-72 一级道路铺装平面图

（1）打开 AutoCAD 2022 应用程序，单击"快速访问"工具栏中的"新建"按钮 ，以无样板打开-公制（M）建立新文件。

（2）单击"默认"选项卡"绘图"面板中的"直线"按钮 ，绘制一条水平直线，如图 7-73 所示。

图 7-73 绘制直线

（3）单击"默认"选项卡"修改"面板中的"复制"按钮 ，依次向下复制 3 条水平直线，如图 7-74 所示。

（4）单击"默认"选项卡"绘图"面板中的"多段线"按钮 ，在第二条和第三条直线处绘制 2 条多段线，如图 7-75 所示。

（5）单击"默认"选项卡"绘图"面板中的"直线"按钮 ，在图形左侧绘制折断线，如图 7-76 所示。

（6）单击"默认"选项卡"修改"面板中的"复制"按钮 ，将折断线复制到另外一侧，如图 7-77 所示。

图 7-74　复制直线

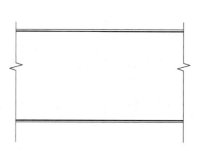

图 7-75　绘制多段线

图 7-76　绘制折断线

图 7-77　复制折断线

（7）单击"默认"选项卡"绘图"面板中的"图案填充"按钮 ，打开"图案填充创建"选项卡，选择 CONCRETE 图案，如图 7-78 所示，填充图形，结果如图 7-79 所示。

图 7-78　"图案填充创建"选项卡

（8）单击"默认"选项卡"绘图"面板中的"多段线"按钮 ，绘制剖切符号，如图 7-80 所示。

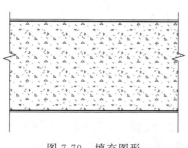

图 7-79　填充图形

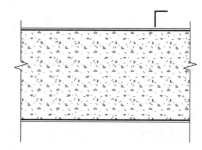

图 7-80　绘制剖切符号

（9）单击"默认"选项卡"注释"面板中的"多行文字"按钮 **A**，输入剖切数值，如图 7-81 所示。

（10）单击"默认"选项卡"修改"面板中的"镜像"按钮 ，将剖切符号和文字镜像到另外一侧，如图 7-82 所示。

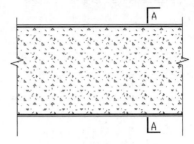

图 7-81　输入剖切数值　　　　　　　　图 7-82　镜像剖切符号

（11）单击"默认"选项卡"注释"面板中的"线性"按钮，为图形标注尺寸，如图 7-83 所示。

（12）单击"默认"选项卡"绘图"面板中的"直线"按钮，在图中引出直线，如图 7-84 所示。

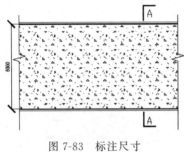
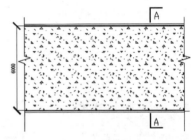

图 7-83　标注尺寸　　　　　　　　　图 7-84　引出直线

（13）单击"默认"选项卡"注释"面板中的"多行文字"按钮 A，在直线右侧输入文字，如图 7-85 所示。

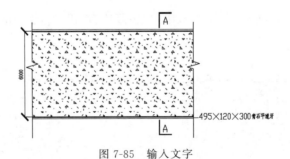

图 7-85　输入文字

（14）单击"默认"选项卡"绘图"面板中的"直线"按钮、"多段线"按钮、"圆"按钮和"注释"面板中的"多行文字"按钮 A，标注图名，如图 7-72 所示。

7.3.3　一级道路铺装做法

本节绘制如图 7-86 所示的一级道路铺装做法。

（1）单击"默认"选项卡"绘图"面板中的"多段线"按钮，绘制一条水平多段线，如图 7-87 所示。

7-6

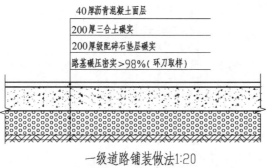

40厚沥青混凝土面层

200厚三合土碾实

200厚级配碎石垫层碾实

路基碾压密实>98%(环刀取样)

一级道路铺装做法1:20

图 7-86　一级道路铺装做法

（2）单击"默认"选项卡"修改"面板中的"复制"按钮 ，将水平多段线依次向下进行复制，如图 7-88 所示。

图 7-87　绘制水平多段线 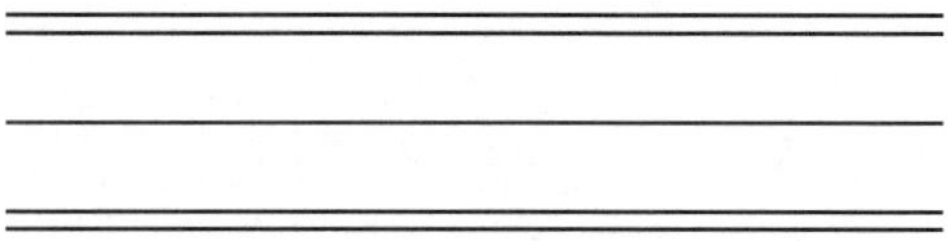　　　　　　　　　　图 7-88　复制多段线

（3）单击"默认"选项卡"修改"面板中的"分解"按钮 ，将最后两条多段线分解，如图 7-89 所示。

（4）单击"默认"选项卡"绘图"面板中的"直线"按钮 ╱，绘制折断线，如图 7-90 所示。

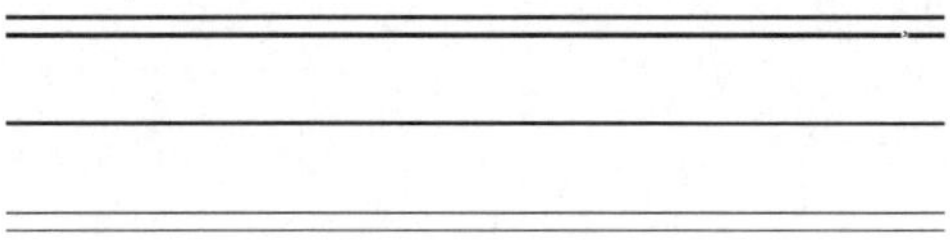

图 7-89　分解多段线 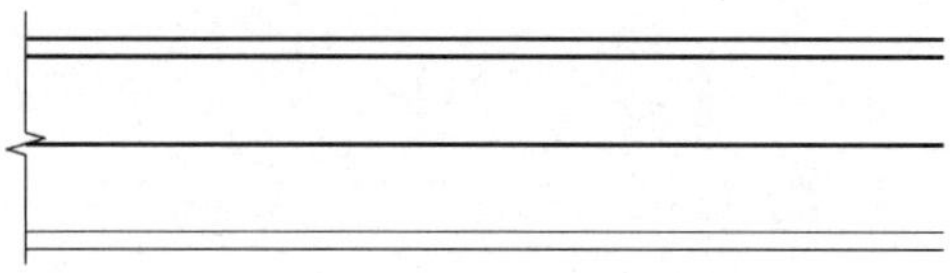　　　　　　　　　　图 7-90　绘制折断线

（5）单击"默认"选项卡"修改"面板中的"复制"按钮 ，将折断线复制到另外一侧，如图 7-91 所示。

（6）单击"默认"选项卡"绘图"面板中的"图案填充"按钮 ，填充图形，如图 7-92 所示。

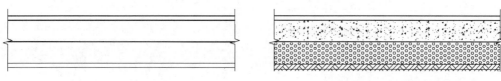

图 7-91　复制折断线　　　　　　　　　　图 7-92　填充图形

（7）在命令行中输入"QLEADER"命令，为图形标注文字，如图 7-93 所示。

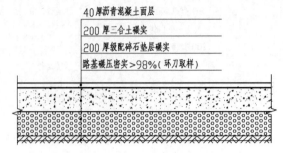

图 7-93　标注文字

（8）单击"默认"选项卡"绘图"面板中的"直线"按钮 ╱、"多段线"按钮 ⟋ 和"注释"面板中的"多行文字"按钮 **A**，标注图名，如图 7-86 所示。

园林水景图绘制

　　本章主要讲解园林水景的绘制。水景,作为园林中一道别样的风景点缀,以它特有的气息与神韵感染着每一个人。水景是园林景观和给排水的有机结合。随着房地产等相关行业的发展,人们对居住环境有了更高的要求,水景逐渐成为居住区环境设计的一大亮点,其应用技术也得到快速发展,许多技术已大量应用于园林实践中。

学 习 要 点

◆ 园林水景概述
◆ 园林水景工程图的绘制
◆ 水景墙设计实例

8.1 园林水景概述

1. 园林水景的作用

园林水景的用途非常广泛,主要归纳为以下五个方面:

(1) 形成园林水体景观,如喷泉、瀑布、池塘等,都以水体为题材,水成为园林构成要素。冰灯、冰雕也是水在非常温状况下的一种观赏形式。

(2) 改善环境,调节气候,控制噪声。喷泉、瀑布能增加空气湿度,提高空气中负氧离子的含量。

(3) 提供体育娱乐活动场所,如游泳、划船、溜冰、船模等,以及当前休闲的热点活动,如冲浪、漂流、水上乐园等。

(4) 汇集、排泄天然雨水。此项功能在园林设计中,能节省不少地下管线的投资,为植物生长创造良好的立地条件。若处理不当,污水倒灌、淹苗,又会造成意想不到的损失。

(5) 防护、隔离、防灾用水。如护城河、隔离河,以水面作为空间隔离,是最自然、最节约的办法。可以说,水面创造了园林迂回曲折的线路。隔岸相视,可望而不可即也。救火、抗旱都离不开水。城市园林水体可作为救火备用水,而郊区园林水体、沟渠是天然的抗旱管网。

2. 园林水景的分类

园林水体的景观形式是丰富多彩的。明袁中郎谓:"水突然而趋,忽然而折,天回云昏,顷刻不知其千里,细则为罗谷,旋则为虎眼,注则为天坤,立则为岳玉;矫而为龙,喷而为雾,吸而为风,怒而为霆,疾徐舒蹙,奔跃万状。"下面以水体存在的四种形态来划分水体的景观。

(1) 水体因压力而向上喷,形成各种各样的喷泉、涌泉、喷雾……,总称"喷水"。

(2) 水体因重力而下跌,高程突变,形成各种各样的瀑布、水帘……,总称"跌水"。

(3) 水体因重力而流动,形成各种各样溪流,旋涡……,总称"流水"。

(4) 水面自然,不受重力及压力影响,称"池水"。

自然界不流动的水体,并不是静止的。它因风吹而起涟漪、波涛,因降雨而得到补充,因蒸发、渗透而减少、干枯,因各种动植物、微生物的参与而污染、净化。水无时不在进行生态循环。

3. 喷水的类型

人工造就的喷水有以下七种景观类型。

(1) 水池喷水:这是最常见的形式。设计水池时,应安装喷头、灯光、设备。停喷时,则是一个静水池。

(2) 旱池喷水:喷头等隐于地下,适用于让人参与的地方,如广场、游乐场。停喷时,则是场中一块微凹地坪。旱池喷水的缺点是水质易污染。

(3) 浅池喷水:喷头于山石、盆栽之间,可以把喷水的全范围做成一个浅水盆,也可以仅在射流落点之处设几个水钵。美国迪士尼乐园有座间歇喷泉,由 A 定时喷一串水珠至 B,再由 B 喷一串水珠至 C,如此不断循环跳跃下去,周而复始。

（4）舞台喷水：影剧院、跳舞厅、游乐场等场所,有时作为舞台前景、背景,有时作为表演场所和活动内容。这种小型的设施中,水池往往是活动的。

（5）盆景喷水：家庭、公共场所的摆设,大小不一,往往成套出售。此种以水为主要景观的设施,不限于"喷"的水姿,而易于利用高科技成果,做出让人意想不到的景观,很有启发意义。

（6）自然喷水：喷头置于自然水体之中。

（7）水幕影像：上海城隍庙的水幕电影,由喷水组成 10 多米宽、20 多米长的扇形水幕,与夜晚天际连成一片,放映电影时,人物驰骋万里,来去无影。

当然,除了这七种类型景观,还有不少奇闻趣观。

4．水景的类型

水景是构成园林景观的重要组成部分,水的形态不同,构成的景观也不同。水景一般可分为以下几种类型。

1）水池

园林中常以天然湖泊做水池,尤其在皇家园林中,此水景有一望千顷、海阔天空之气派,构成了大型园林的宏旷水景。而私家园林或小型园林的水池面积较小,其形状可方、可圆、可直、可曲,常以近观为主,不可过分分隔,故给人的感觉是古朴野趣。

2）瀑布

瀑布在园林中虽用得不多,但它特点鲜明,即充分利用了高差变化,使水产生动态之势。如把石山叠高,下挖成潭,水自高往下倾泻,击石四溅,飞珠若帘,俨如千尺飞流,震撼人心,令人流连忘返。

3）溪涧

溪涧的特点是水面狭窄而细长,水因势而流,不受拘束。水口的处理应使水声悦耳动听,使人犹如置身于真山真水之间。

4）泉源

泉源之水通常是溢满的,一直不停地往外流出。古有天泉、地泉、甘泉之分。泉的地势一般比较低下,常结合山石,光线幽暗,别有一番情趣。

5）濠濮

濠濮是山水相依的一种景象,其水位较低,水面狭长,往往能产生两山夹岸之感。而护坡置石,植物探水,可造成幽深濠涧的气氛。

6）渊潭

潭景一般与峭壁相连,水面不大,深浅不一。大自然之潭周围峭壁嶙峋,俯瞰气势险峻,有若万丈深渊。庭园中潭之创作,岸边宜叠石,不宜披土；在光线处理方面,宜荫蔽浓郁,不宜阳光灿烂；水位标高宜低下,不宜涨满。水面集中而空间狭隘是渊潭的创作要点。

7）滩

滩的特点是水浅而与岸的高差很小。滩景结合洲、矶、岸等,潇洒自如,极富自然。

8）水景缸

水景缸是用容器盛水作景。其位置不定,可随意摆放,内可养鱼、种花以用作庭园点景之用。

除上述类型外,随着现代园林艺术的发展,水景的表现手法越来越多,如喷泉造景、叠水造景等,均活跃了园林空间,丰富了园林内涵,美化了园林的景致。

5．喷水池的设计原则

（1）要尽量考虑向生态方向发展,如空调冷却水的利用、水帘幕降温、鱼塘增氧、兼作消防水池、喷雾增加空气湿度和负离子,以及作为水系循环水源等。科学研究证明,水滴分裂有带电现象,水滴由加有高压电的喷嘴中以雾状喷出,可吸附微小烟尘乃至有害气体,会大大提高除尘效率。带电水雾硝烟的技术和装置,以及向雷云喷射高速水流消除雷害的技术,正在积极研究中。真是"喷流飞电来,奇观有奇用"。

（2）要与其他景观设施结合。这里有两层意思:一是喷水等水景工程是一项综合性工程,要园林、建筑、结构、雕塑、自控、电气、给排水、机械等方面专业人员参加,才能做到臻善臻美;二是水景是园林绿化景观的一部分内容,要有雕塑、花坛、亭廊、花架、座椅、地坪铺装、儿童游戏场、露天舞池等内容的参加配合,才能成景,并做到规模不至过大,而效果淋漓尽致,喷射时好看,停止时也好看。

（3）要有新意,不落窠臼。日本的喷水,有由声音、风向、光线来控制开启的,还有座"激流勇进",一股股激浪冲向艘艘木舟,激起千堆雪。不仔细看,还以为是老渔翁在奋勇前进呢。美国有座喷泉,上喷的水正对着下泻的瀑,水花在空中爆炸,蔚为壮观。

（4）要因地制宜,选择合理的喷泉。例如,适于参与、有管理条件的地方可采用旱地喷水;而只适于观赏的地方,要采用水池喷泉;在园林环境下,可考虑采用自然式浅池喷水。

6．各种喷水款式的选择

现在的喷泉设计,多从造型考虑,喜欢哪个样子,就选哪种喷头,这是错误的。实际上现有各种喷头的使用条件有很多不同。

（1）声音:有的喷头水噪声很大,如充气喷头;而有的是有造型而无声,很安静的,如喇叭喷头。

（2）风力的干扰:有的喷头受外界风力影响很大,如半圆形喷头,此类喷头形成的水膜很薄,强风下几乎不能成型;有的则没什么影响,如树水状喷头。

（3）水质的影响:有的喷头受水质的影响很大,水质不佳,动辄堵塞,如蒲公英喷头,堵塞局部会破坏整体造型。但有的影响很小,如涌泉。

（4）高度和压力:各种喷头都有其合理、高效的喷射高度。例如,要喷得高,可用中空喷头,比用直流喷头好,因为环形水流的中部空气稀薄,四周空气裹紧水柱,使之不易分散。而儿童游戏场为安全起见,要选用低压喷头。

（5）水姿的动态:多数喷头是安装后或调整后按固定方向喷射的,如直流喷头。还有一些喷头是动态的,如摇摆和旋转喷头,在机械和水力的作用下,喷射时,喷头是移动的。若经过特殊设计,有的喷头还可按预定的轨迹前进。同一种喷头,由于设计的不同,可喷射出各种高度的水,此起彼伏。无级变速可使喷射轨迹呈曲线形状,甚至时断时续,射流呈现出点、滴、串的水姿,如间歇喷头。多数喷头安装在水面之上,但是鼓泡(泡沫)喷头是安装在水面之下的,因水面的波动,喷射的水姿会呈现起伏动荡的变化。使用此类喷头,还要注意水池会有较大的波浪出现。

(6)射流和水色:多数喷头喷射时,水色是透明无色的。鼓泡(泡沫)喷头、充气喷头由于空气和水混合,射流是不透明白色的。雾状喷头要在阳光照射下才会产生瑰丽的彩虹。水盆景、摆设一类水景,往往把水染色,使之在灯光下,更显烂漫辉煌。

8.2 园林水景工程图的绘制

表达水景工程构筑物(如驳岸、码头、喷水池等)的图样称为水景工程图。在水景工程图中,除表达工程设施的土建部分外,一般还有机电、管道、水文地质等专业内容。本节主要介绍水景工程图的表达方法、尺寸标注、内容和喷水池工程图。

1. 水景工程图的表达方法

1)视图的配置

水景工程图的基本图样仍然是平面图、立面图和剖面图。水景工程构筑物,如基础、驳岸、水闸、水池等许多部分被土层覆盖,所以剖面图和断面图应用较多。人站在下游面向建筑物作投射,所得的视图称为下游立面图,如图8-1所示。

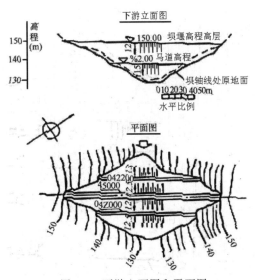

图8-1 下游立面图和平面图

为看图方便,每个视图都应在图形下方标出名称,各视图应尽量按投影关系配置。布置图形时,习惯使水流方向由左向右或自上而下。

2)其他表示方法

(1)局部放大图:物体的局部结构用较大比例画出的图样称为局部放大图或详图。放大的详图必须标注索引标志和详图标志。

（2）展开剖面图：当构筑物的轴线是曲线或折线时，可沿轴线剖开物体，并向剖切面投影，然后将所得剖面图展开在一个平面上，称为展开剖面图，在图名后应标注"展开"二字。

（3）分层表示法：当构筑物有几层结构时，在同一视图内可按其结构层次分层绘制。相邻层次用波浪线分界，并用文字在图形下方标注各层名称。

（4）掀土表示法：被土层覆盖的结构，在平面图中不可见。为表示这部分结构，可假想将土层掀开后再画出视图。

（5）规定画法：水景构筑物配筋图的规定画法与园林建筑图相同。如钢筋网片的布置对称可以只画一半，另一半表达构件外形。对于规格、直径、长度和间距相同的钢筋，可用粗实线画出其中一根来表示。同时，用一根横穿的细实线表示其余钢筋。

如图形的比例较小，或者某些设备另有专门的图纸来表达，可以在图中相应的部位用图例来表达工程构筑物的位置。常用图例如图 8-2 所示。

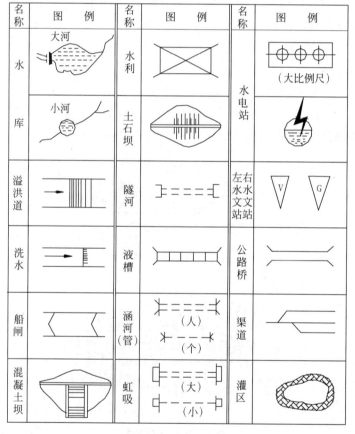

图 8-2　常用图例

2．水景工程图的尺寸注法

在注写水景工程图的尺寸时，必须遵守投影制图有关尺寸标注的要求。但水景工程图有它自己的特点，下面进行详细介绍。

1）基准点和基准线

要确定水景工程构筑物在地面的位置，必须先定好基准点和基准线在地面的位置，各构筑物的位置均以基准点进行放样定位。基准点的平面位置是根据测量坐标确定的，两个基准点的连线可以定出基准线的平面位置。基准点的位置用交叉十字线表示，引出标注测量坐标。

2）常水位、最高水位和最低水位

设计和建造驳岸、码头、水池等构筑物时，应根据当地的水情和一年四季的水位变化来确定驳岸和水池的形式和高度，使得常水位时景观最佳，最高水位时不至于溢出，最低水位时岸壁的景观也可入画。因此，在水景工程图上，应标注常水位、最高水位和最低水位的标高，并常将水位作为相对标高的零点，如图8-3所示。为便于施工测量，图中除应注写各部分的高度尺寸外，尚需注出必要的高程。

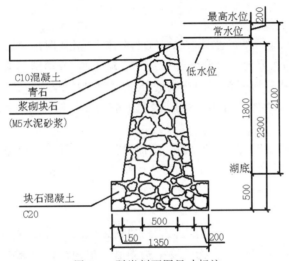

图8-3　驳岸剖面图尺寸标注

3）里程桩

对于堤坝、渠道、驳岸、隧洞等较长的水景工程构筑物，沿轴线的长度尺寸通常采用里程桩的标注方法。标注形式为k+m，k为千米数，m为米数。如起点桩号标注成0+000，起点桩号之后，k、m为正值，起点桩号之前，k、m为负值。桩号数字一般沿垂直于轴线的方向注写，且标注在同一侧，如图8-4所示。当同一图中几种建筑物均采用"桩号"标注时，可在桩号数字之前加注文字以示区别，如坝0+021.00，洞0+018.30等。

3．水景工程图的内容

开池理水是园林设计的重要内容。园林中的水景工程，一些是利用天然水源（河流、湖泊）和现状地形修建的较大型水面工程，如驳岸、码头、桥梁、引水渠道和水闸等；更多的是在街头、游园内修建的小型水面工程，如喷水池、种植池、盆景池、观鱼池等人工水池。水景工程设计一般也要经过规划、初步设计、技术设计和施工设计等阶段。每个阶段都要绘制相应的图样。水景工程图主要有总体布置图和构筑物结构图。

1）总体布置图

总体布置图主要表示整个水景工程各构筑物在平面和立面的布置情况。总体布置

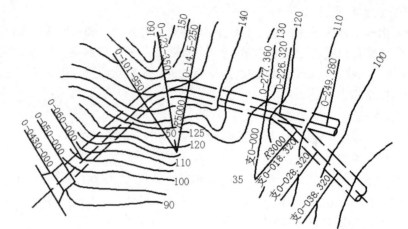

图 8-4　里程桩尺寸标注

图以平面布置图为主,平面布置图一般画在地形图上,必要时配置立面图。为了使图形主次分明,结构图的次要轮廓线和细部构造均省略不画,或用图例或示意图示这些构造的位置和作用。图中一般只注写构筑物的外形轮廓尺寸和主要定位尺寸,主要部位的高程和填挖方坡度。总体布置图的绘图比例一般为 1∶500～1∶200。总体布置图包括以下内容:

(1) 工程设施所在地区的地形现状、河流及流向、水面、地理方位(指北针)等。

(2) 各工程构筑物的相互位置、主要外形尺寸、主要高程。

(3) 工程构筑物与地面交线、填挖方的边坡线。

2) 构筑物结构图

结构图是以水景工程中某一构筑物为对象的工程图,包括结构布置图、分部和细部构造图以及钢筋混凝土结构图。构筑物结构图必须把构筑物的结构形状、尺寸大小、材料、内部配筋及相邻结构的连接方式等都表达清楚。结构图包括平面图、立面图、剖面图、详图和配筋图,绘图比例一般为 1∶100～1∶8。构筑物结构图包括以下内容:

(1) 表明工程构筑物的结构布置、形状、尺寸和材料。

(2) 表明构筑物各分部和细部构造、尺寸和材料。

(3) 表明钢筋混凝土结构的配筋情况。

(4) 工程地质情况及构筑物与地基的连接方式。

(5) 相邻构筑物之间的连接方式。

(6) 附属设备的安装位置。

(7) 构筑物的工作条件,如常水位和最高水位等。

4.喷水池工程图

喷水池的面积和深度较小,一般为几十厘米至一米,可根据需要建成地面上、地面下或者半地上半地下的形式。人工水池与天然湖池的区别如下:一是采用各种材料修建池壁和池底,并有较高的防水要求;二是采用管道给排水,要修建闸门井、检查井、排放口和地下泵站等附属设备。

常见的喷水池结构有两类:一类是砖、石池壁水池,池壁用砖墙砌筑,池底采用素混凝土或钢筋混凝土;另一类是钢筋混凝土水池,池底和池壁都采用钢筋混凝土结构。喷水池的防水做法多是在池底上表面和池壁内外墙面抹 20mm 厚防水砂浆。北方水池还有防冻要求,可以在池壁外侧回填时采用排水性能较好的轻骨料,如矿渣、焦渣或级配砂石等。喷水池土建部分用喷水池结构图表达,以下主要说明喷水池管道的画法。

喷水的基本形式有直射形、集射形、放射形、散剔形、混合形等。喷水又可与山石、雕塑、灯光等相互依赖,共同组合形成景观。不同的喷水外形主要取决于喷头的形式,可根据不同的喷水造型设计喷头。

1)管道的连接方法

喷水池采用管道给排水,管道是工业产品,有一定的规格和尺寸。在安装时加以连接组成管路,其连接方式将因管道的材料和系统而不同。常用的管道连接方式有以下四种。

(1)法兰接:在管道两端各焊一个圆形的法兰盘,在法兰盘中间垫以橡皮,四周钻有成组的小圆孔,在圆孔中用螺栓连接。

(2)承插接:管道的一端做成钟形承口,另一端是直管,直管插入承口内,在空隙处填以石棉水泥。

(3)螺纹接:管端加工有外螺纹,用有内螺纹的套管将两根管道连接起来。

(4)焊接接:将两管道对接焊成整体,在园林给排水管路中应用不多。

喷水池给排水管路中,给水管一般采用螺纹连接,排水管大多采用承插接。

2)管道平面图

管道平面图主要是用以显示区域内管道的布置。一般游园的管道综合平面图常用比例为1:2000~1:200。喷水池管道平面图能显示清楚该小区范围内的管道即可,通常选用1:300~1:50的比例。管道均用单线绘制,称为单线管道图。但用不同的宽度和不同的线型加以区别。新建的各种给排水管用粗线表示,原有的给排水管用中粗线表示。给水管用实线表示,排水管用虚线表示。

管道平面图中的房屋、道路、广场、围墙、草地花坛等原有建筑物和构筑物按建筑总平面图的图例用细实线绘制,水池等新建建筑物和构筑物用中粗线绘制。

铸铁管以公称直径"DN"表示,公称直径指管道内径,通常以英寸(in)为单位(1in＝25.4mm),也可标注毫米,如 DN50。混凝土管以内径"d"表示,如 d150。管道应标注起讫点、转角点、连接点、变坡点的标高。给水管宜注管中心线标高,排水管宜注管内底标高。一般标注绝对标高,如无绝对标高资料,也可注相对标高。给水管是压力管,通常水平敷设,可在说明中注明中心线标高。为简便起见,可在检查井处引出排水管标注,水平线上面注写管道种类及编号,如 W-5,水平线下面注写井底标高。也可在说明中注写管口内底标高和坡度。在管道平面图中,还应标注闸门井的外形尺寸和定位尺寸,指北针或风向玫瑰图。为便于对照阅读,应附给水排水专业图例和施工说明。施工说明一般包括设计标高、管径及标高、管道材料和连接方式、检查井和闸门井尺寸、质量要求和验收标准等。

3)安装详图

安装详图主要用以表达管道及附属设备安装情况的图样,或称工艺图。安装详图以平面图作为基本视图,然后根据管道布置情况选择合适的剖面图,剖切位置通过管道中心,但管道按不剖绘制。局部构造,如闸门井、泄水口、喷泉等,用管道节点表达。一一般情况下,应分别绘制管道安装详图与水池结构图。

一般安装详图的画图比例都比较大,各种管道的位置、直径、长度及连接情况必须表达清楚。在安装详图中,管径大小按比例用双粗实线绘制,称为双线管道图。

为便于阅读和施工备料,应在每个管件旁边以指引线引出 6mm 小圆圈,并加以编号,相同的管配件可编同一号码。在每种管道旁边注明其名称,并画箭头以示其流向。

对于池体等土建部分,另有构筑物结构图详细表达其构造、厚度、钢筋配置等内容。在管道安装工艺图中,一般只画水池的主要轮廓,细部结构可省略不画。池体等土建构筑物的外形轮廓线(非剖切)用细实线绘制,闸门井、池壁等剖面轮廓线用中粗线绘制,并画出材料图例。管道安装详图的尺寸包括构筑尺寸、管径及定位尺寸、主要部位标高。构筑尺寸指水池、闸门井、地下泵站等内部的长、宽和深度尺寸,沉淀池、泄水口、出水槽的尺寸等。每段管道旁边注写管径和代号"DN"等,管道通常以池壁或池角定位。构筑物的主要部位(池顶、池底、泄水口等)及水面、管道中心、地坪应标注标高。

喷头是经机械加工的零部件,与管道用螺纹或法兰连接。自行设计的喷头应按机械制图标准画出部件装配图和零件图。

为便于施工备料、预算,应将各种主要设备和管配件汇总列出材料表。该表中内容包括件号、名称、规格、材料、数量等。

4)喷水池结构图

喷水池池体等土建构筑物的布置、结构、形状、大小和细部构造用喷水池结构图来表示。喷水池结构图通常包括表达喷水池各组成部分的位置、形状和周围环境的平面布置图,表达喷泉造型的外观立面图,表达结构布置的剖面图和池壁、池底结构详图或配筋。如图 8-5 所示为某公园喷水池结构图。该图表达的是钢筋混凝土水池的池壁和池底详图。其钢筋混凝土结构的表达方法应符合《建筑结构制图标准》(GB/T 50105—2010)的规定。

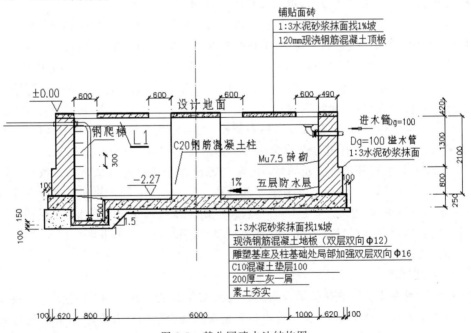

图 8-5　某公园喷水池结构图

8.3 水景墙设计实例

下面以如图 8-6 所示的水景墙为例介绍这一类园林结构单元的设计方法。

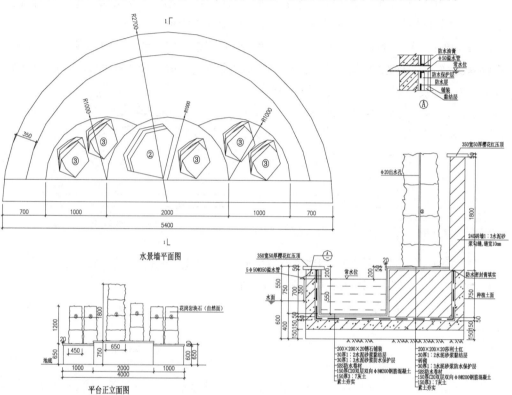

图 8-6 水景墙

8.3.1 设计思路

水景墙是现代园林水景设计的一种常见方式,多在大型建筑或住宅小区楼前作为装饰建筑使用。本实例绘制的水景墙图形,包括水景墙平面图、平台正立面图、1—1 剖面图和水景墙详图。在绘制时,采用之前所学过的二维绘图命令和编辑命令,首先绘制图形的轮廓,然后进行尺寸标注和文字说明,最后为图形添加图名。

8.3.2 绘制水景墙平面图

绘制图 8-6 所示的水景墙平面图。

(1) 单击"默认"选项卡"绘图"面板中的"直线"按钮 ╱,绘制一条长为 5400mm 的水平直线,如图 8-7 所示。

(2) 单击"默认"选项卡"修改"面板中的"偏移"按钮 ⊆,将水平直线向上偏移 350mm,如图 8-8 所示。

图 8-7　绘制水平直线　　　　　　　　　　　　图 8-8　偏移直线

（3）单击"默认"选项卡"绘图"面板中的"圆弧"按钮 $\frown$，以水平直线右端点为起点，左端点为终点，绘制一段圆弧，设置半径为 2700mm，然后单击"默认"选项卡"修改"面板中的"修剪"按钮，修剪掉多余的直线，如图 8-9 所示。

（4）单击"默认"选项卡"修改"面板中的"偏移"按钮，将圆弧向内偏移 350mm，然后单击"默认"选项卡"修改"面板中的"修剪"按钮，修剪掉多余的直线，如图 8-10 所示。

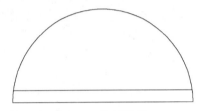

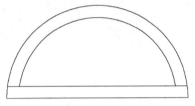

图 8-9　绘制圆弧　　　　　　　　　　　　　图 8-10　偏移圆弧

（5）同理，单击"默认"选项卡"绘图"面板中的"圆弧"按钮 $\frown$，绘制三段小圆弧，将每段圆弧的半径设置为 1000mm，如图 8-11 所示。

（6）单击"默认"选项卡"修改"面板中的"修剪"按钮，修剪掉多余的圆弧，如图 8-12 所示。

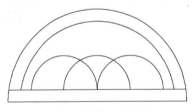

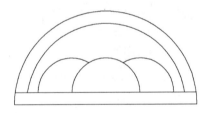

图 8-11　绘制三段小圆弧　　　　　　　　　　图 8-12　修剪掉多余的圆弧

（7）单击"默认"选项卡"绘图"面板中的"直线"按钮，绘制石头，如图 8-13 所示。

（8）单击"默认"选项卡"块"面板中的"创建"按钮，打开"块定义"对话框，将石头图形创建为块，如图 8-14 所示。

（9）单击"默认"选项卡"块"面板中的"插入"按钮，在下拉菜单中选择"最近使用的块"，打开"块"选项板，如图 8-15 所示，将石头图块插入图中合适的位置处，如图 8-16 所示。

图 8-13　绘制石头

（10）同理，单击"默认"选项卡"绘图"面板中的"直线"按钮，绘制其他位置处的石头图形，如图 8-17 所示。

图 8-14　创建块

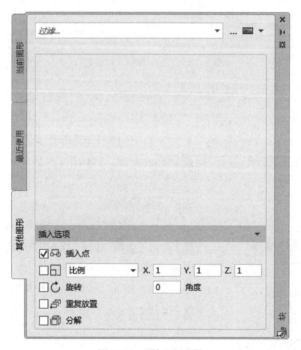

图 8-15　"块"选项板

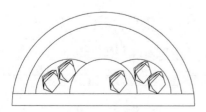

图 8-16　插入石头图块

图 8-17　绘制石头

（11）单击"默认"选项卡"注释"面板中的"文字样式"按钮 A，打开"文字样式"对话框，将字体设置为宋体，高度为 200mm，如图 8-18 所示。

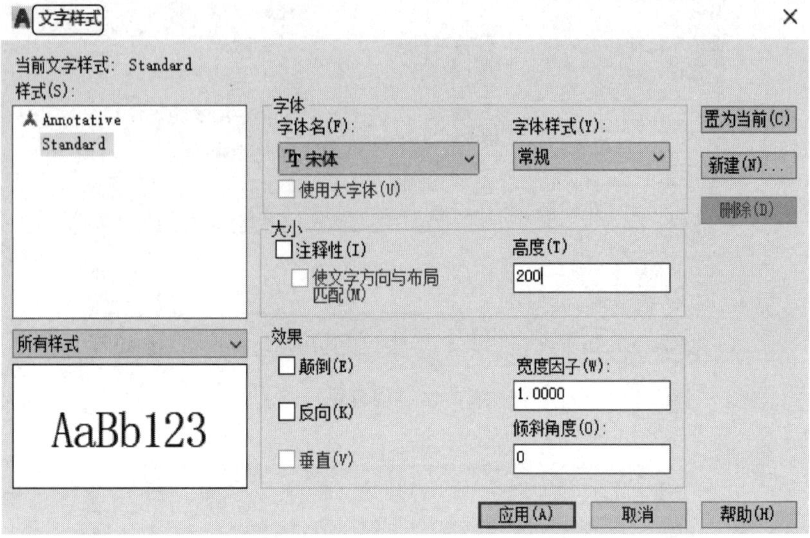

图 8-18　"文字样式"对话框

（12）单击"默认"选项卡"注释"面板中的"多行文字"按钮 **A** ，在石头位置处绘制标号，如图 8-19 所示。

（13）单击"默认"选项卡"注释"面板中的"标注样式"按钮，打开"标注样式管理器"对话框，单击"新建"按钮，打开"创建新标注样式"对话框，然后单击"继续"按钮，打开"新建标注样式：副本 ISO-25"对话框，分别对各个选项卡进行设置。

图 8-19　绘制标号

（14）单击"注释"选项卡"标注"面板中的"线性"按钮 和"连续"按钮 ，标注第一道尺寸，如图 8-20 所示。

（15）单击"默认"选项卡"注释"面板中的"线性"按钮 ，为图形标注总尺寸，如图 8-21 所示。

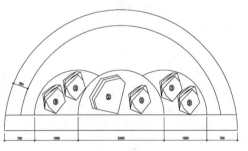

图 8-20　标注第一道尺寸

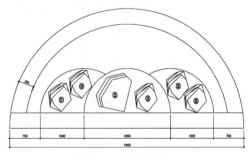

图 8-21　标注总尺寸

（16）单击"默认"选项卡"注释"面板中的"半径"按钮，为图形标注半径，如图8-22所示。

（17）单击"默认"选项卡"绘图"面板中的"多段线"按钮，将起始宽度和终止宽度分别设置为10mm，在图中合适的位置处绘制剖切符号，如图8-23所示。

（18）单击"默认"选项卡"注释"面板中的"多行文字"按钮 **A**，绘制剖切数值，如图8-24所示。

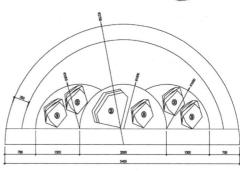

图8-22 标注半径

Note

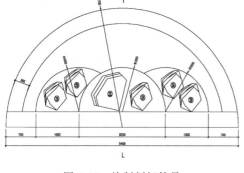

图8-23 绘制剖切符号

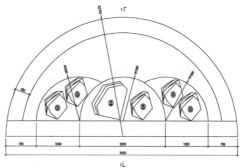

图8-24 绘制剖切数值

（19）单击"默认"选项卡"注释"面板中的"多行文字"按钮 **A**，标注图名，最终完成水景墙平面图的绘制，如图8-6所示。

8.3.3 绘制平台正立面图

绘制图8-6中所示的平台正立面图。

（1）单击"默认"选项卡"绘图"面板中的"直线"按钮，绘制长为5400mm的直线，作为池底，如图8-25所示。

（2）单击"默认"选项卡"修改"面板中的"偏移"按钮，将地坪线依次向上偏移，偏移距离分别为600mm、50mm、50mm和50mm，如图8-26所示。

8-2

图8-25 绘制直线

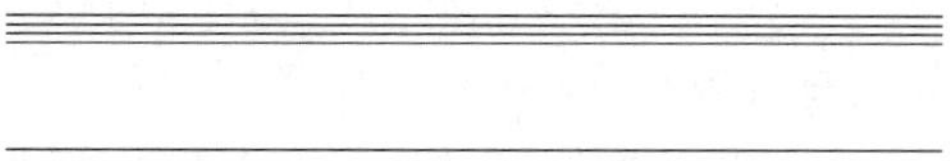

图8-26 偏移直线

（3）单击"默认"选项卡"绘图"面板中的"直线"按钮，绘制一条竖直直线，如图8-27所示。

（4）单击"默认"选项卡"修改"面板中的"偏移"按钮，将竖直直线依次向右进行偏移,偏移距离为 1000mm、2000mm 和 1000mm,再将 4 条直线分别向外侧偏移 20mm,如图 8-28 所示。

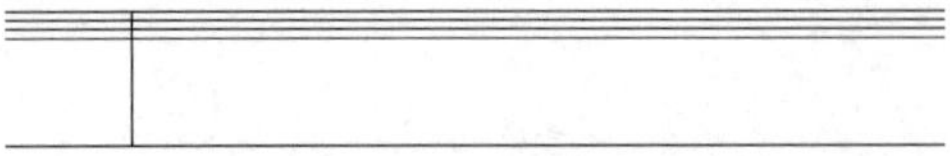

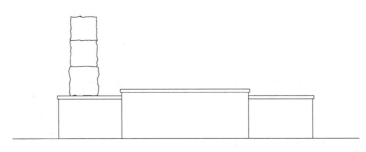

图 8-27　绘制竖直直线 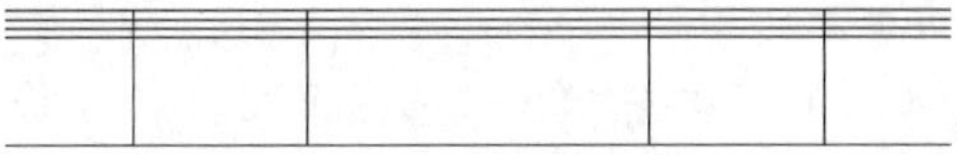　　　　　　　图 8-28　偏移竖直直线

(5) 单击"默认"选项卡"修改"面板中的"修剪"按钮，修剪掉多余的直线,并整理图形,如图 8-29 所示。

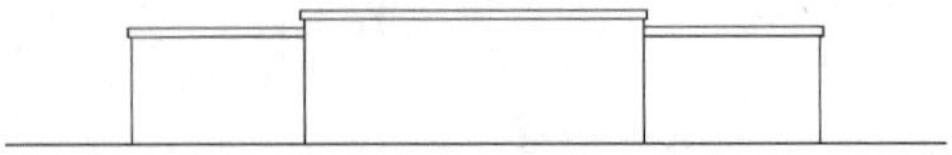

(6) 单击"默认"选项卡"绘图"面板中的"样条曲线拟合"按钮，绘制花岗岩块石,如图 8-30 所示。

图 8-29　修剪整理图形

图 8-30　绘制花岗岩块石

(7) 单击"默认"选项卡"修改"面板中的"复制"按钮 和"修改"面板中的"修剪"按钮 ，将花岗岩块石复制到图中其他位置处,并进行修剪,结果如图 8-31 所示。

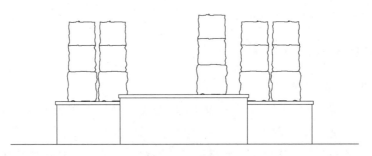

图 8-31　复制花岗岩块石

(8) 单击"默认"选项卡"绘图"面板中的"样条曲线拟合"按钮，绘制其他位置处的花岗岩块石,如图 8-32 所示。

(9) 单击"默认"选项卡"注释"面板中的"多行文字"按钮 **A** ,在块石处输入标号,如图 8-33 所示。

(10) 单击"默认"选项卡"注释"面板中的"线性"按钮 和"连续"按钮 ，为图形标注第一道尺寸,如图 8-34 所示。

Note

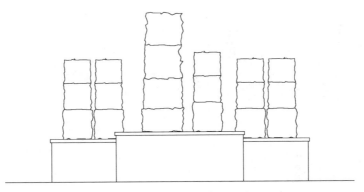

图 8-32 绘制花岗岩块石

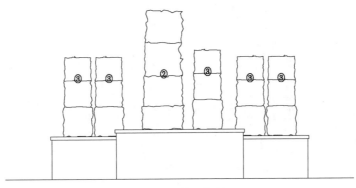

图 8-33 输入标号

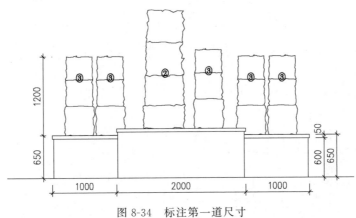

图 8-34 标注第一道尺寸

　　（11）单击"默认"选项卡"注释"面板中的"线性"按钮├┤,标注总尺寸,如图 8-35 所示。

　　（12）单击"默认"选项卡"注释"面板中的"线性"按钮├┤和"连续"按钮├┼┤,标注细节尺寸,如图 8-36 所示。

　　（13）单击"默认"选项卡"绘图"面板中的"直线"按钮╱和"注释"面板中的"多行文字"按钮 **A**,标注文字,如图 8-37 所示。

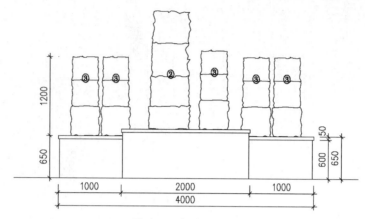

图 8-35　标注总尺寸

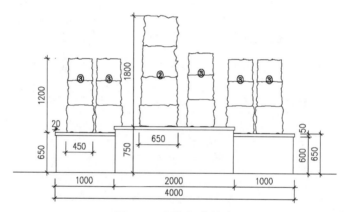

图 8-36　标注细节尺寸

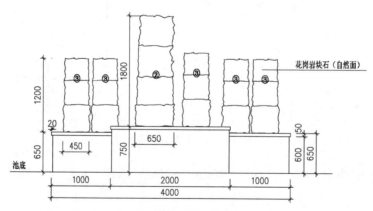

图 8-37　标注文字

（14）单击"默认"选项卡"注释"面板中的"多行文字"按钮 **A** ，标注图名，如图 8-38 所示。

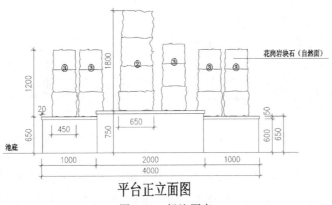

平台正立面图

图 8-38　标注图名

8.3.4　绘制 1—1 剖面图

绘制图 8-6 中所示的 1—1 剖面图。

（1）单击"默认"选项卡"绘图"面板中的"直线"按钮 ／，绘制一条水平直线，如图 8-39 所示。

（2）单击"默认"选项卡"修改"面板中的"偏移"按钮 ⊂，将直线依次向上偏移，偏移距离为 150mm、150mm、50mm、30mm 和 20mm，如图 8-40 所示。

8-3

图 8-39　绘制水平直线

图 8-40　偏移水平直线

（3）单击"默认"选项卡"绘图"面板中的"直线"按钮 ／，在图形左侧绘制一条竖直直线，如图 8-41 所示。

（4）单击"默认"选项卡"修改"面板中的"偏移"按钮 ⊂，将竖直直线依次向右偏移，偏移距离为 150mm、50mm、30mm、20mm、1070mm、20mm、30mm、990mm、40mm、50mm 和 150mm，如图 8-42 所示。

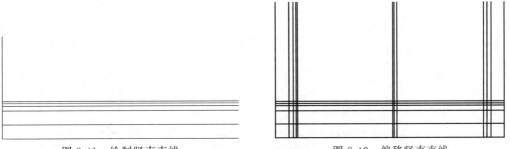

图 8-41　绘制竖直直线

图 8-42　偏移竖直直线

（5）单击"默认"选项卡"修改"面板中的"修剪"按钮 ，修剪掉多余的直线，如图 8-43 所示。

（6）单击"默认"选项卡"绘图"面板中的"矩形"按钮 ，绘制压顶，如图 8-44 所示。

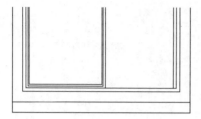

图 8-43　修剪掉多余的直线

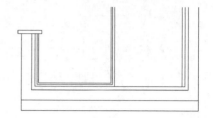

图 8-44　绘制压顶

（7）单击"默认"选项卡"绘图"面板中的"直线"按钮 ∕ ，绘制右侧图形，如图 8-45 所示。

（8）单击"默认"选项卡"绘图"面板中的"矩形"按钮 ▢ ，在右侧图形顶部绘制压顶，如图 8-46 所示。

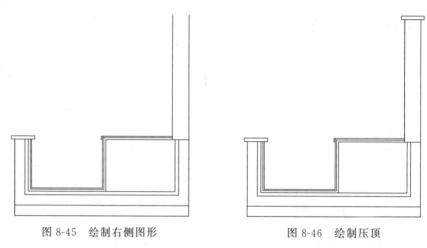

图 8-45　绘制右侧图形　　　　　　　图 8-46　绘制压顶

（9）单击"默认"选项卡"绘图"面板中的"多段线"按钮 ⌐ ，绘制防水密封膏，如图 8-47 所示。

（10）单击"默认"选项卡"绘图"面板中的"直线"按钮 ∕ ，绘制水位，如图 8-48 所示。

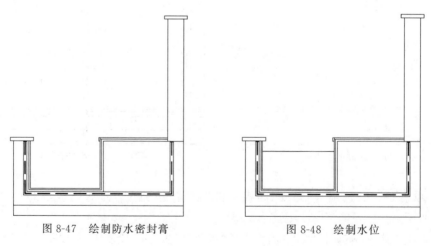

图 8-47　绘制防水密封膏　　　　　　图 8-48　绘制水位

（11）单击"默认"选项卡"绘图"面板中的"样条曲线拟合"按钮 ，绘制石头，如图 8-49 所示。

（12）单击"默认"选项卡"绘图"面板中的"直线"按钮 ，绘制出水孔，如图 8-50 所示。

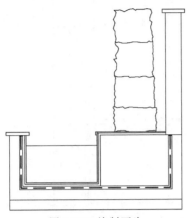

图 8-49　绘制石头

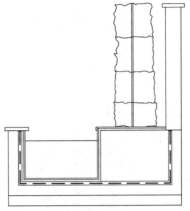

图 8-50　绘制出水孔

（13）单击"默认"选项卡"绘图"面板中的"直线"按钮 和"样条曲线拟合"按钮 ，在图中合适的位置处绘制溢水管，如图 8-51 所示。

（14）单击"默认"选项卡"绘图"面板中的"图案填充"按钮 ，打开"图案填充创建"选项卡，选择 DASH 图案，填充水位，如图 8-52 所示。

（15）单击"默认"选项卡"绘图"面板中的"图案填充"按钮 ，填充其他图形，如图 8-53 所示。

（16）单击"注释"选项卡"标注"面板中的"线性"按钮 和"连续"按钮 ，为图形标注外部尺寸，如图 8-54 所示。

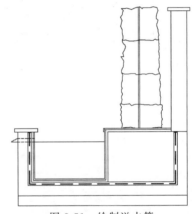

图 8-51　绘制溢水管

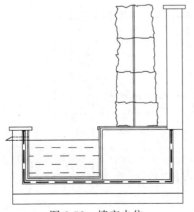

图 8-52　填充水位

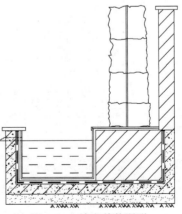

图 8-53　填充其他图形

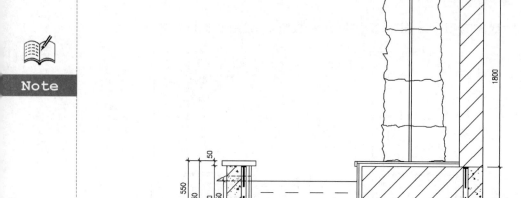

图 8-54　标注外部尺寸

（17）单击"默认"选项卡"注释"面板中的"线性"按钮 ⊢⊣，标注细节尺寸，如图 8-55 所示。

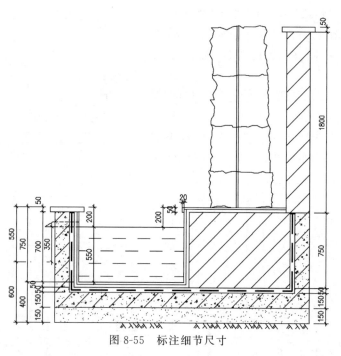

图 8-55　标注细节尺寸

（18）单击"默认"选项卡"绘图"面板中的"直线"按钮 ⁄，绘制标高符号，如图 8-56 所示。

（19）单击"默认"选项卡"注释"面板中的"多行文字"按钮 **A**，在标高符号处输入文字，如图 8-57 所示。

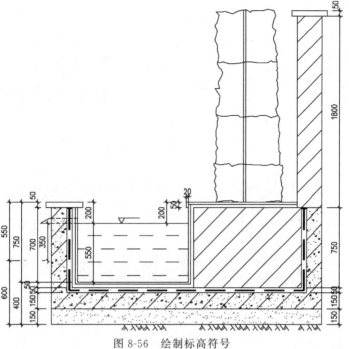

图 8-56 绘制标高符号

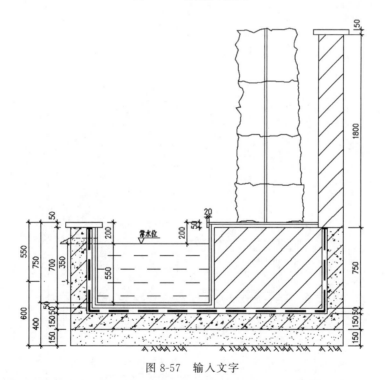

图 8-57 输入文字

(20) 单击"默认"选项卡"绘图"面板中的"直线"按钮 ╱，在图中引出直线，如图 8-58 所示。

(21) 单击"默认"选项卡"注释"面板中的"多行文字"按钮 **A**，在直线右侧输入文字，如图 8-59 所示。

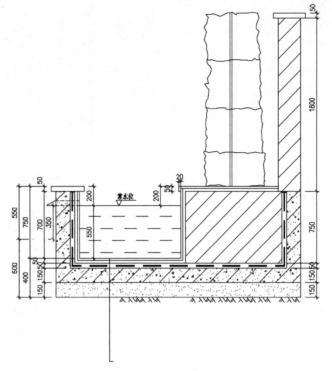

图 8-58　引出直线

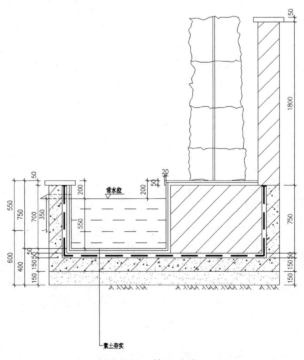

图 8-59　输入文字

（22）单击"默认"选项卡"修改"面板中的"复制"按钮，将短直线和文字依次向上复制，如图 8-60 所示，然后双击文字，修改文字内容，以便文字格式的统一，结果如

图 8-61 所示。

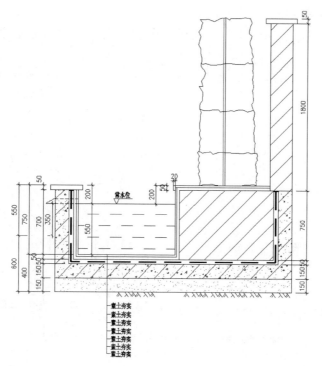

图 8-60　复制文字

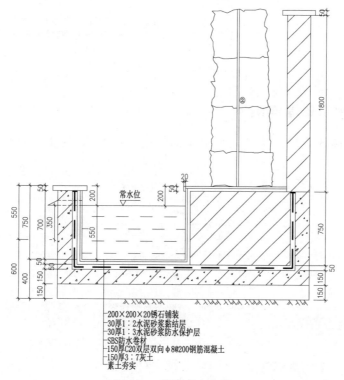

图 8-61　修改文字内容

（23）同理，单击"默认"选项卡"绘图"面板中的"直线"按钮 ╱ 和"注释"面板中的"多行文字"按钮 **A** ，标注其他位置处的文字。

（24）单击"默认"选项卡"注释"面板中的"多行文字"按钮 **A** ，标注图名，最终结果如图 8-62 所示。

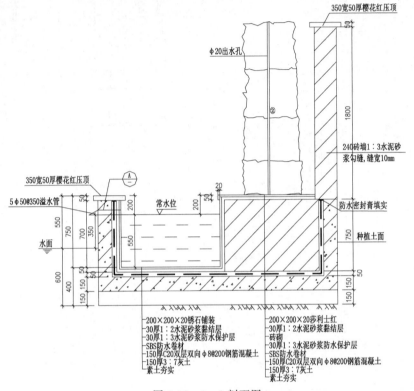

图 8-62　1—1 剖面图

8.3.5　绘制水景墙详图

水景墙详图的绘制方法与其他视图的绘制方法类似，这里不再重述，如图 8-63 所示。

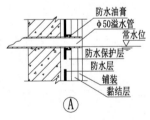

图 8-63　绘制水景墙详图

第 **9** 章

园林绿化

本 章 导 读

　　植物是园林设计中有生命的题材,在园林中占有十分重要的地位。其多变的形体和丰富的季相变化使园林风貌充满丰采。植物景观配置成功与否,将直接影响环境景观的质量及艺术水平。本章首先对植物种植设计进行简单的介绍,然后讲解应用 AutoCAD 2022 绘制园林植物图例和进行植物配植的方法。

学 习 要 点

◆ 概述

◆ 植物种植设计

◆ 绘制植物园总平面图

9.1 概　　述

　　植物是园林设计中有生命的题材。园林植物作为园林空间构成的要素之一,其重要性和不可替代性在现代园林中正在日益明显地表现出来。园林生态效益主要依靠以植物群落景观为主体的自然生态系统和人工植物群落来体现;园林植物有多变的形体和丰富的季相变化,其他构景要素无不需要借助园林植物来丰富和完善,园林植物与地形、水体、建筑、山石、雕塑等有机配置,将形成优美、雅静的环境和艺术效果。

　　植物要素包括乔木、灌木、攀缘植物、花卉、草坪地被、水生植物等。各种植物在各自适宜的位置上发挥着共同的效益和功能。植物的四季景观,本身的形态、色彩、芳香、习性等都是园林造景的题材。植物景观配置成功与否,将直接影响环境景观的质量及艺术水平。

9.1.1　园林植物配置原则

1．整体优先原则

　　城市园林植物配置要遵循自然规律,利用城市所处的环境、地形地貌特征、自然景观、城市性质等进行科学建设或改建。要高度重视保护自然景观、历史文化景观以及物种的多样性,把握好它们与城市园林的关系,使城市建设与自然和谐共存,在城市建设中可以回味历史,保障历史文脉的延续。充分研究和借鉴城市所处地带的自然植被类型、景观格局和特征特色,在科学合理的基础上,适当增加植物配置的艺术性、趣味性,使之具有人性化和亲近感。

2．生态优先原则

　　在选择植物材料、搭配树种、点缀草本花卉、衬托草坪等方面,必须最大限度地以改善生态环境、提高生态质量为出发点,也应该尽量多地选择和使用乡土树种,创造出稳定的植物群落;充分应用生态位原理和植物他感作用,合理配置植物,只有最适合的才是最好的,才能发挥出最大的生态效益。

3．可持续发展原则

　　以自然环境为出发点,按照生态学原理,在充分了解各植物种类的生物学和生态学特性的基础上,合理布局,科学搭配,使各植物种和谐共存,群落稳定发展,调节自然环境与城市环境的关系,在城市中实现社会、经济和环境效益的协调发展。

4．文化原则

　　在植物配置中坚持文化原则,可以使城市园林向充满人文内涵的高品位方向发展,使不断演变起伏的城市历史文化脉络在城市园林中得到体现。在城市园林中把反映某种人文内涵、象征某种精神品格、代表着某个历史时期的植物科学合理地进行配置,形成具有特色的城市园林景观。

9.1.2 配置方法

1. 近自然式配置

所谓近自然式配置,一方面是指植物材料本身为近自然状态,尽量避免人工重度修剪和造型;另一方面是指在配置中要避免植物种类的单一、株行距的整齐划一以及苗木规格的一致。在配置中,尽可能自然,通过不同物种、密度、不同规格的适应、竞争,实现群落的共生与稳定。目前,城市森林在我国还处于起步阶段,应该大力提倡森林绿地的近自然配置。首先要以地带性植被为样板进行模拟,选择合适的建群种;同时,要减少对树木个体、群落的过度人工干扰。上海在城市森林建设改造中采用宫肋造林法来模拟地带性森林植被,也是一种有益的尝试。

2. 融合传统园林中植物配置方法

充分吸收传统园林植物配置中模拟自然的方法,师法自然,经过艺术加工来提升植物景观的观赏价值,在充分发挥群落生态功能的同时,尽可能多地创造社会效益。

9.1.3 树种选择配置

树木是构成森林的最基本要素,科学地选择城市森林树种是保证城市森林发挥多种功能的基础,也直接影响城市森林的经营和管理成本。

1. 发展各种高大的乔木树种

在我国城市绿化用地十分有限的情况下,要达到以较少的城市绿化建设用地获得较高生态效益的目的,必须发挥乔木树种占有空间大、寿命长、生态效益高的优势。比如德国城市森林树木达到12m便修剪6m以下的侧枝,林冠下种植栎类、山毛榉等阔叶树种。我国的高大树木物种资源丰富,30～40m的高大乔木树种很多,应该广泛加以利用。在高大乔木树种的选择过程中,除应重视一些长寿命的基调树种,还要重视一些速生树种的使用,特别是在我国城市森林还比较落后的现实情况下,通过发展速生树种,可以尽快形成森林环境。

2. 按照我国城市的气候特点和具体城市绿地的环境选择常绿与阔叶树种

乔木树种的主要作用之一是为城市居民提供遮阴环境。我国大部分地区都有酷热漫长的夏季,冬季虽然比较冷,但阳光比较充足。因此,我国的城市森林建设需求是在夏季能够遮阴降温,在冬季要透光增温。而现在许多城市的城市森林建设并没有这种考虑,偏爱使用常绿树种。有些常绿树种引种进来之后,许多都处在濒死的边缘,几乎没有生态效益。一些具有鲜明地方特色的落叶阔叶树种,不仅能够在夏季旺盛生长而发挥降温增湿、进化空气等生态效益,而且在冬季落叶阔叶增加光照,起到增温作用。因此,要根据城市所处地区的气候特点和具体城市绿地的环境需求选择常绿与落叶树种。

3. 选择本地带野生或栽培的建群种

追求城市绿化的个性与特色是城市园林建设的重要目标。地区之间因气候条件、土壤条件的差异造成植物种类上的不同,乡土树种是表现城市园林特色的主要载体之

9-1

一。使用乡土树种更为可靠、廉价、安全，能够适应本地区的自然环境条件，抵抗病虫害、环境污染等干扰的能力强，可尽快形成相对稳定的森林结构，发挥多种生态功能，有利于减少养护成本。因此，乡土树种和地带性植被应该成为城市园林的主体。建群种是森林植物群落中在群落外貌、土地利用、空间占用、数量等方面占主导地位的树木种类。建群种可以是乡土树种，也可以是在引入地经过长期栽培，已适应引入地自然条件地的外来种。建群种无论是在对当地气候条件的适应性，增建群落的稳定性，还是展现当地森林植物群落外貌特征等方面都有不可替代的作用。

9.2 植物种植设计

园林植物种植设计是园林规划设计的一项重要内容。

在植物种类的选择上：要因地制宜地选择适合当地生境的种类，以乡土植物为主，因为乡土植物经过自然界的选择，是最适合当地条件的种类；植物的种类要多样，空间层次要丰富，四季景观要多样，有季相变化；园林植物应当有较高的观赏性，同时，为了管理方便，各种抗性要强；针对不同的种植条件和种植形式，对植物的要求略有不同。

植物的种植设计形式多样，有规则式、自然式和混合式三种基本形式；种植设计类型丰富，如孤植、对植、树丛、疏林草地、树列、树阵、花坛、花境、花带等。在规则的道路、广场等地，一般用树列、树阵的形式，节日时用各种花坛来装饰；在大门入口处等地，多用对植的形式；在自然式设计的地方，多采用自然式种植如树丛、疏林草地、花境、花带等；在一些重点的地方，可以画龙点睛地用一些比较名贵、观赏价值较高的花木、大树孤植。在植物的组合上，注意乔灌草的搭配，进行复层种植，注意将"相生"的植物搭配在一起，将"相克"的植物远离，提高植物组合的稳定性，减少后期管理的强度。

9.2.1 绘制乔木

1. 建立"乔木"图层

单击"默认"选项卡"图层"面板中的"图层特性"按钮，弹出"图层特性管理器"选项板，建立一个新图层，命名为"乔木"，颜色选取绿色，线型为Continuous，线宽为0.20毫米，并设置为当前图层，如图9-1所示。确定后回到绘图状态。

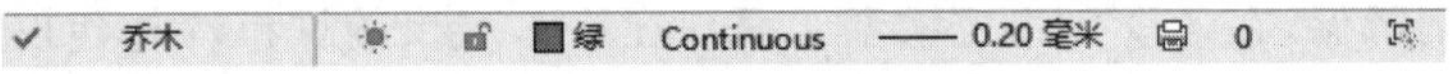

图9-1 乔木图层参数

2. 图例绘制

1）落叶阔叶乔木

（1）单击"默认"选项卡"绘图"面板中的"圆"按钮 ，在命令行中输入"2500"，继续使用圆命令，绘制一半径为2500mm的圆，圆直径代表乔木树冠冠幅。单击"默认"选项卡"绘图"面板中的"直线"按钮 ，在圆内绘制直线，直线代表树木的枝条，如图9-2所示。

（2）接着按照上述步骤继续在圆内绘制直线，结果如图9-3所示。

（3）删除外轮廓线圈，如图 9-4 所示。

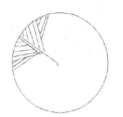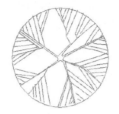

图 9-2　图例绘制第一步　　　图 9-3　图例绘制第二步　　　图 9-4　图例绘制完毕

备注　在完成第一步后，也可将绘制的这几条直线全选，然后进行圆形阵列，但是这样出来的图例不够自然，不能够准确代表自然界植物的生长状态，因为自然界树木的枝条总是形态各异的。

2）常绿针叶乔木

（1）单击"默认"选项卡"绘图"面板中的"圆"按钮 ⊙，在命令行中输入"1500"，绘制一半径为 1500mm 的圆，圆代表乔木树冠平面的轮廓。单击"默认"选项卡"绘图"面板中的"圆"按钮 ⊙，绘制一半径为 150mm 的小圆，代表乔木的树干。单击"默认"选项卡"绘图"面板中的"直线"按钮 ╱，在圆上绘制直线，直线代表枝条，如图 9-5 所示。

（2）单击"默认"选项卡"修改"面板中的"环形阵列"按钮 ⸬，选择步骤（3）绘制的直线，选择圆的圆心为中心点，项目数为 10，填充角度为 360°，结果如图 9-6 所示。

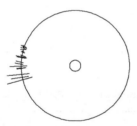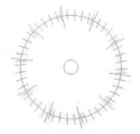

图 9-5　图例绘制第一步　　　　　　　图 9-6　图例绘制第二步

（3）在圆内画一条 30° 斜线，然后单击"默认"选项卡"修改"面板中的"偏移"按钮 ⊑，偏移距离为 150mm。结果如图 9-7 所示。

（4）单击"默认"选项卡"修改"面板中的"修剪"按钮 ⊤，选择对象为圆轮廓线，按Enter 键或空格键确定，对圆外的斜线进行单击修剪，结果如图 9-8 所示。

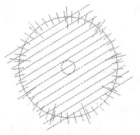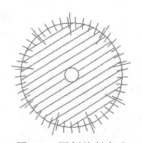

图 9-7　图例绘制第三步　　　　　　　图 9-8　图例绘制完成

注意：在图例的绘制中，一般用斜线来区别落叶植物和常绿植物。

将以上图例创建为"块"，在以后的设计中就可以直接插入使用了。

注意：灌木图例的画法和乔木的画法大体一致，区别只在于每种植物的平面形态的变化；但要注意灌木图层要单独建立一个层，更多的植物图例详见通过二维码下载的源文件。

9.2.2 植物图例的栽植方法

1．沿规则直线的等距离栽植

（1）绘制如图 9-9 所示为一园林道路，在其外侧 1.5m 处栽植国槐，间距 5m。

图 9-9 道路

（2）单击"默认"选项卡"修改"面板中的"偏移"按钮 ⊑，将道路向外侧偏移 1500mm，绘制辅助线。在辅助线的一侧插入块"国槐"，结果如图 9-10 所示。

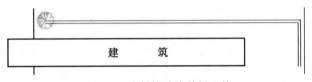

图 9-10 绘制辅助线并插入块

（3）单击"默认"选项卡"绘图"面板中的"定距等分"按钮 ，等分距离为 5000mm，结果如图 9-11 所示。

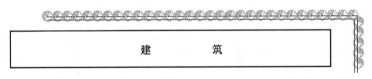

图 9-11 定距等分后的效果

（4）删除辅助线，最终栽植行道树后如图 9-12 所示。

图 9-12 删除辅助线

2．沿规则广场的等距离栽植

（1）绘制如图 9-13 所示为一弧形广场，在其内侧 1.5m 处栽植国槐，数量为 15。

（2）单击"默认"选项卡"修改"面板中的"偏移"按钮 ⊑，将广场边缘向内侧偏移 1500mm，绘制辅助线。在辅助线的一侧插入块"国槐"，结果如图 9-14 所示。

图 9-13　弧形广场轮廓　　　　　图 9-14　绘制辅助线并插入块

（3）单击"默认"选项卡"绘图"面板中的"定数等分"按钮 ，插入"国槐"图块，线段数目为 14。结果如图 9-15 所示。

（4）删除辅助线，最终栽植广场树后如图 9-16 所示。

图 9-15　定数等分后的效果　　　　图 9-16　删除辅助线

3. 沿自然式道路的等距离栽植方法

（1）绘制如图 9-17 所示为一自然式道路，在其外侧 1.5m 处栽植国槐，间距 5m。

（2）单击"默认"选项卡"修改"面板中的"偏移"按钮 ，将道路向外侧偏移 1500m，绘制辅助线。在辅助线的一侧插入块"国槐"，结果如图 9-18 所示。

图 9-17　自然式道路轮廓　　　　图 9-18　绘制辅助线并插入块

（3）单击"默认"选项卡"绘图"面板中的"定距等分"按钮 ，插入"国槐"图块，等分距离为 5000mm，结果如图 9-19 所示。

（4）删除辅助线，最终栽植行道树后如图 9-20 所示。

图 9-19　定距等分　　　　　　　图 9-20　删除辅助线

Note

9.2.3 一些特殊植物图例的画法

1. 绿篱

（1）绿篱比较规整，单击"默认"选项卡"绘图"面板中的"多段线"按钮 ，先画出上部图形，如图 9-21 所示。

（2）单击"默认"选项卡"修改"面板中的"镜像"按钮 ，将上步绘制绿篱的上部图形进行镜像操作，结果如图 9-22 所示。

图 9-21　绿篱绘制 1　　　　　　　　　　图 9-22　绿篱绘制 2

（3）对镜像的多线段向右移动一段距离，在其左边延长一段多段线，如图 9-23 所示。

2. 树丛

树丛的图例如图 9-24 所示。

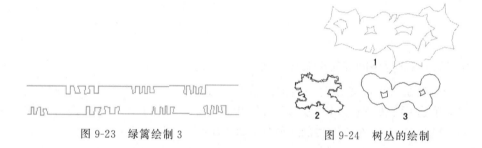

图 9-23　绿篱绘制 3　　　　　　　　　图 9-24　树丛的绘制

在图 9-24 中，图例 1 和图例 3 均可采用"徒手画修订云线"命令 ，画出之后进行点的调整，使整个图形看起来美观；图例 1 多用来表现针叶类树丛景观，图例 3 多用来表示阔叶类树丛景观。

在图 9-24 中，图例 2 采用"多段线"命令 ，划出不规则的两圈，多用来表示小型灌木丛。

3. 竹类

单击"默认"选项卡"绘图"面板中的"徒手画修订云线"按钮 ，绘出外轮廓线，如图 9-25 所示；然后单击"默认"选项卡"绘图"面板中的"多段线"按钮 ，绘出单个竹叶的形状，如图 9-26 所示；单击"默认"选项卡"修改"面板中的"复制"按钮 ，对其进行复制，然后单击"默认"选项卡"修改"面板中的"旋转"按钮 ，旋转合适角度；单击"默认"选项卡"块"面板中的"创建"按钮 ，弹出如图 9-27 所示的"块定义"对话框，命名为"竹叶"；之后单击"默认"选项卡"修改"面板中的"移动"按钮 ，移动到合适位置，如图 9-28 所示；重复以上步骤，结果如图 9-29 所示。

4. 图案式植物的画法

图案式植物主要靠填充来表示其植物种类，其主要表现的是整个图案的样式。首先画出设计图案的轮廓,如图9-30所示。

图9-25　外轮廓线　　　图9-26　单个竹叶

图9-27　"块定义"对话框

图9-28　竹叶1　　　　图9-29　竹叶2　　　　　图9-30　图案轮廓

　　然后单击"默认"选项卡"绘图"面板中的"图案填充"按钮▨,弹出如图9-31所示的"图案填充创建"选项卡。单击"拾取点"按钮▨,拾取点选取图案内部,要注意所画图案轮廓线一定要闭合;在样例中选择图案的种类,选择CROSS样例,比例为1000,填充结果如图9-32所示。

图9-31　"图案填充创建"选项卡

图 9-32 填充效果

9.2.4 苗木表的制作

在园林设计中植物配置做完之后,要进行苗木表(植物配置表)的制作,苗木表用来统计整个园林规划设计中植物的基本情况,主要包括编号、图例、植物名称、学名、胸径、冠幅、高度、数量、单位等项。

常绿植物一般用高度和冠幅来表示,如雪松、大叶黄杨等;落叶乔木一般用胸径和冠幅来表示,如垂柳、栾树等;落叶灌木一般用冠幅和高度来表示,如金银木、连翘等。某小型游园的植物配置表如图 9-33 所示。

编号	图例	植物名称	学 名	胸径/mm	冠幅/mm	高度/mm	数量	单位
1		黄榕树	*Ficus lacor*	250~500	4000~5000	5000~6000	1	株
2		香樟	*Cinnamomum camphora*	100~120	3000~3500	5000~6000	8	株
3		垂柳	*Salix babylonica*	120~150	3000~3500	3500~4000	4	株
4		水杉	*Metasequoia glyptostroboides*	120~150	2000~5000	7000~8000	7	株
5		栾树	*Koelreuteriapaniculata*	120~150	3000~4000	4000~8000	25	株
6		棕榈	*Trachycarpus fortunei*	120~150	3000~3600	5000~6000	14	株
7		马蹄莲	*Zantedeschia aethiopica*		400~500	500~600	26	丛
8		玉簪	*Hosta plantaginea*		300~500	200~500	30	丛
9		迎春	*Jasminum nudiflorum*		1000~1500	500~800	18	丛
10		杜鹃	*Rhododendron simsii*		300~500	300~600	7	m²
11		红叶小檗	*Berberis thunbergii*		300~400	400~600	14	m²
12		四季海棠	*Begonia semperflorens*		350~400	300~500	18	m²
13		平户杜鹃	*Rhododendron mucronatum*		500~800	900~1000	23	m²
14		黄金柏	*Cupressus macrocarpa*		300~500	300~500	10	m²
15		鸢尾	*Iris tectorum*		300~500	300~500	5	m²
16		时令花卉			300~500	200~600	3	m²
17		草坪					100	m²

图 9-33 某小型游园的植物配置表

9.3 绘制植物园总平面图

对大型园林设计而言,总平面图具有至关重要的作用,是园林设计的灵魂和设计思想的集中呈现。图 9-34 所示为某植物园的总平面图。

9.3.1 设计思路

本实例绘制植物园总平面图时,首先绘制了道路、分区、地形和植物灯,之后为图形添加文字说明,最后添加图框,完成植物总平面图的绘制。

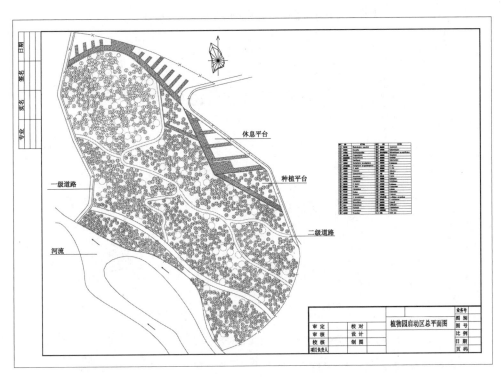

图 9-34　植物园总平面图

9.3.2　绘制道路

建立新图层，在新图层上绘制道路系统。

（1）建立一个新图层，命名为"道路"，颜色选取为 170，线型默认，线宽设置为 0.3mm，并将其置为当前图层，如图 9-35 所示。

图 9-35　道路图层

（2）单击"默认"选项卡"绘图"面板中的"多段线"按钮 ，线宽设置为 0.3mm，在图形空白位置选择一点为多段线起点绘制连续多段线，如图 9-36 所示。

（3）单击"默认"选项卡"修改"面板中的"偏移"按钮 ，选择上步绘制的多段线为偏移对象将其向外进行偏移，偏移距离为 4mm，如图 9-37 所示。

（4）单击"默认"选项卡"绘图"面板中的"多段线"按钮 ，指定多段线起点为 0，端点为 0，线宽为 0.3mm，在上步偏移多段线上方选取一点为多段线起点绘制连续多段线，如图 9-38 所示。

（5）单击"默认"选项卡"修改"面板中的"打断"按钮 ，选择上步偏移线段为打断对象，将其距上步绘制多段线 1 处打断，完成操作，如图 9-39 所示。

（6）单击"默认"选项卡"修改"面板中的"偏移"按钮 ，选择如图 9-40 所示的多段线为偏移对象，将其向外进行偏移，偏移距离为 4mm，如图 9-40 所示。

（7）利用上述方法完成右侧道路的绘制，如图9-41所示。

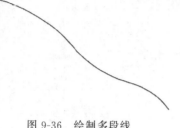

图9-36　绘制多段线

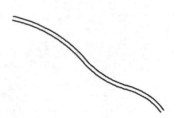

图9-37　偏移多段线

图9-38　绘制第二条多段线

图9-39　继续绘制多段线

图9-40　偏移线段

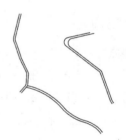

图9-41　继续偏移线段

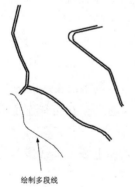

图9-42　绘制0线宽多段线

（8）单击"默认"选项卡"绘图"面板中的"多段线"按钮，指定多段线起点为0，端点为0，指定线宽为0，在上步绘制图形下方选取一点为多段线起点，绘制连续多段线，如图9-42所示。

（9）单击"默认"选项卡"绘图"面板中的"多段线"按钮，指定多段线起点为0，端点为0，在上步绘制图形右侧选取一点为多段线起点，绘制连续多段线，如图9-43所示。

（10）单击"默认"选项卡"绘图"面板中的"多段线"按钮，指定多段线起点为0，端点为0，选择如图9-43所示的位置为多段线起点，绘制多段线，如图9-44所示。

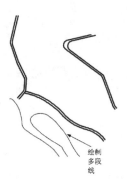

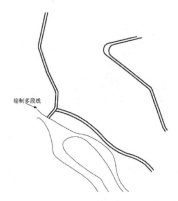

图 9-43 绘制第二条 0 线宽多段线　　　　图 9-44 绘制第三条 0 线宽多段线

（11）建立新图层，命名为"二级道路"，颜色选取为 30，采用默认线型、线宽，设置如图 9-45 所示。并将其置为当前图层。

图 9-45 道路图层

（12）单击"默认"选项卡"绘图"面板中的"多段线"按钮，指定起点宽度为 0，指定端点宽度为 0，在道路之间选择一点为多段线起点，完成图形中二级道路的绘制。结果如图 9-46 所示。

9.3.3 绘制分区

利用之前学过的知识绘制分区。

（1）建立一个新图层，命名为"分区 1"，颜色选取为红色，采用默认线型、线宽，并将其置为当前图层，如图 9-47 所示。

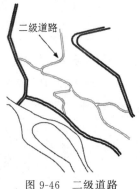

图 9-46 二级道路

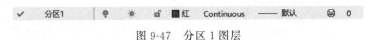

图 9-47 分区 1 图层

（2）单击"默认"选项卡"绘图"面板中的"多段线"按钮，指定多段线起点宽度为 0，指定端点宽度为 0，在上步图形上选择一点为多段线起点，绘制连续多段线完成分区 1 的绘制，如图 9-48 所示。

（3）单击"默认"选项卡"绘图"面板中的"多段线"按钮，指定多段线起点宽度为 0，指定端点宽度为 0，在上步绘制的多段线上绘制十字交叉线，并单击"默认"选项卡"绘图"面板中的"多段线"按钮，选择交叉线间的线段为修剪对象，对其进行修剪处理，如图 9-49 所示。

（4）利用上述方法完成剩余相同图形的绘制，如图 9-50 所示。

图 9-48　绘制多段线　　　　图 9-49　修剪线段　　　　图 9-50　绘制分区 2

9.3.4　绘制地形

建立新图层,在新图层上绘制地形。

(1)建立一个新图层,命名为"地形控制",颜色选取为 240,采用默认线型和线宽,设置如图 9-51 所示。并将其置为当前图层。

图 9-51　地形控制图层

(2)单击"默认"选项卡"绘图"面板中的"多段线"按钮 ⌒,在上步图形内部选取一点为多段线起点,完成地形控制区的绘制,如图 9-52 所示。

(3)单击"默认"选项卡"修改"面板中的"偏移"按钮 ⊂,选择上步绘制的多段线为偏移对象,将其向外侧进行偏移,偏移距离为 0.5mm,4mm,如图 9-53 所示。

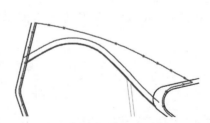

图 9-52　绘制地形控制区　　　　　　图 9-53　偏移线段

(4)选择上步偏移两线段为操作对象,将其线宽修改为 0,如图 9-54 所示。

(5)单击"默认"选项卡"修改"面板中的"修剪"按钮 ,选择上步偏移线段超出两边线段为修剪对象,对其进行修剪处理,如图 9-55 所示。

(6)单击"默认"选项卡"绘图"面板中的"直线"按钮 ╱,在上步图形上方选择一点为直线起点,绘制两条斜向直线,如图 9-56 所示。

(7)单击"默认"选项卡"修改"面板中的"修剪"按钮 ,选择两斜线间线段为修剪对象,按 Enter 键确认,对其进行修剪,如图 9-57 所示。

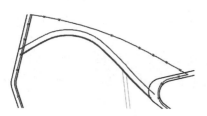

图 9-54 修改线宽

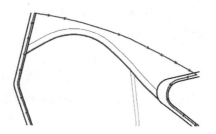

图 9-55 修剪线段

Note

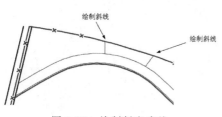

图 9-56 绘制斜向直线

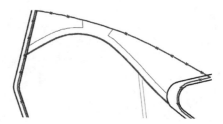

图 9-57 绘制斜向直线

（8）单击"默认"选项卡"绘图"面板中的"直线"按钮 ╱，在上步图形上方绘制连续直线，如图 9-58 所示。

（9）重复上述操作，完成相同图形的绘制，如图 9-59 所示。

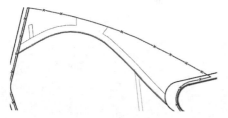

图 9-58 绘制斜向直线

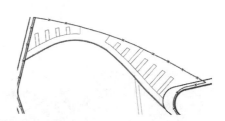

图 9-59 绘制斜向直线

（10）单击"默认"选项卡"绘图"面板中的"图案填充"按钮 ▨，选择上步图形部分区域为填充区域，选择图案为 AR－SAND，设置填充比例为 0.04，如图 9-60 所示。

（11）单击"默认"选项卡"绘图"面板中的"图案填充"按钮 ▨，选择上步图形部分区域为填充区域，选择图案为 DOLMIT，设置填充比例为 0.1，角度为 75，完成填充，结果如图 9-61 所示。

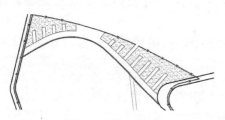

图 9-60 填充图形

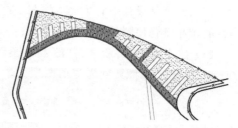

图 9-61 填充图形

（12）单击"默认"选项卡"绘图"面板中的"图案填充"按钮 ▨ ，选择上步图形部分区域为填充区域，选择图案为 DOLMIT，设置填充比例为 0.1，角度为 15，如图 9-62 所示。

（13）单击"默认"选项卡"绘图"面板中的"图案填充"按钮 ▨ ，选择上步图形部分区域为填充区域，选择图案为 DOLMIT，设置填充比例为 0.1，角度为 315，如图 9-63 所示。

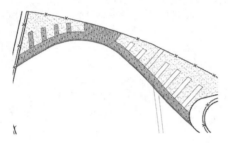

图 9-62　填充图形

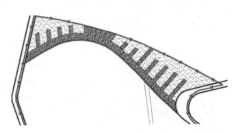

图 9-63　填充图形

（14）单击"默认"选项卡"修改"面板中的"修剪"按钮 ✂ ，选择上步绘制的图形中的多余线段为修剪对象，对其进行修剪处理，如图 9-64 所示。

（15）利用上述方法完成下步相同图形的绘制，如图 9-65 所示。

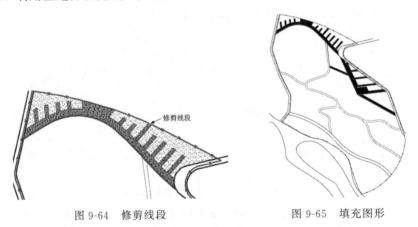

图 9-64　修剪线段

图 9-65　填充图形

9.3.5　绘制植物

植物是园林设计中有生命的题材，在园林中占有十分重要的地位，其多变的形体和丰富的季相变化使园林风貌丰富多彩。

（1）建立新图层，命名为"灌木"，颜色选取为洋红，采用默认线型和线宽，设置如图 9-66 所示。并将其置为当前图层。

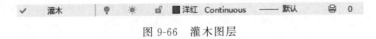

图 9-66　灌木图层

Note

（2）单击"默认"选项卡"绘图"面板中的"圆"按钮 ⊙，在上步图形内部选择一点为圆的圆心绘制半径为1.5mm的圆，如图9-67所示。

（3）单击"默认"选项卡"注释"面板中的"多行文字"按钮 **A**，设置字体为宋体，字高为2.5mm，在上步绘制圆内添加文字，如图9-68所示。

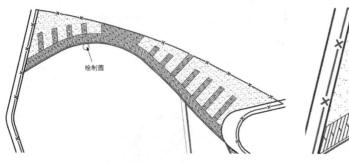

图 9-67　绘制圆

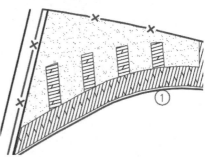

图 9-68　添加文字

（4）单击"默认"选项卡"修改"面板中的"复制"按钮 ，选择上步完成添加文字的图形为复制对象，对其向下进行复制操作，如图9-69所示。

（5）双击上步复制圆内文字为修改对象，弹出"多行文字"编辑器在编辑器内输入新的文字"2"，单击确定按钮，如图9-70所示。

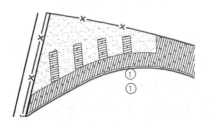

图 9-69　复制图形

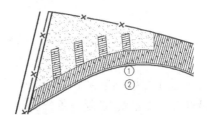

图 9-70　修改文字

（6）利用上述方法完成剩余相同图形的绘制，如图9-71所示。

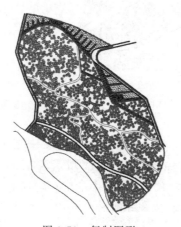

图 9-71　复制图形

（7）建立新图层，命名为"乔木"图层，颜色选取为绿色，采用默认线型和线宽，设置如图 9-72 所示。并将其置为当前图层。

| ✓ 乔木 | 💡 | ☀ | 🔓 | ■绿 | Continuous | —— 默认 | 🖶 | 0 |

图 9-72　灌木图层

（8）单击"默认"选项卡"绘图"面板中的"圆"按钮 ⊙，在上步绘制的图形上绘制一个半径为 3mm 的圆，如图 9-73 所示。

（9）单击"默认"选项卡"修改"面板中的"复制"按钮 ⅋，选择上步绘制的圆为复制对象，对其进行连续复制，如图 9-74 所示。

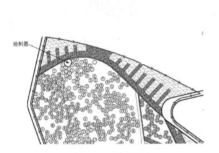

图 9-73　绘制圆

图 9-74　复制图形

（10）单击"默认"选项卡"绘图"面板中的"直线"按钮 ／，在图形空白位置任选一点为直线起点，在图形空白位置绘制长度为 8mm 的水平直线，如图 9-75 所示。

（11）单击"默认"选项卡"绘图"面板中的"直线"按钮 ／，选择上步绘制的斜向直线上端点为直线起点，绘制一条长度为 1mm 的斜向直线，如图 9-76 所示。

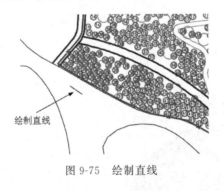

图 9-75　绘制直线

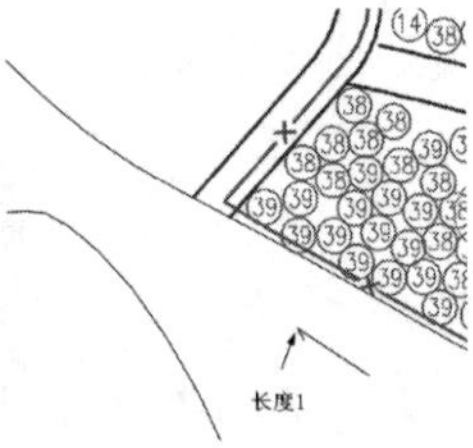

图 9-76　绘制斜向直线

（12）单击"默认"选项卡"修改"面板中的"镜像"按钮 ⚠，选择上步绘制的斜向直线为镜像对象，对其进行竖直镜像，如图 9-77 所示。

（13）单击"默认"选项卡"修改"面板中的"复制"按钮 ⅋，选择上步绘制的图形为复制对象，对其进行连续复制，放置到图形中，如图 9-78 所示。

Note

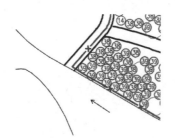

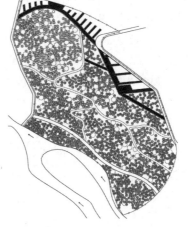

图 9-77　镜像线段　　　　　　　　图 9-78　复制图形

9.3.6 绘制建筑指引

本小节主要绘制指北针。

（1）建立新图层，命名为"指北针"图层，颜色选取为白色，采用默认线型和线宽，设置如图 9-79 所示。并将其置为当前图层。

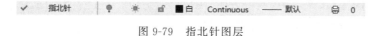

图 9-79　指北针图层

（2）单击"默认"选项卡"绘图"面板中的"直线"按钮 ╱，在上步绘制图形右侧，选取一点为直线起点，绘制连续直线，完成指北针外围轮廓线的绘制，如图 9-80 所示。

（3）单击"默认"选项卡"绘图"面板中的"直线"按钮 ╱，以上步绘制的连续直线各端点为直线起点绘制多条斜向直线，如图 9-81 所示。

（4）单击"默认"选项卡"绘图"面板中的"直线"按钮 ╱，在上步绘制的图形内部选择一点为直线起点，绘制连续线段，如图 9-82 所示。

  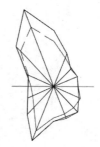

图 9-80　绘制直线　　　图 9-81　绘制连续直线　　　图 9-82　绘制连续线段

（5）单击"默认"选项卡"绘图"面板中的"直线"按钮 ╱，在指北针内选择一点为直线起点，绘制一条直线，如图9-83所示。

（6）单击"默认"选项卡"绘图"面板中的"直线"按钮 ╱，以上步绘制的竖直直线上端点为直线起点，向左绘制一条斜向直线，如图9-84所示。

（7）单击"默认"选项卡"修改"面板中的"镜像"按钮 ◁▷，选择上步绘制的斜向直线为镜像对象，对其执行竖直镜像，如图9-85所示。

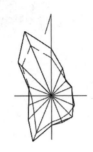
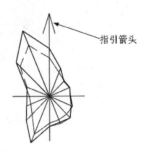

指引箭头

图 9-83　绘制直线　　　　图 9-84　绘制斜向直线　　　　图 9-85　镜像线段

9.3.7　添加文字说明

在新图层上添加文字说明。

（1）建立新图层，命名为"文字说明"图层，颜色选取为白色，采用默认线型和线宽，设置如图9-86所示。并将其置为当前图层。

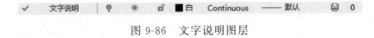

图 9-86　文字说明图层

（2）单击"默认"选项卡"绘图"面板中的"直线"按钮 ╱，在上步绘制的图形内绘制一条水平直线，如图9-87所示。

（3）单击"默认"选项卡"注释"面板中的"多行文字"按钮 **A**，在上步绘制的直线上添加文字，如图9-88所示。

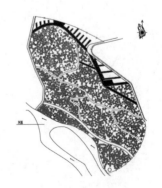

图 9-87　绘制水平直线　　　　　　　图 9-88　添加文字

（4）利用上述方法完成剩余文字的添加,最终完成植物园启动区总平面的绘制,如图9-89所示。

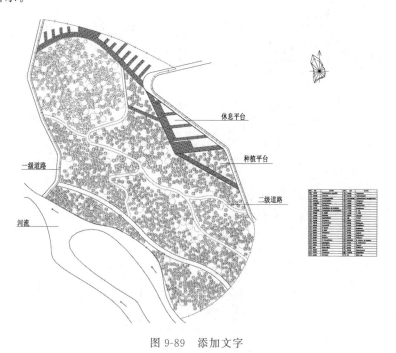

图9-89　添加文字

9.3.8　插入图框

（1）单击"默认"选项卡"块"面板中的"插入"按钮 ,选择"最近使用的块"选项,系统弹出"块"选项板,选择前面定义的样板图框作为插入对象,将其插入图形中,如图9-90所示。

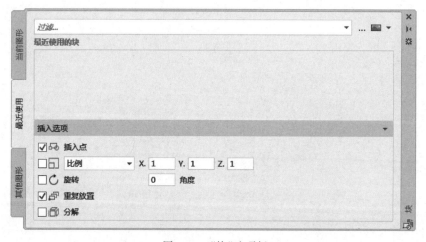

图9-90　"块"选项板

（2）单击"默认"选项卡"注释"面板中的"多行文字"按钮 **A**,为图形添加总图名,如图9-91所示。

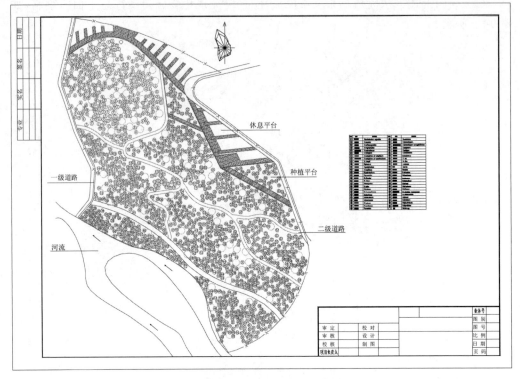

图 9-91　为图形添加总图名

3

第 3 篇　综合设计实例

第 **10** 章

高层住宅小区园林规划

　　小区游园是为居住小区的居民服务、配套建设的集中绿地,常设置一定的健身活动设施和社交游憩场地,如儿童游戏设施、老年人活动休息场地设施、园林小品建筑和铺地、小型水体水景、地形变化、树木草地花卉、出入口等。一般面积在 $100m^2$ 以上。小区游园服务半径为 $0.3\sim0.5km$ 。

　　本章以某高层小区公园园林设计为例,介绍小区园林设计的基本规划和布局。

学 习 要 点

◆ 概述
◆ 高层住宅小区园林建筑设计
◆ 高层住宅小区园林小品与水体设计

10.1 概　　述

小区游园是为居住小区就近提供服务的绿地。一般布置在居住人口为 10 000 人左右的居住小区中心地带。也有的布置在居住小区临近城市主要道路的一侧，方便居民及行人进入公园休息，同时美化了街景，并使居住区建筑与城市街道间有适当的过渡，减少了城市街道对居住小区的不利影响。也可利用周围的有利条件进行设计，如优美的自然山水、历史古迹、园林胜景等。

小区游园是居住区中最主要的绿地，利用率比居住区公园更高，能更有效地为居民服务，因此一般把小区游园设置在较适中的位置，并尽量与小区内的活动中心、商业服务中心相距近些。

小区游园无明确的功能分区，内部的各种园林建筑、设施较居住区公园简单。一般有游憩锻炼活动场地、结合养护管理用房的公共厕所及儿童游戏场地，并有花坛、花池、亭、廊、景墙及铺地、园椅等建筑小品和设施小品。

小区游园平面布局形式不拘一格，但总的来说要简洁明了，内部空间要开敞明亮。对于较小的小区游园，宜采取规则式布局，结合地形竖向变化，形成简洁明快、活泼多变的小区游园环境。

本实例以高层住宅区绿地设计进行介绍，如图 10-1 所示。绘制时，首先要建立相应的图层，在原地形的基础上进行出入口、道路、地形、景区等的划分，再绘制各部分的详图，最后进行植物的配植。

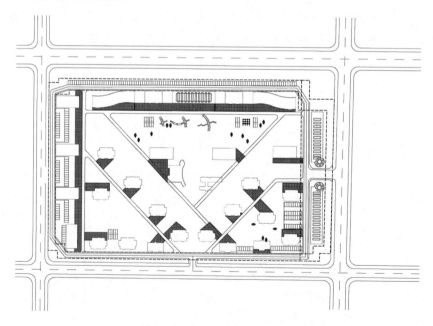

图 10-1　高层住宅区绿地设计

10.1.1　设计理念

本实例主要讲述高层住宅绿化规划,设计理念可以分为以下四点。

(1) 视觉转化、景观预览——景观主轴的建立。通透的景观视廊作为小区的景观轴线,与水脉结合,相得益彰。

(2) 尊重肌理、景观内聚——紧凑社区的倡导。把握土地开发与资源利用的未来趋势,对本社区的园林设计是一个新的课题。

(3) 组团结构、共生联动——空间时序的设想。按两个大的组团考虑,更贴切地呼应了中轴景观的内聚、共享功能,并把建设的时序与联动有机结合,在操作上更为合理。

(4) 以人为本、简约设计——设计哲理的探讨。从城市空间形态出发,以人为本,尊重住户,实现真正意义上的人车分流。

10.1.2　主要指标

本高层住宅绿化规划的设计指标包括以下几点:

用地面积:96 481m^2。

建筑面积:308 993m^2。其中住宅面积:305 770.7m^2;公建面积:2471.4m^2;商业面积:750.9m^2。

建筑密度:14.28%。

绿地率:54%。

10.2　高层住宅小区园林建筑设计

10.2.1　设计思路

本节介绍高层小区园林建筑设计规划,包括园林道路规划、户型绘制和户型布置等的设计和布置。

10.2.2　设置绘图环境

1. 单位的设置

将系统单位设置为毫米(mm)。以 1∶1 的比例绘制。选择菜单栏中的"格式"→"单位"命令,弹出"图形单位"对话框,进行如图 10-2 所示的设置,然后单击"确定"按钮。

2. 图形界限的设置

AutoCAD 2022 默认的图形界限为 420mm×297mm,是 A3 图幅,这里以 1∶1 的比例绘制,将图形界限设为 420 000mm×297 000mm。

10-1

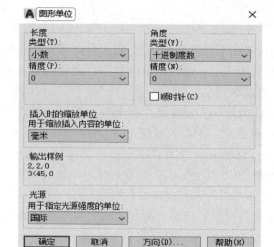

图 10-2　单位的设置

10.2.3　绘制道路

1. 绘制轴线

（1）建立一个新图层，命名为"轴线"，颜色选取为红色，线型选取 DASHDOT，线宽为默认，并将其置为当前图层，如图 10-3 所示。确定后回到绘图状态。

图 10-3　轴线图层

（2）考虑到周围居民的进出方便，设计 2 个入口，1 个主入口，1 个次入口。

（3）单击"默认"选项卡"绘图"面板中的"直线"按钮 ╱，在图形空白位置任选一点为直线起点，绘制一条长度为 567 700mm 的水平直线，如图 10-4 所示。

（4）单击"默认"选项卡"绘图"面板中的"直线"按钮 ╱，在上步绘制水平的直线上选取一点为直线起点，绘制一条长度为 400 500mm 的竖直直线，如图 10-5 所示。

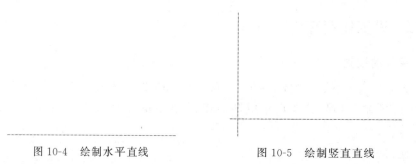

图 10-4　绘制水平直线　　　　　　　　图 10-5　绘制竖直直线

（5）单击"默认"选项卡"修改"面板中的"偏移"按钮 ⊑，选择上步绘制的竖直直线为偏移对象，将其向右进行偏移，偏移距离为 425 900mm，如图 10-6 所示。

（6）单击"默认"选项卡"修改"面板中的"偏移"按钮 ⊑，选择底部水平直线为偏移对象,将其向上进行偏移,偏移距离为290 300mm,如图10-7所示。

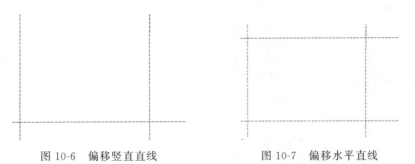

图10-6　偏移竖直直线　　　　　　图10-7　偏移水平直线

2．绘制道路

（1）建立一个新图层,命名为"道路",颜色选取为红色,线型为默认,并将其置为当前图层,如图10-8所示。

图10-8　道路图层

（2）单击"默认"选项卡"修改"面板中的"偏移"按钮 ⊆,选择前面绘制的竖直轴线为偏移对象,分别向左、右两侧进行偏移,偏移距离为8500mm、4500mm,如图10-9所示。

（3）单击"默认"选项卡"修改"面板中的"偏移"按钮 ⊆,选择绘制的水平直线为偏移对象,将其向上、下两侧进行偏移,偏移距离为10 500mm、4500mm,如图10-10所示。

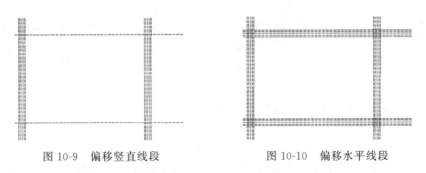

图10-9　偏移竖直线段　　　　　　图10-10　偏移水平线段

（4）选择偏移后的线段为操作对象,单击鼠标右键,在弹出的快捷菜单中选择"特性"选项,弹出"特性"选项板,在选项板中图层下拉列表中选择道路图层,如图10-11所示。将偏移后的线段切换到道路图层,如图10-12所示。

（5）单击"默认"选项卡"修改"面板中的"圆角"按钮 ⌒,选择上步偏移的轴线为圆角对象,圆角半径为10 000mm,以不修剪模式进行圆角处理,结果如图10-13所示。

（6）单击"默认"选项卡"修改"面板中的"修剪"按钮 ,选择上步圆角对象为修剪对象,对其进行修剪处理,如图10-14所示。

Note

图 10-11　特性选项板

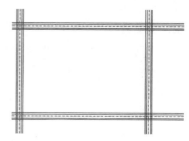

图 10-12　切换图层

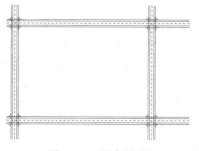

图 10-13　圆角处理

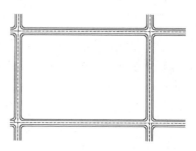

图 10-14　修剪线段

10.2.4　小区户型图的绘制

1. 绘制 30F 户型图

（1）新建图层"建筑小品"，图层颜色设置为黄色，线型保持默认，设置如图 10-15 所示。并将其置为当前图层。

图 10-15　建筑小品图层

（2）单击"默认"选项卡"绘图"面板中的"多段线"按钮 ⊃，指定起点宽度为 100mm，端点宽度为 100mm，在图形中指定点(0,0)为多段线起点，在图形中绘制连续多段线，结果如图 10-16 所示。

（3）单击"默认"选项卡"绘图"面板中的"多段线"按钮 ⊃，指定起点宽度为

100mm，端点宽度为 100mm，在上步绘制图形内绘制 4 条 45°斜向直线，如图 10-17 所示。

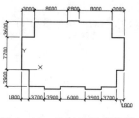

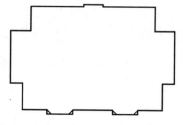

图 10-16　绘制连续多段线　　　　　图 10-17　绘制斜向直线

（4）单击"默认"选项卡"修改"面板中的"修剪"按钮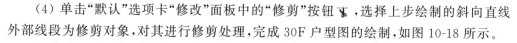，选择上步绘制的斜向直线外部线段为修剪对象，对其进行修剪处理，完成 30F 户型图的绘制，如图 10-18 所示。

2．绘制 26F 户型图

单击"默认"选项卡"绘图"面板中的"多段线"按钮，指定起点宽度为 100，端点宽度为 100，绘制"32900×16000"的矩形，完成 26F 户型图的绘制，如图 10-19 所示。

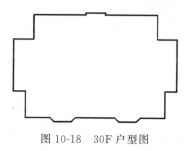

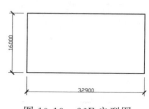

图 10-18　30F 户型图　　　　　　　图 10-19　26F 户型图

3．绘制户型图 3F

（1）单击"默认"选项卡"绘图"面板中的"多段线"，绘制一个尺寸为 31 800mm×18 800mm 的矩形，如图 10-20 所示。

（2）单击"默认"选项卡"修改"面板中的"偏移"按钮，选择左侧竖直直线为偏移对象，将其向右进行偏移，偏移距离为 1100mm、900mm、6100mm、4000mm、1600mm、1700mm、2700mm，命令行提示与操作如下，如图 10-21 所示。

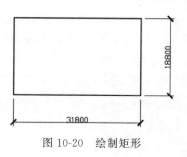

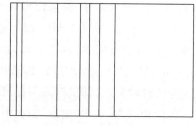

图 10-20　绘制矩形　　　　　　　图 10-21　偏移线段

Note

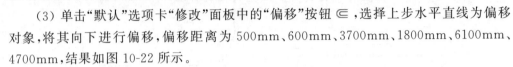
命令：OFFSET
当前设置：删除源=否 图层=源 OFFSETGAPTYPE=0
指定偏移距离或[通过(T)/删除(E)/图层(L)]<900.0000>:1100
选择要偏移的对象，或[退出(E)/放弃(U)]<退出>:选择左侧竖直直线
指定要偏移的那一侧上的点，或[退出(E)/多个(M)/放弃(U)]<退出>:右侧偏移

（3）单击"默认"选项卡"修改"面板中的"偏移"按钮 ⊂，选择上步水平直线为偏移对象，将其向下进行偏移，偏移距离为 500mm、600mm、3700mm、1800mm、6100mm、4700mm，结果如图 10-22 所示。

（4）单击"默认"选项卡"修改"面板中的"修剪"按钮，选择上两步偏移的水平多段线和竖直多段线为修剪对象，对其进行修剪处理，完成高层住宅小区内幼儿园户型图3F 的绘制，如图 10-23 所示。

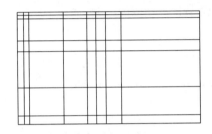

图 10-22　偏移水平线段

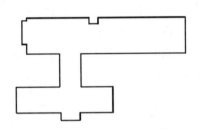

图 10-23　修剪线段

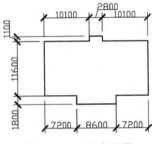

图 10-24　12F 户型图

4. 绘制户型图 12F

单击"默认"选项卡"绘图"面板中的"多段线"按钮，指定起点宽度为 100mm，端点宽度为 100mm，在图形空白位置选择一点为直线起点，绘制连续多段线完成 12F 户型图的绘制，如图 10-24 所示。

5. 绘制其他户型图

（1）单击"默认"选项卡"绘图"面板中的"多段线"按钮，在图形空白位置任选一点为矩形起点，绘制一个尺寸为 10 200mm×22 500mm 的矩形，如图 10-25 所示。

（2）单击"默认"选项卡"修改"面板中的"偏移"按钮 ⊂，选择下部水平多段线为偏移对象，将其向上进行偏移，偏移距离为 9000mm、9700mm 如图 10-26 所示。

（3）单击"默认"选项卡"修改"面板中的"偏移"按钮 ⊂，选择左侧竖直多段线为偏移对象，将其向右进行偏移，偏移距离为 3000mm，如图 10-27 所示。

（4）单击"默认"选项卡"修改"面板中的"修剪"按钮，选择偏移水平多段线和竖直多段线为修剪对象，对其进行修剪处理，如图 10-28 所示。

（5）单击"默认"选项卡"绘图"面板中的"多段线"按钮，以上步图形中右侧竖直直线上、下端点为直线起点，分别向右绘制两条长度为 8600mm 的水平直线，如图 10-29 所示。

Note

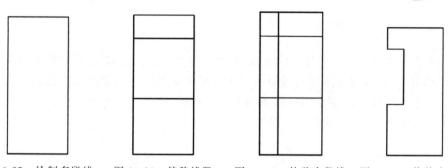

图 10-25　绘制多段线　　图 10-26　偏移线段　　图 10-27　偏移多段线　　图 10-28　修剪多段线

（6）单击"默认"选项卡"绘图"面板中的"多段线"按钮，在上步绘制的梁水平直线间选择一点为圆弧起点，绘制一段适当半径的圆弧，如图 10-30 所示。

（7）单击"默认"选项卡"修改"面板中的"偏移"按钮，选择上步绘制的圆弧为偏移对象，将其向右进行偏移，偏移距离为 4100mm，如图 10-31 所示。

（8）单击"默认"选项卡"绘图"面板中的"多段线"按钮，选择左侧圆弧下端点为多段线起点，右侧圆弧下端点为直线终点，连接圆弧下步端口，绘制多段线，如图 10-32 所示。

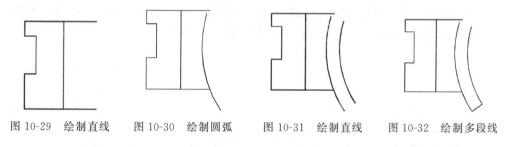

图 10-29　绘制直线　　图 10-30　绘制圆弧　　图 10-31　绘制直线　　图 10-32　绘制多段线

（9）单击"默认"选项卡"绘图"面板中的"椭圆"按钮，在上步绘制的图形上方选择一点为椭圆的圆心，绘制一个适当大小的椭圆，如图 10-33 所示。

（10）单击"默认"选项卡"修改"面板中的"修剪"按钮，选择椭圆内的线段为修剪对象，对其进行修剪处理，如图 10-34 所示。

（11）单击"默认"选项卡"绘图"面板中的"多段线"按钮，指定起点宽度为 100mm，端点宽度为 100mm，在上步绘制椭圆上半部分描绘多段线轮廓，如图 10-35 所示。

（12）单击"默认"选项卡"修改"面板中的"修剪"按钮，将多余的图形进行修剪处理，如图 10-36 所示。

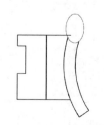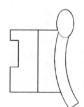

图 10-33　绘制椭圆　　图 10-34　修剪线段　　图 10-35　绘制多段线　　图 10-36　修剪线段

10.2.5 布置户型图

（1）单击"默认"选项卡"修改"面板中的"移动"按钮 ✤ ，选择前面绘制的 30F 户型图为移动对象，将其移动放置到高层住宅小区园林规划图内，如图 10-37 所示。

（2）单击"默认"选项卡"修改"面板中的"复制"按钮 ✂ ，选择上步移动放置好的 30F 户型为复制对象，对其进行复制操作，如图 10-38 所示。

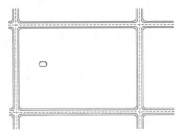
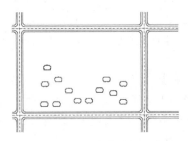

图 10-37　复制户型 1　　　　　　　　　图 10-38　复制户型 2

（3）单击"默认"选项卡"修改"面板中的"移动"按钮 ✤ ，选择前面绘制的 26F 户型图为移动对象，将其放置到高层住宅小区园林规划图内，如图 10-39 所示。

（4）图形中多层户型与 26F 相同，单击"默认"选项卡"修改"面板中的"复制"按钮 ✂ ，直接复制放置到高层住宅小区园林规划图内，如图 10-40 所示。

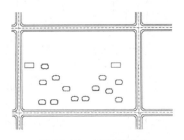
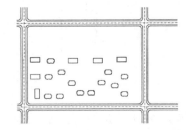

图 10-39　复制户型 3　　　　　　　　　图 10-40　复制户型 4

（5）单击"默认"选项卡"修改"面板中的"移动"按钮 ✤ ，选择前面绘制的幼儿园户型为移动对象，将其放置在高层住宅小区园林规划图内，如图 10-41 所示。

（6）单击"默认"选项卡"修改"面板中的"移动"按钮 ✤ ，选择前面绘制的社区服务中心户型为移动对象，将其移动到高层住宅小区园林规划图内，如图 10-42 所示。

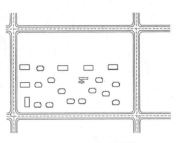
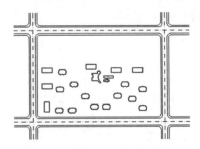

图 10-41　移动图形　　　　　　　　　图 10-42　放置社区服务中心户型

（7）利用上述方法完成高层住宅小区园林规划图内剩余户型图的布置,如图 10-43 所示。

（8）单击"默认"选项卡"绘图"面板中的"多段线"按钮 ,指定起点宽度为 300mm,端点宽度为 300mm,线型比例为 2000mm,在高层住宅小区园林规划图上方选择一点为多段线起点,绘制连续多段线,如图 10-44 所示。

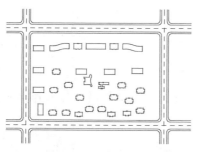

图 10-43　放置户型图

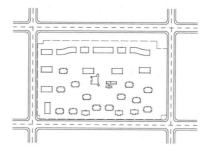

图 10-44　绘制连续多段线

（9）单击"默认"选项卡"修改"面板中的"偏移"按钮 ,选择上步绘制的多段线为偏移对象,将其向内进行偏移,如图 10-45 所示。

（10）单击"默认"选项卡"绘图"面板中的"多段线"按钮 ,指定起点宽度为 300mm,端点宽度为 300mm,线型比例为 2000mm,在上步绘制的图形内绘制一条竖直多段线,如图 10-46 所示。

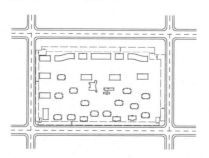

图 10-45　偏移线段

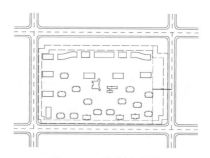

图 10-46　绘制多段线

（11）单击"默认"选项卡"绘图"面板中的"直线"按钮 、"圆弧"按钮 以及"修改"面板中的"修剪"按钮 ,完成高层住宅小区园林规划图内剩余路线的绘制,如图 10-47 所示。

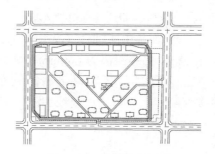

图 10-47　绘制内部图形

Note

10.3　高层住宅小区园林小品与水体设计

本节将介绍高层小区园林小品和水体设计规划,包括园林建筑小品绘制、道路与水体绘制、园路绘制和广场铺砖等的设计和布置。

10.3.1　绘制园林建筑小品

1. 绘制园林建筑小品一

(1) 建立一个新图层,命名为"小品",颜色选取为142,采用默认线型和线宽,并将其置为当前图层,如图10-48所示。

图 10-48　"小品"图层

(2) 单击"默认"选项卡"绘图"面板中的"直线"按钮 ╱,选择图形空白位置选择一点为直线起点,水平向右绘制一条长度为6700mm的水平直线,如图10-49所示。

(3) 单击"默认"选项卡"绘图"面板中的"多段线"按钮 ⟶,指定起点宽度为50mm,端点宽度为50mm,在上步绘制水平直线上方选取一点为多段线起点,绘制一条长度为13 600mm的竖直多段线,如图10-50所示。

图 10-49　绘制直线　　　　　　　　　图 10-50　绘制竖直多段线

(4) 单击"默认"选项卡"修改"面板中的"偏移"按钮 ⊂,选择上步绘制的竖直多段线为偏移对象,将其向右进行偏移,偏移距离为6100mm,如图10-51所示。

(5) 单击"默认"选项卡"绘图"面板中的"多段线"按钮 ⟶,指定起点宽度为50mm,端点宽度为50mm,以左侧竖直直线上端点为多段线起点,右侧竖直直线上端点为多段线终点,绘制一条水平多段线,如图10-52所示。

(6) 单击"默认"选项卡"修改"面板中的"偏移"按钮 ⊂,选择上步绘制的水平多段线为偏移对象,将其向下进行偏移,偏移距离为800mm、4000mm、4000mm、4000mm、800mm,如图10-53所示。

(7) 单击"默认"选项卡"绘图"面板中的"直线"按钮 ╱,在距离左侧竖直直线500mm处绘制一条竖直直线,如图10-54所示。

图 10-51　偏移直线　　　　　图 10-52　绘制水平多段线

（8）单击"默认"选项卡"修改"面板中的"偏移"按钮 ⊆，选择上步绘制的竖直直线为偏移对象，将其向右进行偏移，距离为 2600mm、2600mm，结果如图 10-55 所示。

图 10-53　偏移水平多段线　　图 10-54　绘制竖直直线　　图 10-55　偏移竖直直线

（9）单击"默认"选项卡"修改"面板中的"移动"按钮 ✛，选择上步绘制完成的小品图形为移动对象，将其移动放置在合适的位置，如图 10-56 所示。

（10）单击"默认"选项卡"修改"面板中的"复制"按钮 ⅋，选择上步绘制的图形为复制对象，将其向右进行复制，如图 10-57 所示。

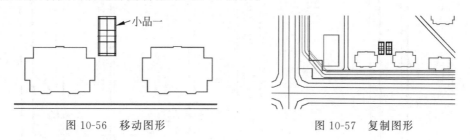

图 10-56　移动图形　　　　　　　图 10-57　复制图形

2．绘制园林建筑小品二

（1）将"建筑小品"置为当前图层，确定后回到绘图状态。

（2）单击"默认"选项卡"绘图"面板中的"多段线"按钮 ⊃，指定起点宽度为 100mm，端点宽度为 100mm，绘制如图 10-58 所示的多段线。

（3）单击"默认"选项卡"修改"面板中的"复制"按钮 ⅋，选择图 10-56 的小品一为复制对象，对其进行复制操作，将其放置到高层住宅小区园林规划图内，如图 10-59 所示。

Note

图 10-58　绘制多段线

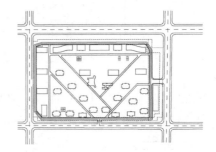

图 10-59　复制图形

　　(4) 单击"默认"选项卡"绘图"面板中的"多段线"按钮 ，在如图 10-60 所示的位置绘制梯段圆弧。

　　(5) 单击"默认"选项卡"修改"面板中的"修剪"按钮 ，选择上步绘制的圆弧内线段为修剪对象，对其进行修剪处理，如图 10-61 所示。

　　(6) 单击"默认"选项卡"绘图"面板中的"圆"按钮 ，选择上步绘制的圆弧的圆心为圆的圆心，绘制半径为 5200mm 的圆，如图 10-62 所示。

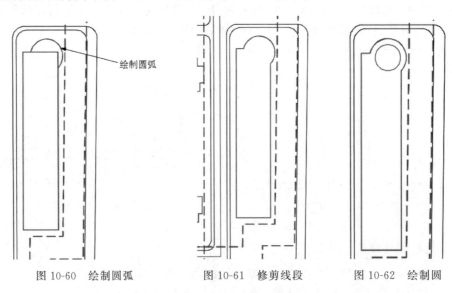

图 10-60　绘制圆弧　　　　　图 10-61　修剪线段　　　　　图 10-62　绘制圆

　　(7) 单击"默认"选项卡"修改"面板中的"偏移"按钮 ，选择上步绘制的圆图形为偏移对象，将其向内进行偏移，偏移距离为 2600mm，如图 10-63 所示。

　　(8) 单击"默认"选项卡"绘图"面板中的"直线"按钮 ，以上步绘制的同心圆的圆心为直线起点，向上绘制一条斜向直线，如图 10-63 所示。

（9）单击"默认"选项卡"修改"面板中的"环形阵列"按钮，选择上步绘制的斜向直线为阵列对象，内圆圆心为阵列中心点，设置阵列项目数为 14，指定阵列角度为360°，如图 10-64 所示。

（10）单击"默认"选项卡"修改"面板中的"修剪"按钮，选择上步环形阵列对象及绘制的圆为修剪对象，对其进行修剪处理，如图 10-65 所示。

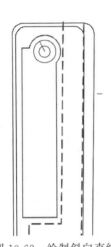
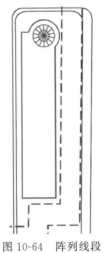
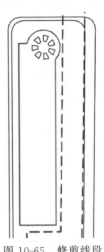

图 10-63　绘制斜向直线　　　图 10-64　阵列线段　　　图 10-65　修剪线段

（11）单击"默认"选项卡"绘图"面板中的"矩形"按钮 ▢ ，在上步绘制的图形下方选择一点为矩形起点绘制一个尺寸为 10 100mm×2500mm 的矩形，如图 10-66所示。

（12）单击"默认"选项卡"修改"面板中的"复制"按钮，选择上步绘制的矩形左侧竖直边中点为复制基点，将其向下进行复制，复制距离为 3700mm，如图 10-67所示。

（13）单击"默认"选项卡"修改"面板中的"矩形阵列"按钮 ▦ ，选择上步绘制的矩形为阵列对象，指定列数为 1，行数为 13，行间距为－4900mm，进行阵列，阵列结果如图 10-68 所示。

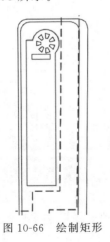
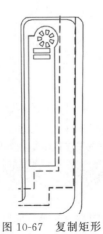
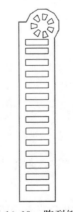

图 10-66　绘制矩形　　　图 10-67　复制矩形　　　图 10-68　阵列矩形

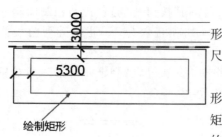

图 10-69   绘制矩形

（14）单击"默认"选项卡"绘图"面板中的"矩形"按钮 ▭，在如图 10-69 所示的位置绘制一个尺寸为 49 500mm×10 500mm 的矩形。

（15）单击"默认"选项卡"绘图"面板中的"矩形"按钮 ▭，在上步绘制的矩形上方选取一点为矩形起点，绘制一个尺寸为 2000mm×13 400mm 的矩形，如图 10-70 所示。

（16）单击"默认"选项卡"修改"面板中的"矩形阵列"按钮 ▦，选择上步绘制的矩形为阵列对象，指定行数为 1，列数为 10，列间距为 4800mm，进行阵列，阵列结果如图 10-71 所示。

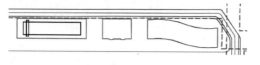

图 10-70   绘制矩形

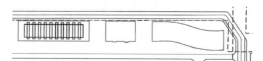

图 10-71   阵列结果

10.3.2   绘制道路与水体

（1）建立一个新图层，命名为"道路与水体"，颜色选取为 165，采用默认线型和线宽，并将其置为当前图层，如图 10-72 所示。确定后回到绘图状态。

图 10-72   "道路与水体"图层

（2）单击"默认"选项卡"绘图"面板中的"矩形"按钮 ▭，以如图 10-73 所示的位置为矩形起点，绘制一个尺寸为 6000mm×3000mm 的矩形。

（3）单击"默认"选项卡"修改"面板中的"矩形阵列"按钮 ▦，选择上步绘制的矩形为阵列对象，指定列数为 1，行数为 8，行间距为 −3000mm，进行阵列，阵列结果如图 10-74 所示。

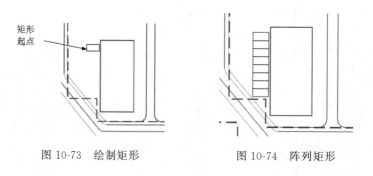

图 10-73   绘制矩形   图 10-74   阵列矩形

（4）利用上述方法完成相同图形的绘制，如图 10-75 所示。

Note

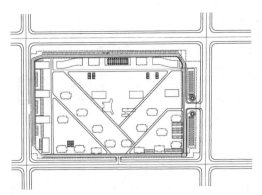

图 10-75　绘制相同图形

10.3.3　绘制园路

1. 绘制园路

（1）建立一个新图层，命名为"园路"，颜色选取为 23，采用默认线型和线宽，并将其置为当前图层，如图 10-76 所示。

图 10-76　"园路"图层

（2）单击"默认"选项卡"绘图"面板中的"圆弧"按钮 ，在如图 10-77 所示的位置绘制两段适当半径的圆弧。

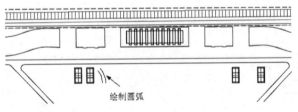

绘制圆弧

图 10-77　绘制圆弧

（3）单击"默认"选项卡"绘图"面板中的"直线"按钮 ，在上步绘制的圆弧上绘制多条直线，如图 10-78 所示。

（4）单击"默认"选项卡"修改"面板中的"修剪"按钮 ，选取上步绘制的斜向直线为修剪对象，对其进行修剪处理，如图 10-79 所示。

（5）单击"默认"选项卡"绘图"面板中的"直线"按钮 ，完成园路剩余部分的绘制，如图 10-80 所示。

（6）利用上述方法完成另一园路的绘制，园路绘制方法相同，绘制大小不同，如图 10-81 所示。

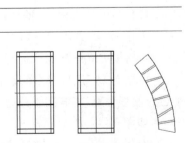

图 10-78　绘制斜向直线

图 10-79 修剪线段   图 10-80 绘制剩余图形

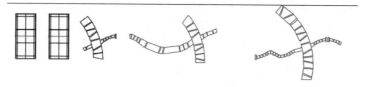

图 10-81 绘制剩余图形

2. 绘制家居

（1）建立一个新图层，命名为"家居"，颜色选取为青，采用默认线型和线宽，并将其置为当前图层，如图 10-82 所示。

图 10-82 "家居"图层

（2）绘制道路与水体。

① 单击"默认"选项卡"绘图"面板中的"矩形"按钮 ▭ ，选择如图 10-83 所示的点为矩形起点绘制一个尺寸为 1200mm×5200mm 的矩形。

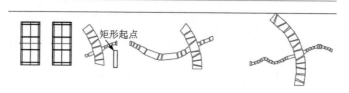

图 10-83 绘制矩形

② 单击"默认"选项卡"修改"面板中的"偏移"按钮 ⊏ ，选择上步绘制的矩形为偏移对象，将其向内进行偏移，偏移距离为 100mm，如图 10-84 所示。

③ 单击"默认"选项卡"修改"面板中的"分解"按钮 ▭ ，选择上步偏移的内部矩形为分解对象，按 Enter 键确认进行分解，使其变为可独立操作的线段。

④ 单击"默认"选项卡"修改"面板中的"偏移"按钮 ⊏ ，选择上步分解矩形的上步水平边为偏移对象，将其向下进行偏移，偏移距离为 700mm、900mm、900mm、900mm、900mm，如图 10-85 所示。

⑤ 单击"默认"选项卡"绘图"面板中的"矩形"按钮 ▭ ，在外部矩形上选取一点为矩形起点，绘制一个尺寸为 200mm×1800mm 的矩形，如图 10-86 所示。

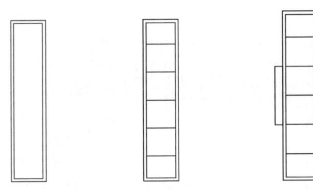

图 10-84 偏移矩形　　　图 10-85 偏移线段　　　图 10-86 绘制矩形

⑥ 单击"默认"选项卡"绘图"面板中的"矩形"按钮 □，在上部绘制的矩形上选取一点为矩形起点，绘制一个尺寸为 100mm×900mm 的矩形，如图 10-87 所示。

⑦ 单击"默认"选项卡"绘图"面板中的"矩形"按钮 □，在上步绘制的矩形上选取一点为矩形起点，绘制一个尺寸为 400mm×200mm 的矩形，如图 10-88 所示。

⑧ 单击"默认"选项卡"绘图"面板中的"矩形"按钮 □，在上步绘制的矩形上方选择一点为矩形起点，绘制一个尺寸为 200mm×2500mm 的矩形，如图 10-89 所示。

⑨ 单击"默认"选项卡"修改"面板中的"镜像"按钮 ⚠，选择大矩形左侧图形为镜像对象，将其向右侧进行竖直镜像，完成道路与水体的绘制，如图 10-90 所示。

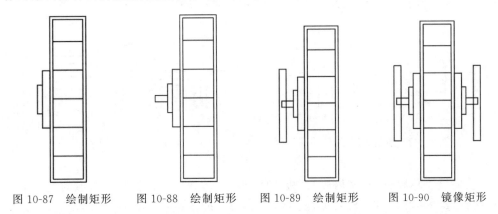

图 10-87 绘制矩形　　　图 10-88 绘制矩形　　　图 10-89 绘制矩形　　　图 10-90 镜像矩形

⑩ 单击"默认"选项卡"修改"面板中的"复制"按钮 ⬚，选择上步绘制完成的道路与水体为复制对象，将其移动放置在高层住宅小区园林规划区内，如图 10-91 所示。

（3）绘制其他。

① 单击"默认"选项卡"绘图"面板中的"矩形"按钮 □，选择如图 10-92 所示的点为矩形起点，绘制一个尺寸为 9200mm×8500mm 矩形。

② 单击"默认"选项卡"修改"面板中的"分解"按钮 ⬚，选择上步绘制的矩形为分解对象，按下 Enter 键确认进行分解，使其变为独立的操作线段。

③ 单击"默认"选项卡"修改"面板中的"删除"按钮 ✎，选择分解矩形底部水平边为删除对象，将其删除，如图 10-93 所示。

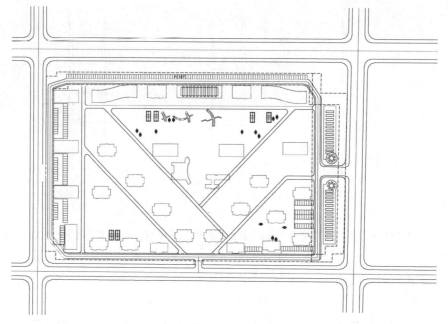

图 10-91 复制矩形

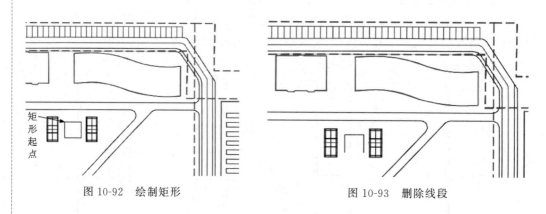

图 10-92 绘制矩形　　　　　　　　　　　图 10-93 删除线段

④ 单击"默认"选项卡"修改"面板中的"偏移"按钮 ⊆ ,选择分解矩形的上步水平边为偏移对象,将其向下进行偏移,偏移距离为 200mm、2800mm、200mm、2300mm、200mm、300mm、200mm,如图 10-94 所示。

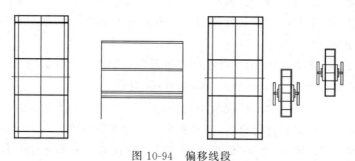

图 10-94 偏移线段

Note

⑤ 单击"默认"选项卡"修改"面板中的"偏移"按钮 ⊆ ,选择分解矩形左侧边为偏移对象,将其向右进行偏移,偏移距离为 200mm、2800mm、200mm、2800mm、200mm、2800mm,如图 10-95 所示。

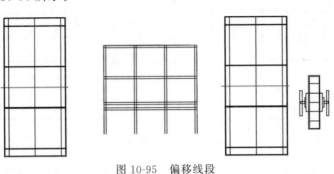

图 10-95　偏移线段

⑥ 单击"默认"选项卡"绘图"面板中的"矩形"按钮 ▢ ,在如图 10-96 所示的位置绘制一个尺寸为 1100mm×1100mm 的矩形。

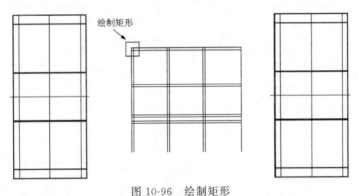

图 10-96　绘制矩形

⑦ 单击"默认"选项卡"修改"面板中的"偏移"按钮 ⊆ ,选择上步绘制的矩形为偏移对象,将其向内进行偏移,偏移距离为 100mm,如图 10-97 所示。

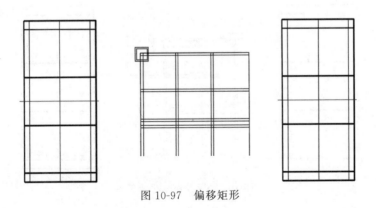

图 10-97　偏移矩形

⑧ 单击"默认"选项卡"修改"面板中的"修剪"按钮 ,选择上步偏移矩形内部线段为修剪对象,对其进行修剪处理,如图 10-98 所示。

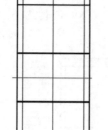
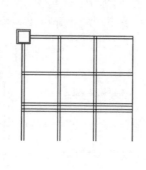
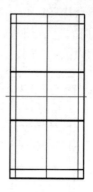

图 10-98　修剪线段

⑨ 单击"默认"选项卡"绘图"面板中的"直线"按钮 ∕ ，选择偏移矩形上边中点为直线起点，向下绘制竖直直线，如图 10-99 所示。

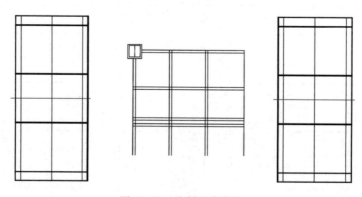

图 10-99　绘制竖直直线

⑩ 单击"默认"选项卡"绘图"面板中的"直线"按钮 ∕ ，选择偏移矩形左侧竖直边中点为直线起点，水平向右绘制直线，如图 10-100 所示。

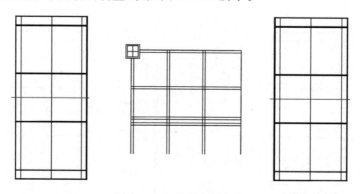

图 10-100　绘制水平直线

⑪ 单击"默认"选项卡"绘图"面板中的"圆"按钮 ⊙ ，选择上步绘制的十字交叉线角点为圆心，绘制一个与内部矩形四边相交的圆，如图 10-101 所示。

⑫ 单击"默认"选项卡"修改"面板中的"偏移"按钮 ⊆,选择上步绘制的圆为偏移对象,将其向内进行偏移,偏移距离为 100mm,如图 10-102 所示。

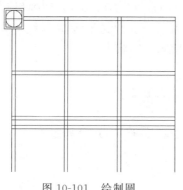

图 10-101　绘制圆

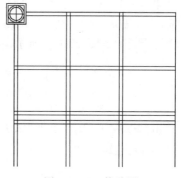

图 10-102　偏移圆

⑬ 单击"默认"选项卡"修改"面板中的"删除"按钮 ✐,选择圆内线段为删除对象,对其进行删除处理,如图 10-103 所示。

⑭ 单击"默认"选项卡"修改"面板中的"复制"按钮 ░,选择上步绘制的图形为复制对象,选择内部圆圆心为复制基点,对其进行连续复制,将其放置在合适的位置,如图 10-104 所示。

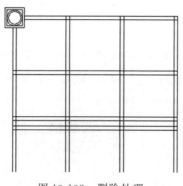

图 10-103　删除处理

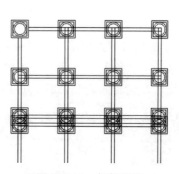

图 10-104　复制图形

⑮ 单击"默认"选项卡"修改"面板中的"修剪"按钮 ⅂,选择上步复制图形内线段为修剪对象,对其进行修剪处理,如图 10-105 所示。

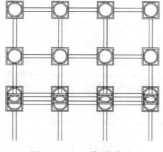

图 10-105　修剪线段

10.3.4　绘制广场铺砖

（1）单击"默认"选项卡"图层"面板中的"图层特性"按钮 ，界面弹出"图层特性管理器"选项板，建立一个新图层，命名为"广场铺砖"，颜色选取为 128，线型为默认，将其设置为当前图层，如图 10-106 所示。确定后回到绘图状态。

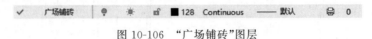

图 10-106　"广场铺砖"图层

（2）单击"默认"选项卡"绘图"面板中的"直线"按钮 ╱，选择如图 10-107 所示的点为直线起点，绘制连续直线。

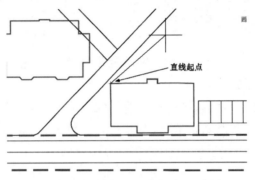

直线起点

图 10-107　绘制连续直线

（3）单击"默认"选项卡"绘图"面板中的"图案填充"按钮 ▨，打开"图案填充创建"选项卡，选择上步绘制的连续直线为填充区域，对其进行填充，填充设置如图 10-108 所示，完成该区域铺砖的绘制，如图 10-109 所示。

图 10-108　"图案填充创建"选项卡

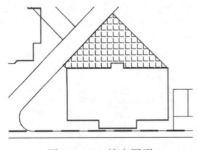

图 10-109　填充图形

利用上述方法完成剩余广场铺砖的绘制，如图 10-110 所示。

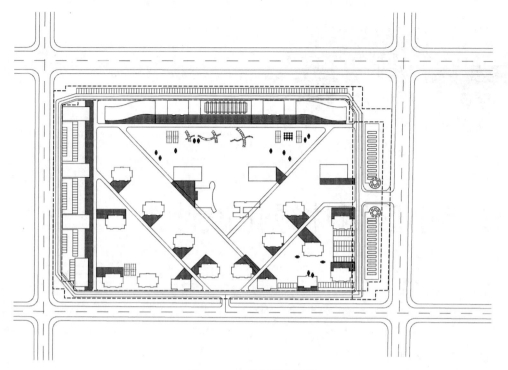

图 10-110　绘制剩余图形

第11章

住宅小区园林绿化设计

第10章介绍了高层住宅小区园林设计的初步规划和布局,本章将在第10章的基础上进行细部的绿化设计和布置,完成各种细部的设计工作。

学 习 要 点

◆ 绿化设计与布局

◆ 完成图纸

◆ 设计思路

Note

11-1

11.1 绿化设计与布局

本节将介绍高层小区园林绿化设计,包括树池绘制、绿植初步绘制、广场喷泉绘制、小区植物绘制和绿植布置等的设计。

11.1.1 绘制树池

1. 建立"路旁树"图层

(1)打开源文件"高层住宅小区园林规划"。单击"默认"选项卡"图层"面板中的"图层特性"按钮 ,界面弹出"图层特性管理器"选项板,建立一个新图层,命名为"路旁树",颜色选取为84,线型为默认,将其设置为当前图层,如图11-1所示。确定后回到绘图状态。

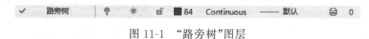

图 11-1 "路旁树"图层

(2)单击"默认"选项卡"绘图"面板中的"圆弧"按钮 ╭,以如图11-2所示的位置为圆弧起点绘制一段半径为2400的圆弧。

(3)单击"默认"选项卡"绘图"面板中的"圆弧"按钮 ╭,在上步绘制的多段线外侧绘制另外一段半径为4100mm的圆弧,如图11-3所示。

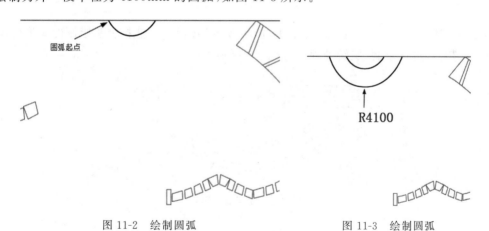

图 11-2 绘制圆弧　　　　　　图 11-3 绘制圆弧

(4)单击"默认"选项卡"绘图"面板中的"多段线"按钮 ⌐,设置线宽为0,在上步绘制的圆弧上方绘制外端圆弧,如图11-4所示。

(5)单击"默认"选项卡"绘图"面板中的"直线"按钮 ╱,绘制连接线,如图11-5所示。

(6)单击"默认"选项卡"绘图"面板中的"圆弧"按钮 ╭,在上步图形外侧绘制4段圆弧,半径分别为8300mm、8800mm、9500mm、10 500mm,如图11-6所示。

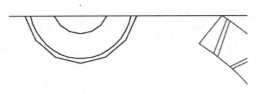

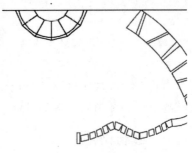

图 11-4　绘制多段线　　　　　　　　图 11-5　绘制多条连接线

（7）单击"默认"选项卡"绘图"面板中的"矩形"按钮 ▭ ，在上步绘制的图形上选取一点为矩形起点，绘制一个尺寸为 1600mm×300mm 的矩形，如图 11-7 所示。

图 11-6　绘制圆弧　　　　　　　　　图 11-7　绘制矩形

（8）单击"默认"选项卡"修改"面板中的"旋转"按钮 ↻ ，选择上步绘制的矩形为旋转对象，对其进行复制、旋转处理，如图 11-8 所示。

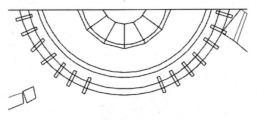

图 11-8　复制旋转矩形

2. 建立"规划建筑"图层

（1）单击"默认"选项卡"图层"面板中的"图层特性"按钮 ，界面弹出"图层特性管理器"选项板，建立一个新图层，命名为"规划建筑"，颜色选取为白色，线型为默认，将其设置为当前图层，如图 11-9 所示。

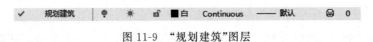

图 11-9　"规划建筑"图层

（2）单击"默认"选项卡"绘图"面板中的"直线"按钮 ⁄ ，选择如图 11-10 所示的位置为直线起点，向下绘制一条长度为 25 800mm 的竖直直线，如图 11-10 所示。

① 单击"默认"选项卡"修改"面板中的"偏移"按钮 ⊆ ，选择上步绘制的竖直直线为偏移对象，将其向右进行偏移，偏移距离 1200mm、200mm、1400mm、1400mm、200mm、1200mm，如图 11-11 所示。

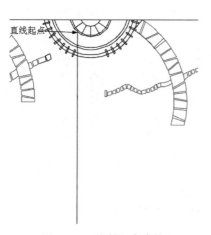

图 11-10　绘制竖直直线

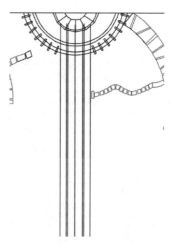

图 11-11　偏移直线

② 单击"默认"选项卡"修改"面板中的"修剪"按钮 ，将多余直线和圆弧进行修剪，如图 11-12 所示。

③ 单击"默认"选项卡"绘图"面板中的"矩形"按钮 ，选择如图 11-13 所示的点为矩形起点，绘制一个尺寸为 500mm×500mm 的矩形。

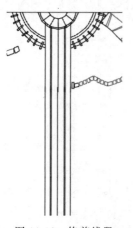

图 11-12　修剪线段

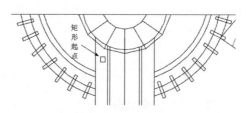

图 11-13　绘制矩形

④ 单击"默认"选项卡"修改"面板中的"偏移"按钮 ⊆ ，选择上步绘制的矩形为偏移对象，对其进行偏移，偏移距离为 100mm，如图 11-14 所示。

⑤ 单击"默认"选项卡"修改"面板中的"矩形阵列"按钮 ，选择上步图形中绘制的两个矩形为阵列对象，指定行数为 10，行间距为 −2600mm，列数为 2，列间距为

4300,进行阵列,结果如图 11-15 所示。

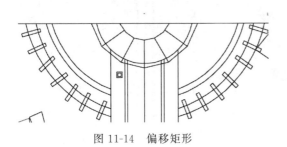

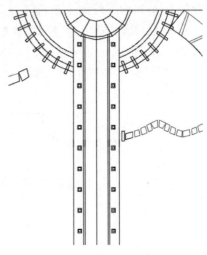

图 11-14　偏移矩形　　　　　　　　　　图 11-15　阵列矩形

　　⑥ 单击"默认"选项卡"绘图"面板中的"直线"按钮 ╱ ,在最顶部两矩形间绘制一条水平直线,如图 11-16 所示。

　　⑦ 单击"默认"选项卡"修改"面板中的"矩形阵列"按钮 品 ,选择上步图形中绘制的水平直线为阵列对象,指定行数为 10,行间距为－2600mm,列数为 1,进行阵列,完成阵列结果如图 11-17 所示。

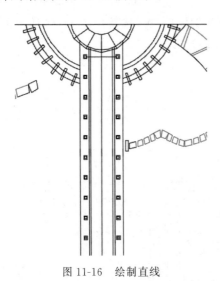

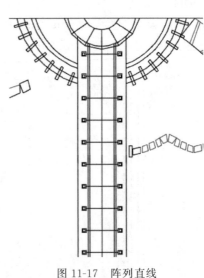

图 11-16　绘制直线　　　　　　　　　　图 11-17　阵列直线

　　⑧ 单击"默认"选项卡"绘图"面板中的"矩形"按钮 ▭ ,在如图 11-18 所示的位置绘制一个尺寸为 200mm×200mm 的矩形。

　　⑨ 单击"默认"选项卡"修改"面板中的"复制"按钮 ⌗ ,选择上步绘制的矩形为复制对象,将其向右进行复制,复制距离为 4600mm,如图 11-19 所示。

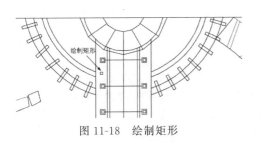

图 11-18　绘制矩形

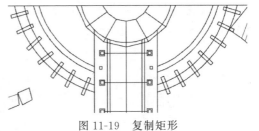

图 11-19　复制矩形

⑩ 单击"默认"选项卡"绘图"面板中的"矩形"按钮 □ ,在上步绘制的矩形右侧选择一点为矩形起点,绘制一个尺寸为 3800mm×200mm 的矩形,如图 11-20 所示。

⑪ 单击"默认"选项卡"修改"面板中的"矩形阵列"按钮 品,选择上步图形中绘制的 3 个矩形为阵列对象,指定行数为 9,行间距

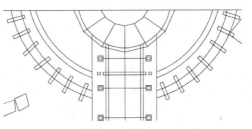

图 11-20　绘制矩形

为-2600mm,列数为 1,进行阵列,完成阵列结果如图 11-21 所示。

(3) 单击"默认"选项卡"绘图"面板中的"矩形"按钮 □ ,在上步绘制的图形下方选取一点为矩形起点,绘制一个尺寸为 7700mm×7700mm 的矩形,如图 11-22 所示。

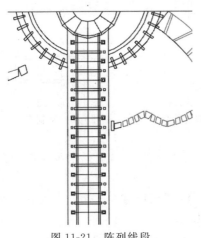

图 11-21　阵列线段

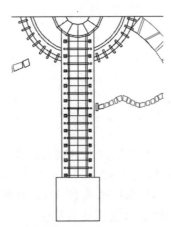

图 11-22　绘制矩形

① 单击"默认"选项卡"修改"面板中的"分解"按钮 ,选择上步绘制的矩形为分解对象,按 Enter 键确认进行分解,使上步绘制的矩形分解为 4 条独立线段。

② 单击"默认"选项卡"修改"面板中的"偏移"按钮 ,选择分解矩形的上步水平边为偏移对象,将其向下进行偏移,偏移距离为 1800mm、200mm、1700mm、200mm、1700mm、200mm,如图 11-23 所示。

③ 单击"默认"选项卡"修改"面板中的"偏移"按钮 ,选择左侧竖直直线为偏移对象,将其向右进行偏移,偏移距离为 1800mm、200mm、1700mm、200mm、1700mm、200mm,如图 11-24 所示。

④ 单击"默认"选项卡"绘图"面板中的"矩形"按钮 □，在上步偏移线段上选择一点为矩形起点，绘制一个尺寸为 800mm×800mm 的矩形，如图 11-25 所示。

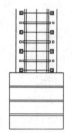
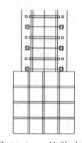
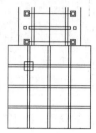

图 11-23 偏移水平直线　　　图 11-24 偏移直线　　　图 11-25 绘制矩形

⑤ 单击"默认"选项卡"修改"面板中的"偏移"按钮 ⊆，选择上步绘制的矩形为偏移对象，将其向内进行偏移，偏移距离为 300mm，如图 11-26 所示。

⑥ 单击"默认"选项卡"修改"面板中的"修剪"按钮 ，选择上步绘制的矩形内线段为修剪对象，对其进行修剪处理，如图 11-27 所示。

⑦ 单击"默认"选项卡"绘图"面板中的"直线"按钮 ／，在上步修剪线段内绘制多条直线，如图 11-28 所示。

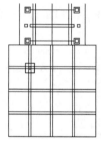
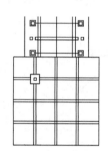
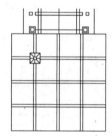

图 11-26 偏移矩形　　　图 11-27 修剪直线　　　图 11-28 绘制直线

⑧ 单击"默认"选项卡"修改"面板中的"复制"按钮 ，选择上步绘制的图形为复制对象，对其进行连续复制，如图 11-29 所示。

⑨ 单击"默认"选项卡"修改"面板中的"修剪"按钮 ，选择上步复制矩形内线段为修剪对象，对其进行修剪处理，如图 11-30 所示。

⑩ 利用上述方法完成与上步相同的铺装图形的绘制，如图 11-31 所示。

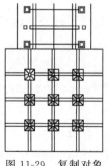
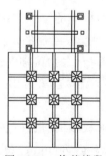
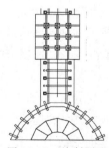

图 11-29 复制对象　　　图 11-30 修剪线段　　　图 11-31 绘制图形

（4）单击"默认"选项卡"绘图"面板中的"矩形"按钮 ⬜，在上步绘制图形下方选取一点为矩形起点，绘制一个尺寸为 9000mm×4100mm 的矩形，如图 11-32 所示。

① 单击"默认"选项卡"修改"面板中的"分解"按钮 🔳，选择上步绘制矩形为分解对象，按 Enter 键确认进行分解，使上步绘制的矩形分解为 4 条独立线段。

② 单击"默认"选项卡"修改"面板中的"偏移"按钮 ⬖，选择上步分解的矩形线段为偏移对象，将其向下进行偏移，偏移距离为 300mm、300mm、300mm、300mm、2400mm，如图 11-33 所示。

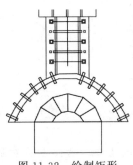

图 11-32　绘制矩形

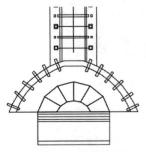

图 11-33　偏移线段

③ 单击"默认"选项卡"绘图"面板中的"矩形"按钮 ⬜，在上步绘制的矩形下方选择一点为矩形起点，绘制一个尺寸为 8000mm×1500mm 的矩形，如图 11-34 所示。

④ 单击"默认"选项卡"绘图"面板中的"矩形"按钮 ⬜，在上步绘制的矩形下方绘制一个尺寸为 9000mm×500mm 的矩形，如图 11-35 所示。

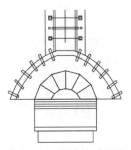

图 11-34　继续偏移线段

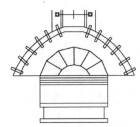

图 11-35　绘制矩形

⑤ 单击"默认"选项卡"绘图"面板中的"图案填充"按钮 ▦，打开"图案填充创建"选项卡，如图 11-36 所示，选择上步矩形为填充区域，对其进行图案填充，如图 11-37 所示。

图 11-36　"图案填充创建"选项卡

⑥ 单击"默认"选项卡"修改"面板中的"复制"按钮 ᎒᎒，选择上步绘制完成的两个图形为复制对象，选择尺寸为8000mm×1500mm的矩形左侧竖直边中点为复制基点，将其向下复制7个，复制距离为2000mm，如图11-38所示。

（5）单击"默认"选项卡"绘图"面板中的"圆"按钮 ⊘，在上步绘制的图形下方选择一点为圆的圆心，绘制一个半径为105mm的圆，如图11-39所示。

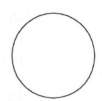

图11-37　偏移线段　　　　图11-38　复制图形　　　　图11-39　绘制圆

① 单击"默认"选项卡"修改"面板中的"偏移"按钮 ⊑，选择上步绘制的圆为偏移对象，将其向外侧进行偏移，偏移距离为70mm、280mm、70mm、455mm、70mm、560mm、70mm、70mm、70mm、913mm、70mm、770mm、70mm、455mm、70mm、1050mm、35mm、2030mm、35mm、2064mm、35mm、1080mm，如图11-40所示。

单击"默认"选项卡"修改"面板中的"修剪"按钮 ⤳，选择偏移圆内线段为修剪对象，对其进行修剪处理，如图11-41所示。

图11-40　偏移圆　　　　　　图11-41　修剪线段

单击"默认"选项卡"绘图"面板中的"圆"按钮 ⊘，在上步偏移圆内选择一点为新圆圆心，绘制一个半径为10.5mm的圆，如图11-42所示。

单击"默认"选项卡"修改"面板中的"偏移"按钮 ⊑，选择上步绘制的圆为偏移对象，将其向外进行偏移，偏移距离为7mm，如图11-43所示。

绘制图

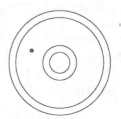

图11-42　绘制圆　　　　　　图11-43　偏移圆

单击"默认"选项卡"修改"面板中的"环形阵列"按钮 ⁂，选择上步绘制的两个圆形为环形阵列对象，选择偏移圆的圆心为阵列中心，指定项目数为 8，填充角度为 360°，进行环形阵列。

单击"默认"选项卡"修改"面板中的"复制"按钮 ⅋，选择上步绘制的两个圆形进行复制，并进行环形阵列，选择偏移圆的圆心为阵列中心，指定项目数为 8，填充角度为 360°，结果如图 11-44 所示。

单击"默认"选项卡"绘图"面板中的"直线"按钮 ／，在偏移后的第三个圆和第四个圆之间绘制多条斜向直线，如图 11-45 所示。

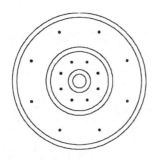

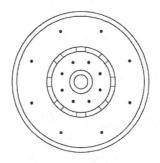

图 11-44　阵列图形　　　　　　图 11-45　绘制斜向直线

单击"默认"选项卡"修改"面板中的"修剪"按钮 ⅋，选择上步绘制的直线间线段为修剪对象，对其进行修剪处理，如图 11-46 所示。

② 单击"默认"选项卡"绘图"面板中的"矩形"按钮 □ ，在如图 11-47 所示的位置绘制一个尺寸为 200mm×200mm 的矩形。

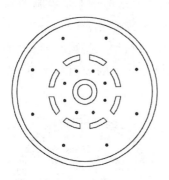

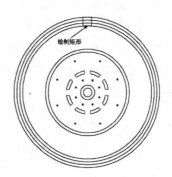

绘制矩形

图 11-46　修剪线段　　　　　　图 11-47　绘制矩形

单击"默认"选项卡"修改"面板中的"修剪"按钮 ⅋，选择上步绘制的矩形内的线段为修剪对象，对其进行修剪处理，如图 11-48 所示。

单击"默认"选项卡"绘图"面板中的"直线"按钮 ／，以上步绘制的矩形四边中点为直线起点绘制十字交叉线，如图 11-49 所示。

单击"默认"选项卡"绘图"面板中的"圆"按钮 ⊙，以上步绘制的十字交叉线交点为圆的圆心绘制一个半径为 70mm 的圆，如图 11-50 所示。

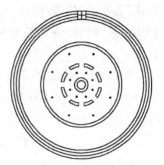

图 11-48 修剪线段　　　　　　　　图 11-49 绘制直线

单击"默认"选项卡"修改"面板中的"删除"按钮 ∠，选择上步绘制的十字交叉线为删除对象，将其删除，如图 11-51 所示。

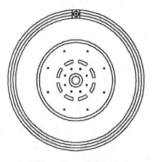
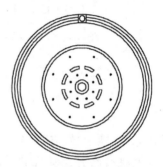

图 11-50 绘制圆　　　　　　　　　图 11-51 删除线段

单击"默认"选项卡"修改"面板中的"偏移"按钮 ⊆，选择上步绘制的圆为偏移对象，将其向外进行偏移，偏移距离为 17.5mm，如图 11-52 所示。

单击"默认"选项卡"修改"面板中的"环形阵列"按钮 ⠿，选择上步绘制的图形作为环形阵列对象，选择偏移圆的圆心为阵列中心，指定阵列的项目数为 8，填充角度为 360°，结果如图 11-53 所示。

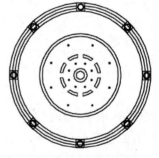

图 11-52 偏移图形　　　　　　　　图 11-53 阵列图形

单击"默认"选项卡"修改"面板中的"修剪"按钮 ▼，选择上步阵列后的图形为修剪对象，对其进行修剪处理，如图 11-54 所示。

Note

单击"默认"选项卡"绘图"面板中的"直线"按钮 ╱ ，以内部小圆圆心为直线起点，绘制两条斜向直线，如图 11-55 所示。

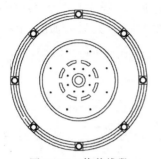

图 11-54 修剪线段

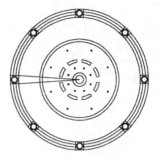

图 11-55 绘制斜向直线

单击"默认"选项卡"修改"面板中的"环形阵列"按钮 ⚙️，选择上步绘制的图形为对象，选择偏移圆的圆心为阵列中心，指定阵列角度为 360°，指定项目数为 8，进行阵列，结果如图 11-56 所示。

③ 单击"默认"选项卡"绘图"面板中的"直线"按钮 ╱，在图形适当位置选择一点为直线起点，绘制一条水平直线，如图 11-57 所示。

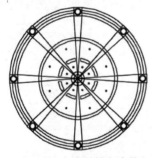

图 11-56 绘制斜向直线

图 11-57 绘制水平直线

单击"默认"选项卡"修改"面板中的"偏移"按钮 ⊂，选择上步绘制的直线为偏移对象，将其向下进行偏移，偏移距离为 210mm、420mm、210mm、420mm、210mm、420mm、210mm、1050mm、210mm、1050mm、210mm、1050mm、35mm，如图 11-58 所示。

单击"默认"选项卡"修改"面板中的"延伸"按钮 →|，选择上步绘制的直线为延伸对象，将其向两侧进行延伸，使绘制的直线延伸至最外侧圆，如图 11-59 所示。

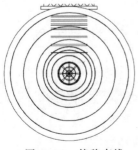

图 11-58 偏移直线

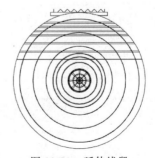

图 11-59 延伸线段

单击"默认"选项卡"绘图"面板中的"直线"按钮 ╱ ，在上步延伸线段上选择一点为直线起点，绘制一条竖直直线，如图11-60所示。

单击"默认"选项卡"修改"面板中的"偏移"按钮 ⊑ ，选择上步绘制的竖直直线为偏移对象，将其向右进行偏移，偏移距离为35mm、3990mm、35mm，如图11-61所示。

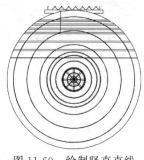

图 11-60   绘制竖直直线

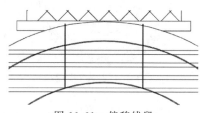

图 11-61   偏移线段

单击"默认"选项卡"修改"面板中的"修剪"按钮 ，选择上步偏移线段为修剪对象，对其进行修剪处理，如图11-62所示。

④ 单击"默认"选项卡"绘图"面板中的"矩形"按钮 ▭ ，在上步图形适当位置选择一点为矩形起点，绘制一个尺寸为13 101mm×6510mm的矩形，如图11-63所示。

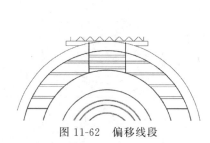

图 11-62   偏移线段

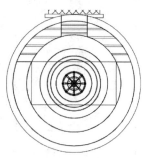

图 11-63   绘制矩形

单击"默认"选项卡"修改"面板中的"偏移"按钮 ⊑ ，选择上步绘制的矩形为偏移对象，将其向内进行偏移，偏移距离为105mm，如图11-64所示。

单击"默认"选项卡"绘图"面板中的"直线"按钮 ╱ ，在图形内部绘制多条组合线，如图11-65所示。

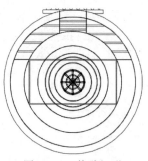

图 11-64   偏移矩形

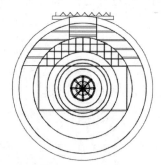

图 11-65   绘制直线

单击"默认"选项卡"绘图"面板中的"矩形"按钮 ▢，在上步绘制的组合线间选择一点为矩形起点，绘制一个尺寸为 700mm×700mm 的矩形，如图 11-66 所示。

单击"默认"选项卡"修改"面板中的"修剪"按钮 ✂，选择上步绘制的矩形内线段为修剪对象，对其进行修剪处理，如图 11-67 所示。

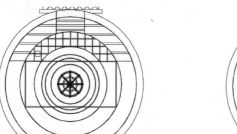

图 11-66 绘制矩形

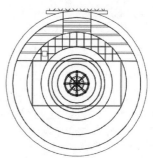

图 11-67 修剪线段

⑤ 单击"默认"选项卡"修改"面板中的"偏移"按钮 ⊜，选择上步修剪后的矩形为偏移对象，将其向内进行偏移，偏移距离为 140mm、35mm，如图 11-68 所示。

单击"默认"选项卡"修改"面板中的"分解"按钮 ⬚，选择最外部矩形为分解对象，按 Enter 键确认，使外部矩形分解为四条独立边。

单击"默认"选项卡"修改"面板中的"偏移"按钮 ⊜，选择上步分解矩形上步水平边为偏移对象，将其向下进行偏移，偏移距离为 140mm、140mm、140mm、140mm，如图 11-69 所示。

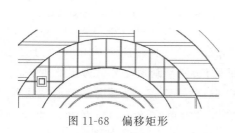

图 11-68 偏移矩形

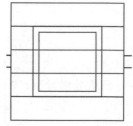

图 11-69 偏移线段

单击"默认"选项卡"修改"面板中的"偏移"按钮 ⊜，选择分解矩形左侧竖直边为偏移对象，将其向右进行偏移，偏移距离为 140mm、140mm、140mm、140mm，如图 11-70 所示。

单击"默认"选项卡"修改"面板中的"修剪"按钮 ✂，选择上步偏移线段为修剪对象，对其进行修剪处理，如图 11-71 所示。

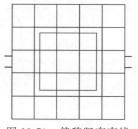

图 11-70 偏移竖直直线

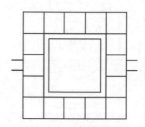

图 11-71 修剪线段

Note

单击"默认"选项卡"绘图"面板中的"直线"按钮 ╱，在上步偏移线段四角形成的矩形内绘制 4 条斜向直线，如图 11-72 所示。

单击"默认"选项卡"绘图"面板中的"多段线"按钮 ⌒，在内部矩形内选择一点为多段线起点，绘制连续多段线，如图 11-73 所示。

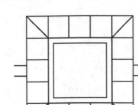

图 11-72　绘制斜线

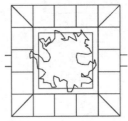

图 11-73　绘制样条曲线

单击"默认"选项卡"修改"面板中的"复制"按钮 ⌗，选择上步绘制的图形为复制对象，对其进行连续复制，如图 11-74 所示。

单击"默认"选项卡"修改"面板中的"修剪"按钮 ⍽，选择上步复制的图形间线段为修剪对象，对其进行修剪处理，如图 11-75 所示。

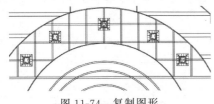

图 11-74　复制图形

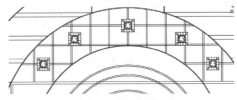

图 11-75　修剪线段

单击"默认"选项卡"修改"面板中的"分解"按钮 ⬚，选择绘制的尺寸为 13 101mm×6510mm 的矩形为分解对象，按 Enter 键确认，使绘制矩形分解为四条独立边。

单击"默认"选项卡"修改"面板中的"偏移"按钮 ⬚，选择分解矩形左侧竖直边为偏移对象，将其向右进行偏移，偏移距离为 1732mm、70mm、1121mm、70mm、1820mm、70mm、3360mm、70mm、1820mm、70mm、1121mm、70mm，如图 11-76 所示。

单击"默认"选项卡"修改"面板中的"修剪"按钮 ⍽，选择上步偏移线段为修剪对象，对其进行修剪处理，如图 11-77 所示。

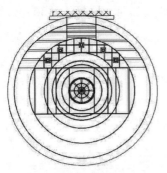

图 11-76　偏移线段

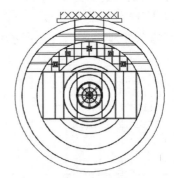

图 11-77　修剪线段

单击"默认"选项卡"绘图"面板中的"圆弧"按钮 ⌒，绘制半径为 5778mm 的圆弧，如图 11-78 所示。

单击"默认"选项卡"修改"面板中的"偏移"按钮 ⊂，选择上步绘制的圆弧为偏移对象，将其向内进行偏移，偏移距离为 70mm，如图 11-79 所示。

利用上述方法完成剩余相同图形的绘制，如图 11-80 所示。

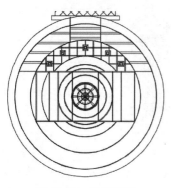

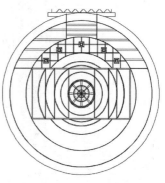

图 11-78　绘制圆弧　　　　图 11-79　偏移圆弧　　　　图 11-80　绘制相同图形

单击"默认"选项卡"绘图"面板中的"图案填充"按钮 ▨，选择上步图形区域为填充区域，对"图案填充创建"选项卡进行设置，如图 11-81 所示。填充结果如图 11-82 所示。

图 11-81　"图案填充创建"选项卡

单击"默认"选项卡"修改"面板中的"镜像"按钮 △，选择上步图形中的已有图形为镜像对象，对其进行水平镜像，镜像结果如图 11-83 所示。

利用前面所学知识，细化圆内剩余图形，如图 11-84 所示。

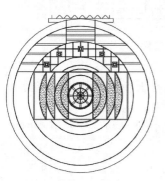
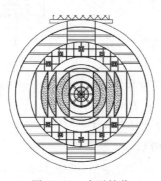
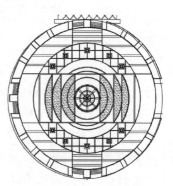

图 11-82　图案填充　　　　图 11-83　水平镜像　　　　图 11-84　细化图形

利用上述方法完成剩余图形的绘制,如图 11-85 所示。

⑥ 单击"默认"选项卡"绘图"面板中的"多段线"按钮 ,指定起点宽度为 61mm,端点宽度为 61mm,在上步图形下方绘制一条长度为 26 212mm 的水平多段线和一条长度为 12 441mm 的竖直多段线,如图 11-86 所示。

图 11-85 绘制剩余图形   图 11-86 绘制连续多段线

单击"默认"选项卡"修改"面板中的"偏移"按钮 ,选择上步绘制的水平多段线为偏移对象,将其向下进行偏移,偏移距离为 1915mm、1215mm、5507mm、1215mm、1447mm、1141mm,如图 11-87 所示。

单击"默认"选项卡"修改"面板中的"偏移"按钮 ,选择前面绘制的竖直多段线为偏移对象,将其向右进行偏移,偏移距离为 4348mm、6054mm、1215mm、4673mm、1042mm、8749mm,如图 11-88 所示。

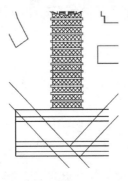
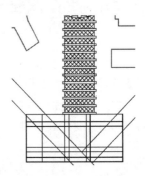

图 11-87 偏移多段线   图 11-88 偏移多段线

单击"默认"选项卡"修改"面板中的"修剪"按钮 ,选择上步偏移线段为修剪对象,对其进行修剪处理,如图 11-89 所示。

单击"默认"选项卡"绘图"面板中的"直线"按钮 和"圆弧"按钮 ,在上步图形底部绘制多条直线,如图 11-90 所示。

(6) 利用上述方法完成剩余图形的绘制,如图 11-91 所示。

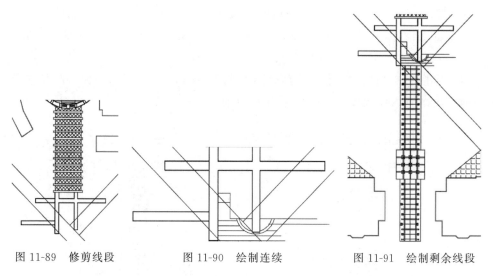

图 11-89 修剪线段　　　图 11-90 绘制连续　　　图 11-91 绘制剩余线段

11.1.2 初步绘制绿植

1. 设置图层

设置"路旁树"图层为当前图层。

2. 绘制绿植

(1) 单击"默认"选项卡"绘图"面板中的"直线"按钮 ，在上步绘制的图形右侧选取一点为直线起点，绘制一条长度为 25 121mm 的竖直直线，如图 11-92 所示。

(2) 单击"默认"选项卡"绘图"面板中的"圆弧"按钮，以上步绘制的竖直直线上端点为圆弧起点，下端点为圆弧端点，绘制半径为 12 600mm 的圆弧，如图 11-93 所示。

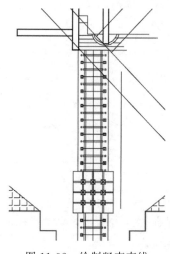

图 11-92 绘制竖直直线

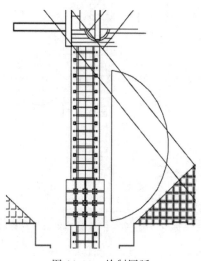

图 11-93 绘制圆弧

11-2

（3）单击"默认"选项卡"修改"面板中的"偏移"按钮 ⊆ ，选择上步绘制的圆弧为偏移对象，将其向内进行偏移，偏移距离为 750mm、1500mm、750mm、1500mm、2250mm、750mm、1500mm，如图 11-94 所示。

（4）单击"默认"选项卡"修改"面板中的"修剪"按钮 ￥ ，选择上步偏移圆弧内线段为修剪对象，对其进行修剪处理，如图 11-95 所示。

图 11-94　偏移线段

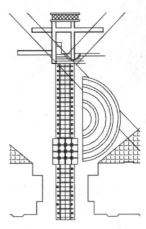

图 11-95　修剪线段

（5）单击"默认"选项卡"绘图"面板中的"直线"按钮 ／ ，以上步修剪圆弧的圆心为直线起点，向右绘制一条水平直线，如图 11-96 所示。

（6）单击"默认"选项卡"修改"面板中的"旋转"按钮 ↻ ，选择上步绘制的水平直线为旋转对象，对其进行复制、旋转，旋转角度为 26°、50°、73°，如图 11-97 所示。

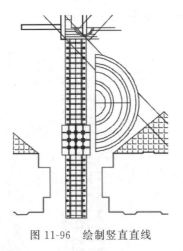

图 11-96　绘制竖直直线

图 11-97　旋转线段

（7）单击"默认"选项卡"修改"面板中的"镜像"按钮 ⚠ ，选择上步旋转复制后图形为镜像对象，对其进行镜像，镜像到下侧，如图 11-98 所示。

（8）单击"默认"选项卡"修改"面板中的"延伸"按钮 ⟶ ，选择上步镜像前与镜像后的线段为延伸对象，将其圆弧边相接，如图 11-99 所示。

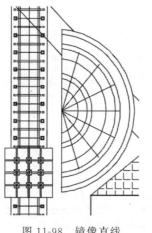

图 11-98　镜像直线

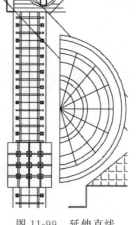

图 11-99　延伸直线

（9）单击"默认"选项卡"绘图"面板中的"直线"按钮 ╱，在上步绘制图形内绘制连续线段，如图 11-100 所示。

（10）单击"默认"选项卡"修改"面板中的"删除"按钮 ✐，选择最左端的竖直直线为删除对象，将其删除，如图 11-101 所示。

图 11-100　绘制连续直线

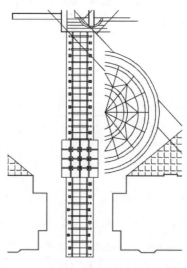

图 11-101　删除线段

3. 新建图层

建立一个新图层，命名为"绿化"，颜色选取为 62，采用默认线型、线宽，并将其置为当前图层，如图 11-102 所示。确定后回到绘图状态。

图 11-102　"绿化"图层

4．继续绘制绿植

（1）单击"默认"选项卡"绘图"面板中的"直线"按钮 ，在上步图形下方选择一点为直线起点绘制一条长度为 60 623mm 的水平直线，如图 11-103 所示。

① 单击"默认"选项卡"修改"面板中的"偏移"按钮 ，选择上步绘制的水平直线为偏移对象，将其向下进行偏移，偏移距离为 2342mm、195mm、2245mm、195mm、541mm、292mm、975mm、292mm、975mm、292mm、975mm、292mm、975mm、292mm，如图 11-104 所示。

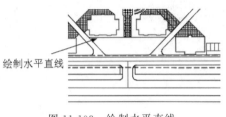

图 11-103　绘制水平直线

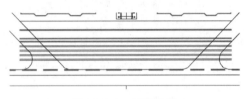

图 11-104　偏移线段

② 单击"默认"选项卡"修改"面板中的"修剪"按钮 ，选择上步偏移线段为修剪对象，对其进行修剪处理，如图 11-105 所示。

③ 单击"默认"选项卡"绘图"面板中的"直线"按钮 ，在上步偏移线段上选取一点为直线起点，绘制一条长度为 13 539mm 的竖直直线，如图 11-106 所示。

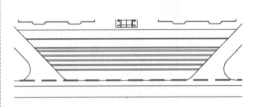

图 11-105　修剪线段

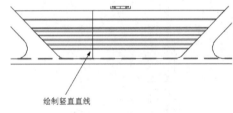

图 11-106　绘制竖直直线

④ 单击"默认"选项卡"修改"面板中的"偏移"按钮 ，选择上步绘制的竖直直线为偏移对象，将其向右进行偏移，偏移距离为 682mm、11 717mm、292mm、975mm、292mm、975mm、292mm、702mm、240mm、292mm、974mm，如图 11-107 所示。

⑤ 单击"默认"选项卡"绘图"面板中的"直线"按钮 ，在上步图形上选择一点为直线起点，绘制一条斜向直线，如图 11-108 所示。

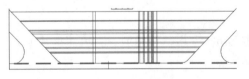

图 11-107　偏移线段

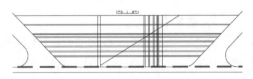

图 11-108　绘制斜向直线

⑥ 单击"默认"选项卡"修改"面板中的"偏移"按钮 ，选择上步绘制的斜向直线为偏移线段，将其向上进行偏移，偏移距离为 195mm、2940mm、195mm，如图 11-109 所示。

⑦ 单击"默认"选项卡"绘图"面板中的"多段线"按钮 ⊃，指定多段线起点宽度为0，端点宽度为0，在上步线段上选取一点为多段线起点，绘制连续多段线，如图 11-110所示。

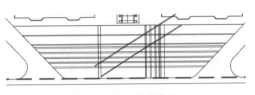

图 11-109　偏移线段

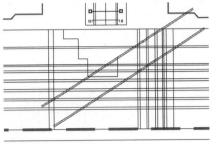

图 11-110　绘制连续多段线

⑧ 单击"默认"选项卡"修改"面板中的"分解"按钮 ☐，选择上步绘制的多段线为分解对象，按 Enter 键确认，对其进行分解，使上步绘制多段线分解为独立线段。

⑨ 单击"默认"选项卡"修改"面板中的"偏移"按钮 ⊆，选择上步分解后的线段为偏移对象，将其向内进行偏移，偏移距离为 195mm，如图 11-111 所示。

⑩ 单击"默认"选项卡"绘图"面板中的"直线"按钮 ╱ 和"圆弧"按钮 ╭，完成剩余图形的绘制，如图 11-112 所示。

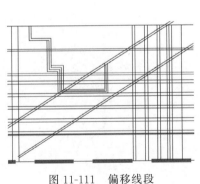

图 11-111　偏移线段

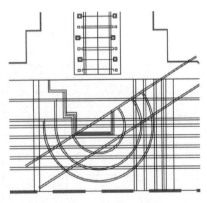

图 11-112　绘制直线和圆弧

⑪ 单击"默认"选项卡"修改"面板中的"修剪"按钮 ▼，选择上步绘制的图形为修剪对象，对其进行修剪处理，如图 11-113 所示。

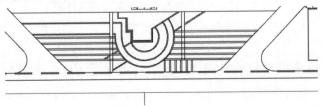

图 11-113　修剪线段

（2）单击"默认"选项卡"绘图"面板中的"圆弧"按钮 ，以如图 11-114 所示的起点和端点，绘制一段半径为 4623mm 的圆弧。

① 单击"默认"选项卡"修改"面板中的"偏移"按钮 ，选择上步绘制的圆弧为偏移对象，将其向内进行偏移，偏移距离为 790mm、300mm、800mm、300mm，如图 11-115 所示。

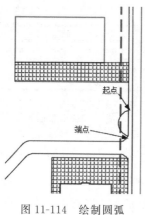

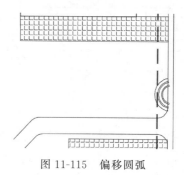

图 11-114　绘制圆弧　　　　　　　　　图 11-115　偏移圆弧

② 单击"默认"选项卡"修改"面板中的"修剪"按钮 ，选择上步偏移圆弧超出直线边的部分为修剪对象，对其进行修剪处理，如图 11-116 所示。

③ 单击"默认"选项卡"绘图"面板中的"直线"按钮 ，在上步修剪线段上绘制两条长度为 892mm 的水平直线，如图 11-117 所示。

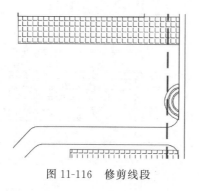

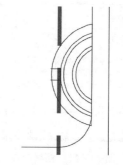

图 11-116　修剪线段　　　　　　　　　图 11-117　绘制竖直直线

④ 单击"默认"选项卡"绘图"面板中的"矩形"按钮 ，在上步图形上方选择一点为矩形起点，绘制一个尺寸为 4417mm×2800mm 的矩形，如图 11-118 所示。

单击"默认"选项卡"修改"面板中的"分解"按钮 ，选择上步绘制矩形为分解对象，按 Enter 键确认，对其进行分解，使其分解为 4 条独立线段。

单击"默认"选项卡"修改"面板中的"偏移"按钮 ，选择分解后的右侧竖直边为偏移对象，将其向左进行偏移，偏移距离为 60mm、60mm、60mm、60mm、477mm、100mm、300mm、100mm、300mm、100mm、300mm、100mm、300mm、100mm、300mm、100mm、300mm、100mm、300mm、100mm、300mm、100mm、300mm，如图 11-119 所示。

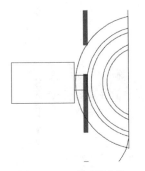

图 11-118　绘制矩形

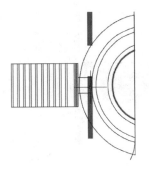

图 11-119　偏移线段

单击"默认"选项卡"修改"面板中的"偏移"按钮 ⊑ ，选择分解矩形上步水平边为偏移对象，将其向下进行偏移，偏移距离为 200mm、400mm、1600mm、400mm，如图 11-120 所示。

单击"默认"选项卡"修改"面板中的"修剪"按钮 ，选择上步偏移的线段为修剪对象，对其进行修剪处理，如图 11-121 所示。

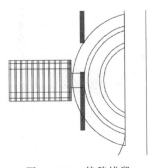

图 11-120　偏移线段

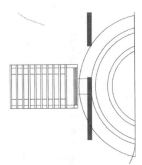

图 11-121　修剪线段

单击"默认"选项卡"绘图"面板中的"图案填充"按钮 ，选择上步修剪的线段内部为填充区域，打开"图案填充创建"选项卡进行设置，如图 11-122 所示。完成填充的结果如图 11-123 所示。

图 11-122　"图案填充创建"选项卡

⑤ 单击"默认"选项卡"绘图"面板中的"直线"按钮 ，在上步绘制的图形左侧竖直边上选取一点为直线起点，绘制长度为 831mm 的水平直线，如图 11-124 所示。

Note

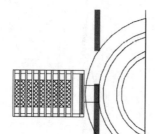

图 11-123　填充图形

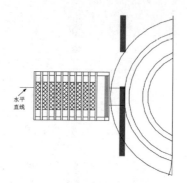

图 11-124　绘制水平直线

⑥ 单击"默认"选项卡"修改"面板中的"偏移"按钮 ⊆ ，选择上步绘制的水平直线为偏移对象，将其向下进行偏移，偏移距离为 1000mm，如图 11-125 所示。

⑦ 单击"默认"选项卡"绘图"面板中的"圆"按钮 ⊘ ，在上步绘制的图形上方选取一点为圆的圆心，绘制半径为 2100mm 的圆，如图 11-126 所示。

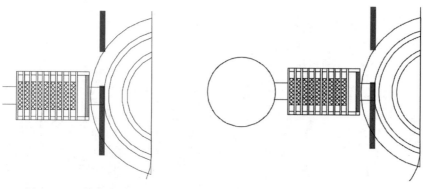

图 11-125　偏移线段

图 11-126　绘制圆

单击"默认"选项卡"修改"面板中的"偏移"按钮 ⊆ ，选择上步绘制的圆为偏移对象，将其向内进行偏移，偏移距离为 886mm、70mm、374mm、75mm、225mm、75mm，如图 11-127 所示。

单击"默认"选项卡"绘图"面板中的"图案填充"按钮 ▨ ，选择上步偏移最小圆的圆心为填充对象，对其进行填充，如图 11-128 所示。

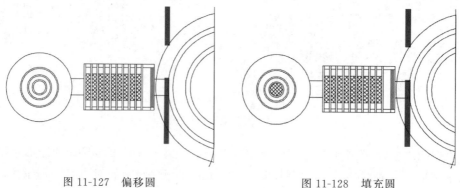

图 11-127　偏移圆

图 11-128　填充圆

单击"默认"选项卡"绘图"面板中的"直线"按钮 ╱ ，在上步偏移的圆上选择一点为直线起点，绘制一条斜向直线，如图 11-129 所示。

单击"默认"选项卡"修改"面板中的"镜像"按钮 ◭ ，选择上步绘制的斜向直线为镜像对象，将其进行镜像，如图 11-130 所示。

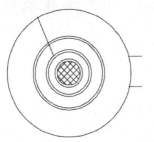
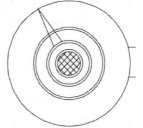

图 11-129　绘制斜向直线　　　　图 11-130　镜像线段

单击"默认"选项卡"修改"面板中的"环形阵列"按钮 ⁙ ，选择上步镜像后的图形为镜像对象，指定内部圆圆心为阵列基点，设置阵列个数为 6，结果如图 11-131 所示。

单击"默认"选项卡"修改"面板中的"修剪"按钮 ⅄ ，选择上步阵列图形内的线段为修剪对象，对其进行修剪处理，结果如图 11-132 所示。

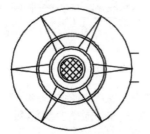

图 11-131　阵列图形　　　　　　图 11-132　修剪线段

⑧ 单击"默认"选项卡"修改"面板中的"镜像"按钮 ◭ ，选择上步绘制的图形为镜像对象，外围圆上、下两点为镜像点，对其执行竖直镜像，如图 11-133 所示。

⑨ 单击"默认"选项卡"绘图"面板中的"圆"按钮 ⊙ ，在上步绘制的图形左侧选择一点为圆心，绘制一个半径为 1600mm 的圆，如图 11-134 所示。

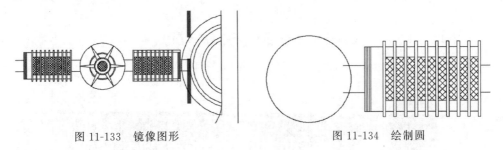

图 11-133　镜像图形　　　　　　图 11-134　绘制圆

单击"默认"选项卡"修改"面板中的"偏移"按钮 ⋐ ，选择上步绘制的圆为偏移对象，将其向内进行偏移，偏移距离为 200mm、200mm、406mm，如图 11-135 所示。

单击"默认"选项卡"绘图"面板中的"直线"按钮 ╱，以上步偏移的圆的圆心为直线起点，向上绘制一条长度为 1200mm 的竖直直线，如图 11-136 所示。

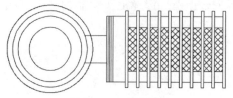

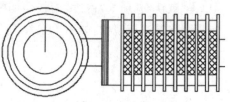

图 11-135　偏移圆　　　　　　　　　　图 11-136　绘制竖直直线

单击"默认"选项卡"绘图"面板中的"圆弧"按钮 ╱，以上步绘制的竖直直线上端点为圆弧起点，下端点为圆弧端点，绘制半径为 1625mm 的圆弧，如图 11-137 所示。

单击"默认"选项卡"修改"面板中的"镜像"按钮 ▲，选择上步绘制的圆弧为镜像对象，对其进行竖直镜像，如图 11-138 所示。

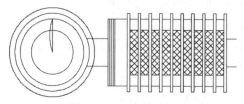

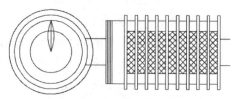

图 11-137　绘制圆弧　　　　　　　　　　图 11-138　镜像图形

单击"默认"选项卡"修改"面板中的"环形阵列"按钮 ⊙，选择上步绘制的圆弧及竖直直线为镜像对象，选择最小圆的圆心为阵列基点，设置个数为 8，如图 11-139 所示。

单击"默认"选项卡"修改"面板中的"修剪"按钮 ✂，选择上步阵列图形内部多余线段为修剪对象，对其进行修剪处理，如图 11-140 所示。

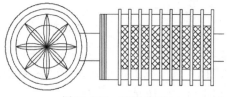

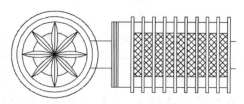

图 11-139　环形阵列　　　　　　　　　　图 11-140　修剪线段

⑩ 利用上述方法完成剩余图形的绘制，如图 11-141 所示。

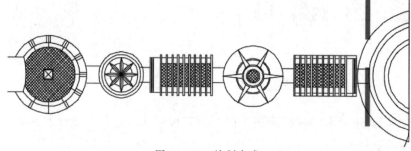

图 11-141　绘制完成

5. 设置图层

建立一个新图层,命名为"步行道",颜色选取为44,采用默认线型、线宽,并将其置为当前图层,如图11-142所示。确定后回到绘图状态。

图11-142 "步行道"图层

6. 绘制步行道

单击"默认"选项卡"绘图"面板中的"圆"按钮 ⊘ ,选取如图11-143所示的位置为圆的圆心,绘制一个半径为12 245mm的圆。

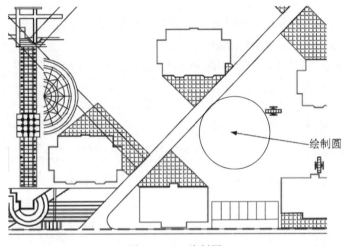

绘制圆

图11-143 绘制圆

(1)单击"默认"选项卡"修改"面板中的"偏移"按钮 ⊑ ,选择上步绘制的圆为偏移对象,将其向内进行偏移,偏移距离为240mm、960mm、245mm、360mm、240mm、600mm、1200mm、600mm、240mm,如图11-144所示。

(2)单击"默认"选项卡"绘图"面板中的"直线"按钮 ╱ ,在上步偏移的圆上绘制多条斜向直线,如图11-145所示。

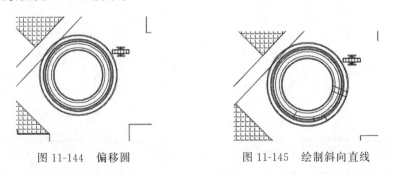

图11-144 偏移圆   图11-145 绘制斜向直线

(3)单击"默认"选项卡"修改"面板中的"修剪"按钮 ,选择上步绘制的图形为修剪对象,对其进行修剪处理,如图11-146所示。

（4）单击"默认"选项卡"绘图"面板中的"直线"按钮 ╱，在上步绘制的图形内绘制多条直线，如图 11-147 所示。

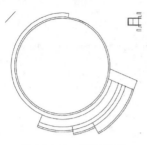

图 11-146　修剪线段

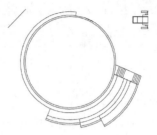

图 11-147　绘制水平直线

（5）单击"默认"选项卡"绘图"面板中的"多边形"按钮 ⬠，在上步绘制的图形内绘制一个半径为 580mm 的八边形，如图 11-148 所示。

① 单击"默认"选项卡"绘图"面板中的"直线"按钮 ╱，在上步绘制完成的八边形内绘制多条对角线，如图 11-149 所示。

绘制八边形

图 11-148　绘制八边形

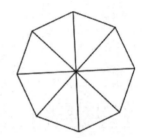

图 11-149　绘制多条斜线

② 单击"默认"选项卡"绘图"面板中的"圆"按钮 ⊙，以上步绘制的直线交点为圆心，绘制一个半径为 13.8mm 的圆，如图 11-150 所示。

③ 单击"默认"选项卡"修改"面板中的"修剪"按钮 ⌿，选择上步绘制的圆内线段为修剪对象，对其进行修剪处理，如图 11-151 所示。

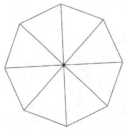

图 11-150　绘制圆

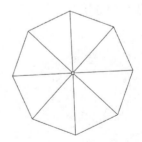

图 11-151　修剪线段

④ 单击"默认"选项卡"修改"面板中的"复制"按钮 ⛬，选择上步绘制完成的图形为复制对象，对其进行连续复制，结果如图 11-152 所示。

（6）单击"默认"选项卡"绘图"面板中的"矩形"按钮 ▭，在上步绘制的图形上选择一点为矩形起点,绘制一个尺寸为 1914mm×1914mm 的矩形,如图 11-153 所示。

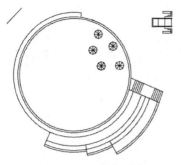

图 11-152　复制图形

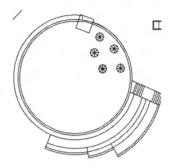

图 11-153　绘制矩形

① 单击"默认"选项卡"修改"面板中的"修剪"按钮,选择上步绘制的矩形内线段为修剪对象,对其进行修剪处理,如图 11-154 所示。

② 单击"默认"选项卡"绘图"面板中的"直线"按钮,在上步绘制的矩形内绘制两条对角线,如图 11-155 所示。

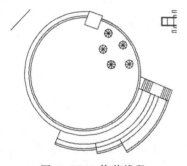

图 11-154　修剪线段

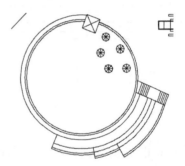

图 11-155　绘制斜向对角线

③ 单击"默认"选项卡"修改"面板中的"复制"按钮,选择上步绘制的图形为复制对象,对其进行连续复制,如图 11-156 所示。

（7）单击"默认"选项卡"绘图"面板中的"样条曲线拟合"按钮,在上步绘制的图形内绘制剩余的样条曲线,结果如图 11-157 所示。

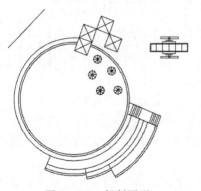

图 11-156　复制图形

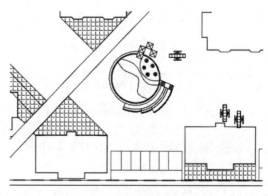

图 11-157　绘制样条曲线

11.1.3 绘制广场喷泉

1. 绘制喷泉

单击"默认"选项卡"绘图"面板中的"直线"按钮 ╱ ,在图形空白区域选择一点为直线起点,绘制一条长度为 33 430mm 的水平直线,如图 11-158 所示。

（1）单击"默认"选项卡"修改"面板中的"偏移"按钮 ⋐ ,选择上步绘制的水平直线为偏移对象,将其向下进行偏移,偏移距离为 800mm、2400mm、800mm、3200mm、1600mm、1600mm、3200mm、800mm、2400mm、800mm,如图 11-159 所示。

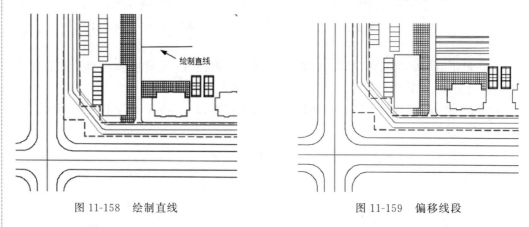

图 11-158 绘制直线   图 11-159 偏移线段

（2）单击"默认"选项卡"绘图"面板中的"直线"按钮 ╱ ,在上步图形上选择一点为直线起点,绘制一条长度为 16 000mm 的竖直直线,如图 11-160 所示。

（3）单击"默认"选项卡"修改"面板中的"偏移"按钮 ⋐ ,选择上步绘制的竖直直线为偏移对象,将其向右进行偏移,偏移距离为 1600mm、3200mm、4800mm、1600mm、7710mm、1600mm,如图 11-161 所示。

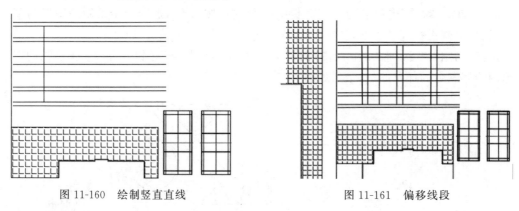

图 11-160 绘制竖直直线   图 11-161 偏移线段

（4）单击"默认"选项卡"绘图"面板中的"直线"按钮 ╱ ,在上步偏移的线段上绘制多条斜线,如图 11-162 所示。

（5）单击"默认"选项卡"绘图"面板中的"椭圆"按钮 ◯ ,在上步绘制的图形右侧选择一点为椭圆圆心,绘制一个适当大小的椭圆,如图 11-163 所示。

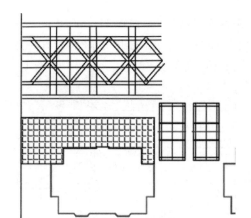

图 11-162 绘制斜向直线

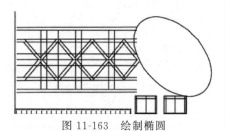

图 11-163 绘制椭圆

（6）单击"默认"选项卡"修改"面板中的"修剪"按钮，选择上步绘制的椭圆内线段为修剪对象，对其进行修剪处理，如图 11-164 所示。

（7）单击"默认"选项卡"修改"面板中的"延伸"按钮，将前面绘制的水平直线向绘制的椭圆边进行延伸，如图 11-165 所示。

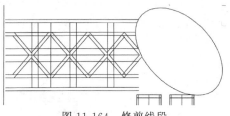

图 11-164 修剪线段

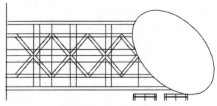

图 11-165 延伸线段

（8）单击"默认"选项卡"修改"面板中的"偏移"按钮，选择上步绘制的椭圆为偏移对象，将其向内进行偏移，偏移距离为 800mm，如图 11-166 所示。

（9）单击"默认"选项卡"绘图"面板中的"椭圆"按钮，在上步偏移的椭圆内绘制一个适当大小的椭圆，如图 11-167 所示。

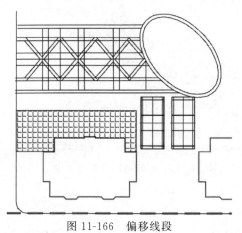

图 11-166 偏移线段

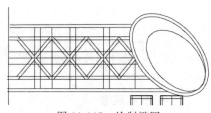

图 11-167 绘制椭圆

（10）单击"默认"选项卡"绘图"面板中的"椭圆弧"按钮，如图 11-168 所示。

（11）单击"默认"选项卡"绘图"面板中的"圆"按钮，在上步图形内部选取一点为圆心，绘制一个半径为 1093.5mm 的圆，如图 11-169 所示。

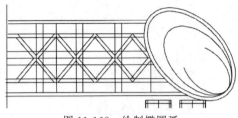

图 11-168　绘制椭圆弧

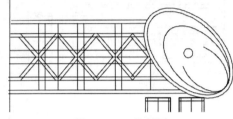

图 11-169　绘制圆

（12）单击"默认"选项卡"修改"面板中的"偏移"按钮，选择上步绘制的圆为偏移对象，将其向外进行偏移，偏移距离为 262mm、1968mm、262mm、262mm、262mm、262mm，如图 11-170 所示。

（13）单击"默认"选项卡"绘图"面板中的"直线"按钮，绘制斜向直线，如图 11-171 所示。

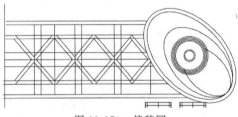

图 11-170　偏移圆

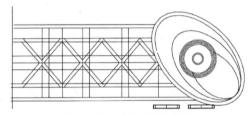

图 11-171　绘制斜向直线

（14）单击"默认"选项卡"修改"面板中的"修剪"按钮，选择上步偏移的圆内线段为修剪对象，对其进行修剪处理，如图 11-172 所示。

（15）利用上述方法完成相同图形的绘制，如图 11-173 所示。

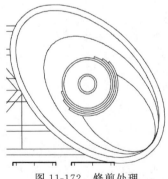

图 11-172　修剪处理

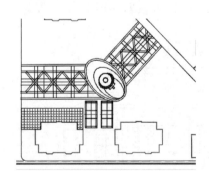

图 11-173　绘制相同图形

2．绘制林荫道

单击"默认"选项卡"绘图"面板中的"直线"按钮，在如图 11-174 所示的位置绘制一条斜向直线。

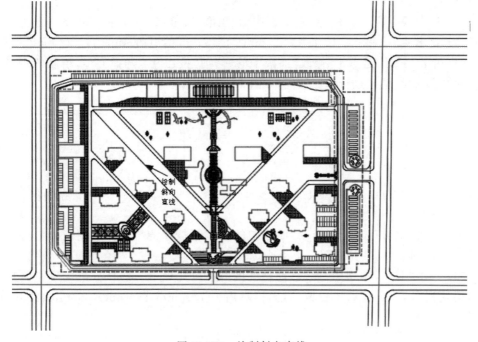

图 11-174　绘制斜向直线

（1）单击"默认"选项卡"修改"面板中的"偏移"按钮 ⊆ ，选择上步绘制的斜向直线为偏移对象，将其向上进行偏移，偏移距离为 1572mm、1847mm、1987mm，如图 11-175 所示。

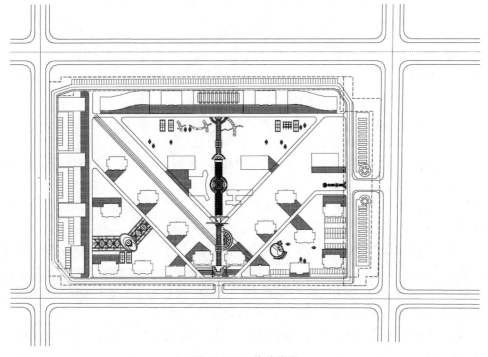

图 11-175　偏移线段

（2）单击"默认"选项卡"修改"面板中的"修剪"按钮，选择上步偏移的线段为修剪对象，对其进行修剪处理，如图 11-176 所示。

（3）单击"默认"选项卡"绘图"面板中的"矩形"按钮，在上步偏移的线段上选择一点为矩形起点，绘制一个尺寸为 5527mm×5527mm 的矩形，如图 11-177 所示。

（4）单击"默认"选项卡"修改"面板中的"修剪"按钮，选择上步绘制的矩形内线段为修剪对象，对其进行修剪处理，如图 11-178 所示。

 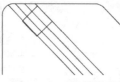 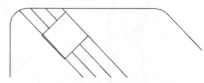

图 11-176　修剪线段　　　　图 11-177　绘制矩形　　　　图 11-178　修剪处理

（5）单击"默认"选项卡"修改"面板中的"分解"按钮，选择绘制矩形为分解对象，按 Enter 键确认，使其分解为 4 条独立边。

（6）单击"默认"选项卡"修改"面板中的"偏移"按钮，选择分解矩形左侧竖直边为偏移对象，将其向右进行偏移，偏移距离为 1700mm、276mm、1566mm、276mm，如图 11-179 所示。

（7）单击"默认"选项卡"修改"面板中的"偏移"按钮，选择分解矩形上步水平边为偏移对象，将其向下进行偏移，偏移距离为 1700mm、276mm、1566mm、276mm，如图 11-180 所示。

（8）单击"默认"选项卡"绘图"面板中的"矩形"按钮，在上步偏移线段上方绘制一个尺寸为 829mm×829mm 的矩形，如图 11-181 所示。

 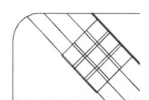 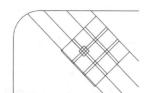

图 11-179　偏移线段　　　　图 11-180　偏移线段　　　　图 11-181　绘制矩形

（9）单击"默认"选项卡"修改"面板中的"修剪"按钮，选择上步绘制的矩形间线段为修剪对象，对其进行修剪处理，如图 11-182 所示。

（10）单击"默认"选项卡"修改"面板中的"偏移"按钮，选择上步绘制的矩形为对象，将其向内进行偏移，偏移距离为 276mm，如图 11-183 所示。

（11）单击"默认"选项卡"绘图"面板中的"直线"按钮，在上步偏移的矩形内绘制多条直线，如图 11-184 所示。

（12）单击"默认"选项卡"修改"面板中的"复制"按钮，选择上步绘制的图形为复制对象，对其进行连续复制，如图 11-185 所示。

（13）单击"默认"选项卡"修改"面板中的"修剪"按钮，选择上步复制的图形间线段为修剪对象，对其进行修剪处理，如图 11-186 所示。

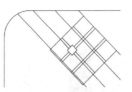 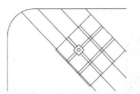 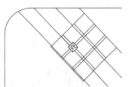

图 11-182 绘制矩形　　　图 11-183 偏移矩形　　　图 11-184 绘制直线

（14）单击"默认"选项卡"绘图"面板中的"直线"按钮 ╱ ，在上步绘制的图形下方绘制直线，如图 11-187 所示。

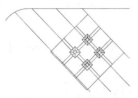 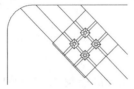 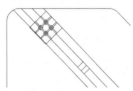

图 11-185 复制图形　　　图 11-186 修剪线段　　　图 11-187 绘制直线

（15）单击"默认"选项卡"修改"面板中的"路径阵列"按钮 ，选择前两步绘制的图形为阵列对象，选择如图 11-188 所示的边为阵列路径，对其进行路径操作，结果如图 11-188 所示。

3．绘制金香里湖

单击"默认"选项卡"修改"面板中的"分解"按钮 ，选择上步阵列后的图形为分解对象，按 Enter 键确认后进行分解，使上步绘制的图形分解为独立的个体。

（1）单击"默认"选项卡"绘图"面板中的"样条曲线拟合"按钮 ，在上步图形线段上选择一点为样条曲线起点，绘制连续样条曲线，如图 11-189 所示。

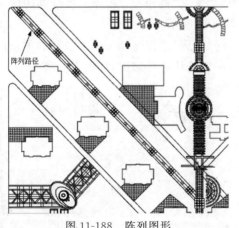 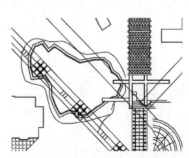

图 11-188 阵列图形　　　　　　图 11-189 绘制样条曲线

（2）单击"默认"选项卡"修改"面板中的"删除"按钮 ，选择上步绘制的样条曲线内线段为删除对象，对其进行删除处理，如图 11-190 所示。

（3）单击"默认"选项卡"绘图"面板中的"直线"按钮 ╱ ，在上步绘制的图形内绘制多条长度不等的水平直线,如图 11-191 所示。

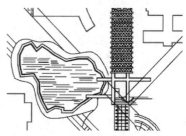

图 11-190　删除多余线段　　　　图 11-191　绘制水平线段

（4）单击"默认"选项卡"绘图"面板中的"样条曲线拟合"按钮 ，在上步绘制的图形内适当位置绘制连续样条曲线，如图 11-192 所示。

（5）利用上述方法完成相同图形的绘制，如图 11-193 所示。

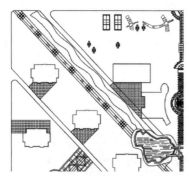
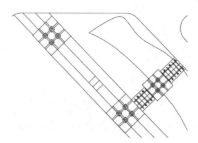

图 11-192　绘制样条曲线　　　　图 11-193　绘制相同图形

（6）单击"默认"选项卡"修改"面板中的"复制"按钮 ，选择上步绘制的图形为复制对象，将其向下端进行连续复制，如图 11-194 所示。

（7）单击"默认"选项卡"修改"面板中的"修剪"按钮 ，选择上步复制图形间的线段为修剪对象，对其进行修剪处理，按 Enter 键确认进行修剪，如图 11-195 所示。

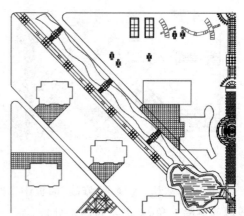

图 11-194　复制图形　　　　图 11-195　修剪线段

Note

11.1.4　绘制小区植物

1. 设置当前图层

将"路旁树"图层设置为当前图层。

2. 绘制路旁植物1

（1）单击"默认"选项卡"绘图"面板中的"圆"按钮 ⊘ ，在图形空白位置任选一点为圆的圆心，绘制一个半径为368mm的圆，如图11-196所示。

（2）单击"默认"选项卡"修改"面板中的"偏移"按钮 ⊜ ，选择上步绘制的圆为偏移对象，将其向外进行偏移，偏移距离为3698mm、4785mm，如图11-197所示。

（3）单击"默认"选项卡"绘图"面板中的"圆弧"按钮 ⌒ ，在上步绘制的圆内绘制多段不规则圆弧，如图11-198所示。

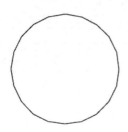
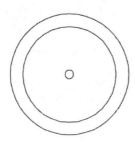
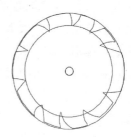

图 11-196　绘制圆　　　　　图 11-197　偏移矩形　　　　　图 11-198　绘制圆弧

（4）单击"默认"选项卡"修改"面板中的"修剪"按钮 ✂ ，对上步绘制的图形进行修剪处理，如图11-199所示。

3. 绘制路旁植物2

（1）单击"默认"选项卡"绘图"面板中的"圆"按钮 ⊘ ，在图形空白位置任选一点为圆的圆心，绘制半径为1200mm的圆，如图11-200所示。

（2）单击"默认"选项卡"修改"面板中的"偏移"按钮 ⊜ ，选择上步绘制的圆为偏移对象，将其向内进行偏移，偏移距离为600mm、160mm、40mm，如图11-201所示。

图 11-199　修剪线段　　　　　图 11-200　绘制圆　　　　　图 11-201　偏移圆

（3）单击"默认"选项卡"绘图"面板中的"直线"按钮 ∕ ，在上步偏移的圆上选取一点为直线起点，绘制一条竖直直线，如图11-202所示。

（4）单击"默认"选项卡"修改"面板中的"环形阵列"按钮 ⸬ ，选择上步绘制的竖直直线为阵列对象，绘制圆的圆心为阵列基点，设置项目数是20，如图11-203所示。

（5）单击"默认"选项卡"绘图"面板中的"圆弧"按钮 ，在上步绘制的圆心处绘制多段圆弧，如图11-204所示。

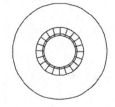

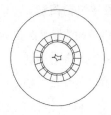

图11-202　绘制竖直直线　　　　图11-203　阵列线段　　　　图11-204　绘制圆弧

4．绘制路旁植物3

（1）单击"默认"选项卡"绘图"面板中的"直线"按钮 ，在图形空白位置选择一点为直线起点，绘制一条长度为702mm的水平直线，如图11-205所示。

（2）单击"默认"选项卡"绘图"面板中的"直线"按钮 ，以上步绘制的水平直线右端点为直线起点，绘制与上步直线长度相同，角度不同的直线，如图11-206所示。

（3）单击"默认"选项卡"绘图"面板中的"圆弧"按钮 ，在上步绘制的直线上选取一点为圆弧起点，绘制一段适当半径的圆弧，如图11-207所示。

图11-205　绘制水平直线　　　　图11-206　绘制直线　　　　图11-207　绘制圆弧

（4）单击"默认"选项卡"绘图"面板中的"圆弧"按钮 ，以上步绘制的圆弧上端点为圆弧起点，绘制一条适当半径的圆弧，如图11-208所示。

（5）单击"默认"选项卡"修改"面板中的"镜像"按钮 ，选择上步绘制的图形为镜像对象，对其进行水平镜像，如图11-209所示。

图11-208　绘制圆弧　　　　　　图11-209　镜像线段

（6）单击"默认"选项卡"修改"面板中的"缩放"按钮 ，选择上步绘制的图形为缩放对象，将其进行缩放复制，如图11-210所示。

（7）利用上述方法完成剩余图形的绘制，如图11-211所示。

Note

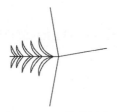

图 11-210　缩放图形　　　　图 11-211　绘制剩余图形

5. 绘制路旁植物 4

（1）单击"默认"选项卡"绘图"面板中的"圆"按钮 ⊙，在图形空白位置任选一点为圆的圆心，绘制一个半径为 792mm 的圆，如图 11-212 所示。

（2）单击"默认"选项卡"修改"面板中的"偏移"按钮 ⊂，选择上步绘制的圆为偏移对象，将其向外进行偏移，偏移距离为 5442mm，如图 11-213 所示。

（3）单击"默认"选项卡"绘图"面板中的"直线"按钮 ╱，在上步偏移的圆上绘制多条斜向直线，如图 11-214 所示。

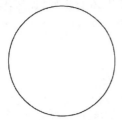
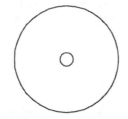
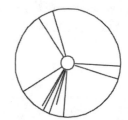

图 11-212　绘制圆　　　　图 11-213　偏移圆　　　　图 11-214　绘制斜向直线

（4）单击"默认"选项卡"修改"面板中的"修剪"按钮 ⦂，选择上步绘制的直线间的多余线段为修剪对象，按 Enter 键确认，对其进行修剪，如图 11-215 所示。

（5）单击"默认"选项卡"绘图"面板中的"圆弧"按钮 ╱，在上步绘制的图形间绘制一段适当半径的圆弧，如图 11-216 所示。

（6）单击"默认"选项卡"绘图"面板中的"图案填充"按钮 ▨，选择前面绘制的内部圆圆心为填充区域，选择图案"solid"，对其进行填充，如图 11-217 所示。

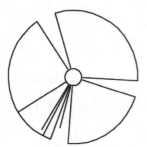
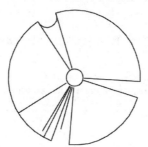
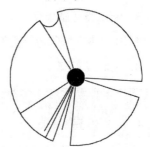

图 11-215　修剪线段　　　　图 11-216　绘制圆弧　　　　图 11-217　填充图形

6. 绘制路旁植物 5

（1）单击"默认"选项卡"绘图"面板中的"直线"按钮 ╱，在图形空白区域选择一点为直线起点，绘制一条斜向直线，如图 11-218 所示。

（2）单击"默认"选项卡"绘图"面板中的"直线"按钮 ╱，在上步绘制的斜向直线上选择一点为直线起点，绘制一条斜向直线，如图 11-219 所示。

图 11-218　绘制斜向直线　　　　图 11-219　绘制斜向直线

（3）单击"默认"选项卡"修改"面板中的"镜像"按钮 ▲，选择上步绘制的斜向直线为镜像对象，对其进行镜像处理，如图 11-220 所示。

（4）单击"默认"选项卡"修改"面板中的"环形阵列"按钮 ⁘，选择上步绘制的图形为阵列对象，选择初始斜向直线上端点为阵列中心点，对其进行环形阵列，设置项目数为 12，如图 11-221 所示。

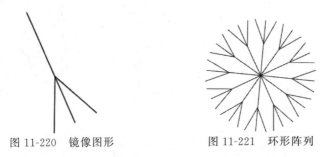

图 11-220　镜像图形　　　　　图 11-221　环形阵列

7. 绘制路旁植物 6

单击"默认"选项卡"绘图"面板中的"直线"按钮 ╱ 和"修改"面板中的"复制"按钮 ⁰⁰，完成绘制路旁植物 6 的绘制，如图 11-222 所示。

8. 绘制路旁植物 7

利用上述方法完成路旁植物 7 的绘制，如图 11-223 所示。

9. 绘制龙船花

利用上述方法完成龙船花的绘制，如图 11-224 所示。

11.1.5　布置绿植

（1）单击"默认"选项卡"修改"面板中的"移动"按钮 ✛，选择前面绘制的路旁植物 1 为移动对象，将其移动放置到图形内，如图 11-225 所示。

Note

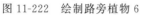

图 11-222　绘制路旁植物 6

图 11-223　绘制路旁植物 7

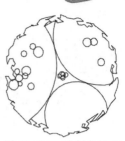

图 11-224　绘制龙船花

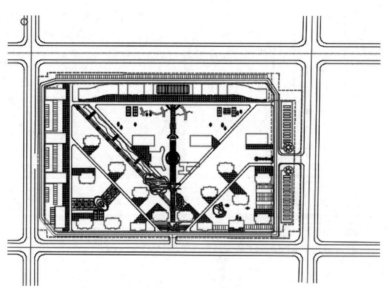

图 11-225　移动路旁植物 1

（2）单击"默认"选项卡"修改"面板中的"复制"按钮 ，选择上一步移动放置好的路旁植物 1 为复制对象，对其进行移动复制，如图 11-226 所示。

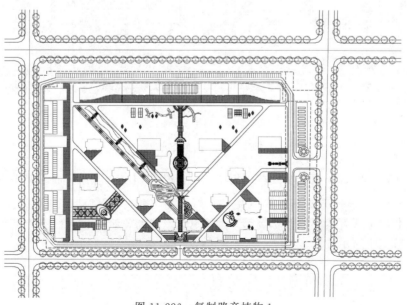

图 11-226　复制路旁植物 1

Note

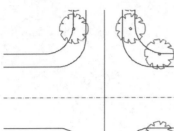

缩放对象

图 11-227 缩放图形 1

（3）单击"默认"选项卡"修改"面板中的"复制"按钮 ⏚，选择已有路旁植物为复制对象，将其放置到合适位置。

（4）单击"默认"选项卡"修改"面板中的"缩放"按钮 ⬜，以上步复制的路旁植物 1 为缩放对象，选择内部圆圆心为缩放基点，将其缩放 0.5 倍，如图 11-227 所示。

（5）单击"默认"选项卡"修改"面板中的"复制"按钮 ⏚，选择上步缩放后的路旁植物 1 为复制对象，对其进行连复制，如图 11-228 所示。

（6）利用上述方法将路旁植物 1 缩放 0.33 倍，并利用"复制"命令将其放置到合适的位置，如图 11-229 所示。

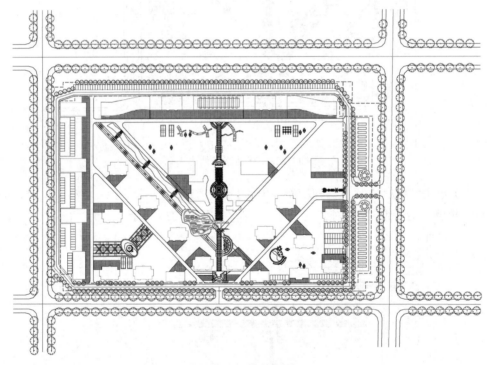

图 11-228 缩放图形 1

（7）单击"默认"选项卡"修改"面板中的"移动"按钮 ✥，选择前面绘制的绿色植物 2 为移动对象，将其移动放置到如图 11-230 所示的位置。

（8）利用上述方法完成剩余绿植的布置，并结合所学命令完成剩余小区绿化的绘制，如图 11-231 所示。

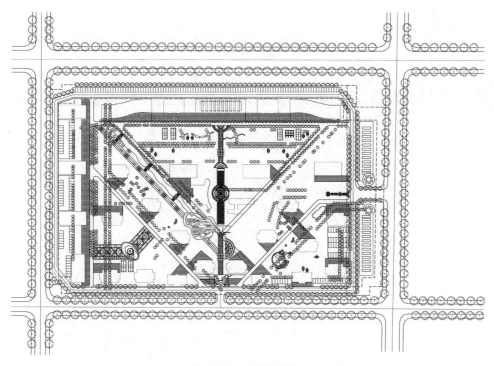

图 11-229　复制植物 1

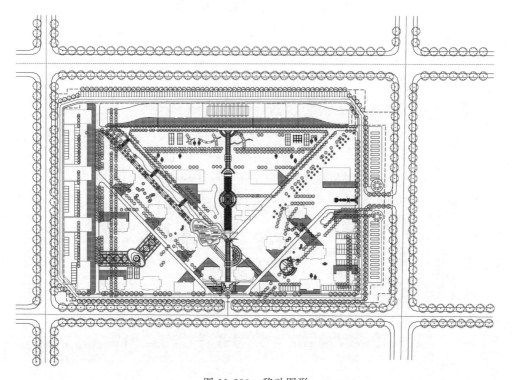

图 11-230　移动图形

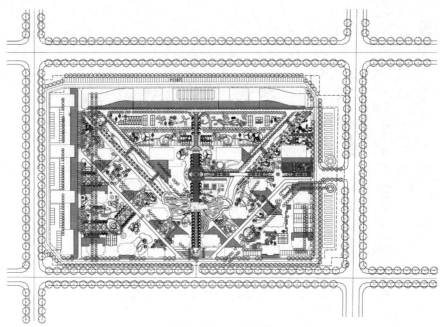

图 11-231　小区绿化

11.2　完成图纸

绘制如图 11-232 所示的图形。

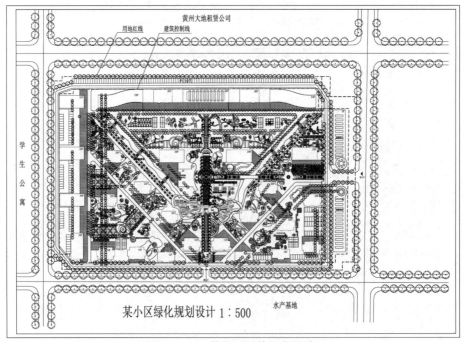

图 11-232　某小区园林绿化设计

11.3　设 计 思 路

在绘制完主要图形后,应为图形添加必要的文字说明,最后绘制图框,完成整个图纸的绘制。

11.3.1　添加文字

(1) 单击"默认"选项卡"注释"面板中的"多行文字"按钮 **A**,设置高度为 2500mm、字体为 Arial,为小区户型图添加文字说明,如图 11-233 所示。

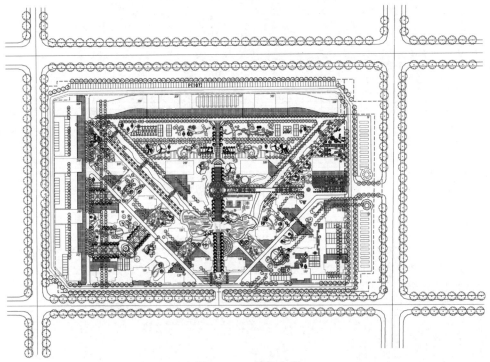

图 11-233　添加文字

(2) 单击"默认"选项卡"绘图"面板中的"直线"按钮 ╱,在上步图形适当位置绘制连续直线,如图 11-234 所示。

(3) 单击"默认"选项卡"注释"面板中的"多行文字"按钮 **A**,设置高度为 6000mm、字体为宋体,在上步绘制的连续直线上方添加文字,如图 11-235 所示。

(4) 利用前面讲述的方法完成剩余文字的添加,结合所学知补充图形入口,最终完成高层住宅小区园林规划的绘制,如图 11-236 所示。

11.3.2　绘制图框

(1) 单击"默认"选项卡"绘图"面板中的"多段线"按钮 ⌐,指定起点宽度为 500mm,端点宽度为 500mm,在上步完成的图形外侧绘制连续多段线,多段线水平长度为 577 000mm,竖直长度为 410 500mm,如图 11-237 所示。

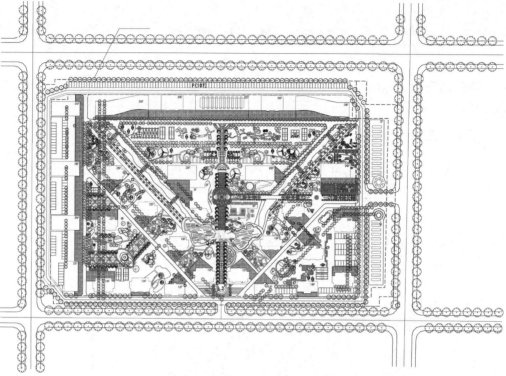

图 11-234　绘制连续直线

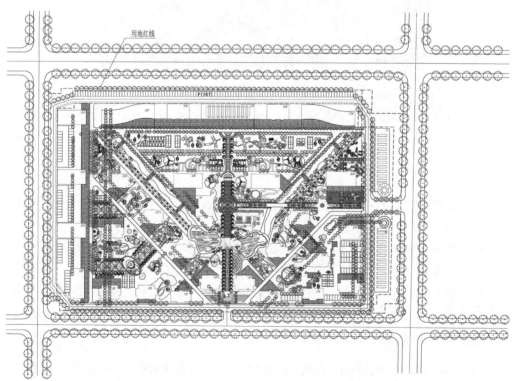

图 11-235　添加引线文字

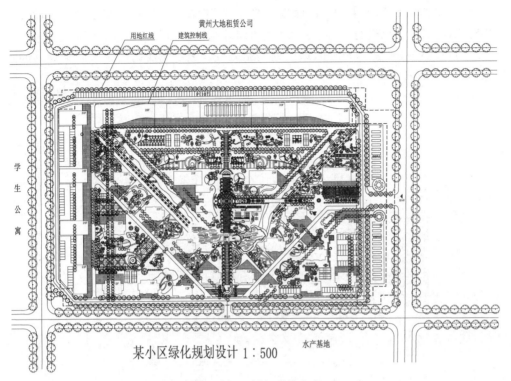

图 11-236 添加引线文字

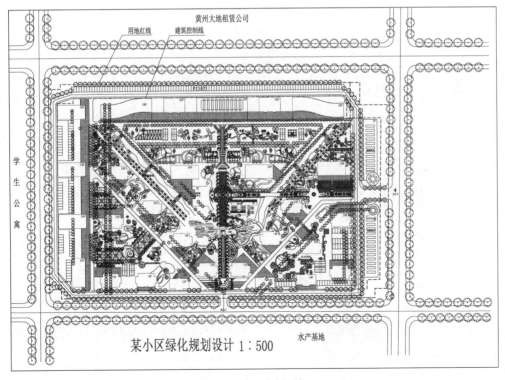

图 11-237 绘制图框

（2）单击"默认"选项卡"修改"面板中的"偏移"按钮 ，选择上步绘制的多段线为偏移对象，将其向外侧进行偏移，左侧竖直边向外侧进行偏移，偏移距离为 12 500mm，剩余三边均向外侧偏移 5000mm，即图框绘制完成。最终完成高层小区园林规划的绘制，如图 11-238 所示。

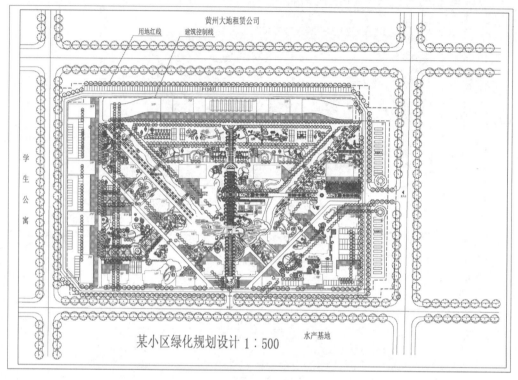

图 11-238　绘制图框

二维码索引